和名师一起读名著
八年级上册

寂静的春天

[美]蕾切尔·卡逊 著

张赶生 编译

U0225826

长江出版传媒 | 长江少年儿童出版社

JIJINGDECHUNTIAN

寂静的春天

张赶生 编译

图书在版编目（CIP）数据

寂静的春天 / 张赶生编译 . —武汉：长江少年儿童出版社，2019.5
（和名师一起读名著）

ISBN 978-7-5560-9416-5

Ⅰ.①寂… Ⅱ.①张… Ⅲ.①环境保护 – 青少年读物 Ⅳ.① X-49

中国版本图书馆 CIP 数据核字（2019）第 068008 号

策　　划：何　龙
责任编辑：傅　篾
美术编辑：陈　奇

出版发行：长江少年儿童出版社
业务电话：（027）87679174 （027）87679195
网　　址：http://www.hbcp.com.cn
电子邮件：hbcp@vip.sina.com
承 印 厂：武汉中科兴业印务有限公司
经　　销：新华书店湖北发行所
印　　张：17.5
印　　次：2019 年 6 月第 1 版，2021 年 8 月第 3 次印刷
规　　格：640 毫米 ×970 毫米
开　　本：16 开
书　　号：ISBN 978-7-5560-9416-5
定　　价：30.00 元

本书如有印装质量问题 可向承印厂调换

序

她走了，带着对我们这个星球复杂的思绪和依依不舍的爱恋情怀。我们还活着，还活在她所描述的"寂静的春天"里。

今年仲秋后的日子里，一个被我们传颂千百遍的伟大女性的名字，萦回在我的耳畔；一个在大洋彼岸挥臂呼吁的身影，浮现在我作痛的心里。

她的生命，活活是被残酷的"寂静"夺去的。她只活了五十六个年头。她是在完成癌症与杀虫剂关系的资料搜集，与乳腺癌搏斗了四年，出版了这本书之后，与我们诀别的。

为了以后的春天不再死一般的寂静，为了我们的子孙后代知道她的忠告，我坐在电脑前敲打着键盘，替她说说话，替她说一些中国的孩子们方便接受的话。是的，蕾切尔·卡逊，美国当代一位伟大的恪尽职守的科普作家，她用自己的良心与她挚爱的地球生物絮絮叨叨说了一生的知心话。

阿基米德的名言是否能够用在她的身上？"给我一个支点，我就能撬动地球。"她不是"撬动"了地球，而是"震动"了我们这个蓝色的星球。她用生命之火锻打的一本旷世之作，震撼了全球人类，开启了当今人类保护生态环境运动的新纪元。

1907 年 5 月 27 日，她出生在宾夕法尼亚州的斯普林达尔。1932 年，迫于父亲逝世、老母需要赡养的经济压力，她在读书时兼职为渔业管理局电台专有频道广播撰写科普文章。她这一时期的科普文章，虽然是迫于生计而作，但其内容的科学性和趣味性，已经开始呈现出科普创作较浓厚的文学色彩来。

1936 年，她通过了严格的考试筛选，战胜了当时社会对妇女在行政部门工作的歧视，作为水生生物学家，成为渔业管理局第二位受聘的女性。部门主管认为她的文章太具有文学性，不适合在广播中使用，建议她投稿到杂志。她试着做了，稿子居然被采用了。

杂志社建议她整理出书。这是 1937 年的事了。她的姐姐去世，她在担起抚养两个外甥女职责的同时，完成了第一部书稿，于 1941 年出版第一部著作《海风的下面》。

海洋三部曲的第一部，就以其生动描绘的海洋之风，展现出海风下面的生命竞争：

"……白顶再次俯身袭击，潘迪安惊险地躲开了鹰爪的攻击，胸前白色的羽毛被扯下了十多根，它们随风飘落。突然间，潘迪安收起翅膀，如石头般向海里坠落。快接近海面时，风在它的耳边呼啸，它几乎听不到声音，它的羽毛也被风使劲拉扯着。面对一个比自己更强大且更有耐力的敌人，这已是它的最后一招了。但那从天而降、残酷无情的黑影，降落的速度比潘迪安还要快，最终追上了它。而眼看着海湾那渔船的轮廓越来越清晰，都能看到海鸥翱翔时，白顶从潘迪安的爪子里扯走了鱼。白顶将鱼带回到它在松树上的窝，将鱼肉从鱼骨头上撕下来。此时，潘迪安正在水湾上方用力拍打着翅膀，向海洋出发，重新捕鱼去了……"

科学家们为这本书叫好，评论家们为这本书点赞，可是，在商业市场上，这本书的销量却很小。那个时候的人们，没有保护生态环境的闲情逸致。

在先知先觉者的奋斗路途上，总会遇到麻木的从众人群，奋斗者不停地呼唤他们离群，却发现呼唤甚至拉拽的只是麻木者的影子。影子的另一方向才是她要关注的麻木的群体。对生态麻木的一群群影子扔给她的是冷漠，砸过来的是嘲讽，所有这些让卡逊学会了坚定。当她渐渐有了奋斗的自信和明确的目标时，她才发现，正是这些麻木的群体和他们的影子，指引了她为环境保护事业奋斗的青春道路。

那段时日，她开始越来越直接地撰文探讨环保问题。她几乎是一个人在战斗，但是，凭着扎实的专业科学研究能力以及第一手调查资料，1948 年，她根据最新的科学研究成果，撰写了一部关于海洋自然科学发展的专著。1949 年，她在管理局（已更名为"美国鱼类和野生动植物管理局"）内晋升为出版物主编。这时，她开始撰写第二部书，但 15 次被不同的杂志退稿。直到 1951 年，书稿才被《纽约人》杂志以《纵观海洋》的标题连载。

这时，写作日臻成熟的她因势乘便，出版了《我们周围的海洋》，连续 86 周荣登《纽约时代》杂志最畅销书籍榜，被《读者文摘》选中，卡逊因此获得自然图书奖和两个荣誉博士学位。

这本名为《我们周围的海洋》的作品于 1951 年出版，销量出奇的大。她在书里发出清醒的警告："海洋，生命的起源，现在却受到其中一种生命的威胁。然而，海洋虽然以一种极其危险的方式发生着变化，但仍将继续存在，而人类对海洋所造成的威胁更多的是威胁人类自身。"

她这时的心态是亢奋的，信心是坚定的。她亲眼看到自己用执着的艰辛努力唤醒了一部分麻木的从众者，让他们从毫不关心环境保护的麻木的影子里走了出来，同时也让自己走出了之前灰暗阴霾的心情。

经济收入有了保障，于是她在 1952 年辞职，开始专心写作。1955 年，她完成第三部作品《海洋的边缘》。这又是一本获奖的畅销书，其内容也被改编成电影纪录片。虽然卡逊对电影耸人听闻的手法和任意曲解的改编不满，拒绝和电影合作，这部电影仍然获得奥斯卡奖。几年中她仍然继续为杂志和电视台撰写稿件。

可是啊，厄运总是降临到最需要时间和精力的人身上。她抚养的一个外甥女 36 岁就去世了，留下一个 5 岁的儿子。她又收养了这个孩子，为了给这个孩子一个良好的成长环境，同时还要照顾已经年届 90 的老母亲，她在马里兰州买了一座乡村宅院。

这是她命运的又一处重大转折。一封至关她后来生命走向的信函，加上马里兰州乡村宅院的环境，促使她的注意力迅速回到一个她关注已久的问题上，并决定了她最重要的作品《寂静的春天》问世的磨难经历。

马萨诸塞州一位鸟类保护区的管理员、报纸编辑奥尔佳·欧文斯·哈金斯给她写了一封信，告诉她滴滴涕造成保护区内鸟类濒临灭绝："去年，灭蚊飞机飞过我们小镇……喷施了好几种致命的药……一下子毒死了我们七只可爱的鸣鸟。第二天早晨，我们就在门口捡到了三只死鸟，它们都是一些跟我们生活得很近、很信任我们、在我们的树上筑巢多年的小鸟……所有这些小鸟死去的样子很可怕，它们的嘴张得大大的，张开的爪子都痛苦地奉拉在胸前……"哈金斯希望卡逊能利用她的威望影响政府官员去调查杀虫剂的使用问题。

其实卡逊对此早有耳闻，也亲历过。早在 1945 年 7 月 15 日，她就给《读者文摘》的编辑们写过一封信：

"就在马里兰州我家的后门，进行着一项重要而'有趣'的实验。大家都听说过，滴滴涕可以杀灭害虫，这项实验旨在证明当滴滴涕用于更加广泛的领域时是否会有其他作用？它对于益虫或者其他的昆虫又会如何？它对靠昆虫为生的水禽以及鸟类会有什么影响？如果使用不当会对自然平衡有什么破坏？"

遗憾的是，这本畅销杂志没有理睬卡逊的来信。她决定要写一本书。

20 世纪 40 年代，许多国家对滴滴涕的使用量不断增加，人们也把滴滴涕作为减少或消除虫害的突破性成果。这种由德国人在 1874 年发明的、价格便宜的农药非常有效，能够杀灭蚊子、科罗拉多甲虫等多种害虫。1955 年卡逊读到有关滴滴涕的最新研究成果后，她确信滴滴涕对整个生态网造成的危害被人们忽视得太久了。

1958 年，她与《纽约人》杂志签约，准备为这本杂志撰写一系列文章，并完成一本关于杀虫剂危害生态环境的书。在以后的 4 年中，她陆续发现了随意喷施滴滴涕等杀虫剂和除草剂危害各种生物以及人类的大量证据。

卡逊还在研究中发现，一些证据表明人类的癌症与一些杀虫剂有关。

1960 年，就在完成了癌症与杀虫剂关系的资料搜集之后，她不幸患了乳腺癌。在乳房切除手术后不久，她的体内又出现另外一个肿瘤。为了环保事业，她必须与时间赛跑，以完成她的研究。

1962 年，《纽约人》杂志发表了她基于这项研究的首篇文章——《寂静的春天》前言。文章一经发表就引起巨大的反响，公众因政府纵容农药公司危害生态环境而义愤填膺。而农药公司的第一反应，是企图通过起诉《纽约人》杂志而封住卡逊的口，一场为保护生态环境的博弈揭开了序幕。

当《纽约人》杂志拒绝妥协后，农药制造商策划了一场大型公关活动，旨在诋毁卡逊为环保而不懈斗争的形象，让公众把她当成一个"散布恐怖信息的恶棍"。然而几乎没有人被这种伎俩所愚弄。卡逊的文章发表后，肯尼迪总统的科学顾问就要求有关人员开展调查，立即拿出一份有关杀虫剂危害生态环境的最权威报告。

污蔑没有停息，抗争仍在继续。

当《寂静的春天》于1962年开始在书店出售后，农药制造商雇用了一些失去良知的学者污蔑歪曲卡逊的论断，吹嘘杀虫剂的好处。

有些巨商说道："没有鸟类和动物我们照样可以活。但是，正如我们目前不景气的市场，没有商业我们可活不了。"

有人挖苦说："对于那些坐在家里写书的人来说，环境保护听起来极其美妙，但对于家庭主妇来说，谁愿意去购买被虫子蛀烂了的苹果呢？"

同时，那些人还对卡逊进行无耻的人身攻击。滴滴涕制造公司的总裁污蔑卡逊为"维护自然平衡的疯子"。

还有人对卡逊进行性别侮辱。一个美国官员竟然下流地攻击卡逊说："为什么一个无儿无女的老处女，这样关心遗传问题？"

谩骂的声浪一浪高过一浪："煽情""自然的女祭司""歇斯底里的女人""极端主义者"……一个前农业部长写给时任总统艾森豪威尔的信中竟然说，"卡逊外貌很吸引人，竟然一直未婚。所以，她很有可能是一个共产党人"。

下流的谩骂声中竟然夹杂着著名科学家的无端指责。生物化学家罗伯特·怀特·史蒂芬斯措辞严厉地指责卡逊为"自然界平衡崇拜的狂热辩护人"，还煞有介事地"提醒"公众："如果人类忠实地遵循卡逊小姐的教导，我们将回到黑暗时代，昆虫和疾病以及害虫将再次接管地球……"

有一些卡逊曾经的朋友，面对这些攻击和谩骂保持着沉默。卡逊知道，这些人即使开言，也未必是她战斗的支持者。因为她明白，生活让他们习惯了伪装、掩盖、隐藏，因为世界就是这样——谁敢摘了面具在人群中游说，那样连灵魂都会东躲西藏。

虽然卡逊的健康每况愈下，但是，面对攻击环保的丑恶之声，她毫不动摇，继续宣传她的主张。

1963年，她在当今著名的哥伦比亚广播公司拍摄的纪录片中，以沉着坚定的姿态，以确凿无误的举证，用无懈可击的阐述，表达了滥用农药给生态环境造成的严重后果，重申了保护人类生存环境的迫切性。

不久，总统的科学顾问委员会公布了人们期待已久的杀虫剂问题的报告，证明了卡逊的论断是正确的——致命的化学品确实在污染生态环境的情况下被大规模使用。政府的一些委员会邀请她作证，并接受了她关于"生命是相互联系"的观点。此后，许多杀虫剂公司的生产、销售和使用受到严格的控制乃至禁用。

令人遗憾的是，卡逊未能看到她所付出的努力对此后人类生态环境保护产生的重要影响和积极作用。在《寂静的春天》出版后几个月，她的健康全面恶化。1964 年 4 月 14 日，她在 56 岁时被癌症夺去了生命。

在蕾切尔·卡逊逝世的当天，美国有十多个州举办了各种形式的纪念活动。各大报章纷纷刊文，分析她的精神遗产对今日世界的重要意义。

后来，克林顿总统任期内的副总统、环保分子艾尔·戈尔公开表示，他当年之所以投身环保事业，正是受了卡逊女士的启迪。

"《寂静的春天》播下了新行动主义的种子，并且已经深深植根于广大人民群众中。"戈尔在该书中文版的序言中写道："1964 年春天，蕾切尔·卡逊逝世后，一切都很清楚了，她的声音永远不会寂静。她惊醒的不但是我们国家，甚至是整个世界。《寂静的春天》的出版应该恰当地被看成是现代环境运动的肇始。"

他甚至说："《寂静的春天》的影响可以与《汤姆叔叔的小屋》媲美。两本珍贵的书都改变了我们的社会。"

当今，在人类为消除各种污染，保护生态环境，科学利用和节约资源能源而努力奋斗时，我们更加敬佩和缅怀蕾切尔·卡逊——这位在癌症缠身、生命濒危时仍然全力保护生态环境的先锋和卫士。

她去世后，1980 年，美国政府追授她美国对普通公民的最高荣誉——总统自由勋章。

但愿每到春天来临之际，我们能够记起蕾切尔·卡逊这个名字，打开窗子仰望蓝天，在心里默问，今年的春天会寂静吗？明年呢？今后呢？

我相信，蕾切尔·卡逊也一定在那个世界眺望着蓝天，继续、永远与我们思考同在一个星球的同一个主题。

张赶生

2018 年 9 月 25 日于武汉寓所

目录
Contents

第一章

明天的寓言

美国中部有一座小城镇，那里一切的生物都与周围的环境和谐共生。小镇周围，就是众多农场。农田里种着庄稼，池塘里养着鱼虾，山坡上长满果树，山脚下住着人家。好一派生机盎然的景象。

春天，一片片野花铺满绿色的原野，远远望去，犹如绿色的锦缎上绣着图案，又仿佛靓丽的彩云飘浮其间。秋天，色彩斑斓的橡树、枫树和白桦树，映照得山林像着了火一般，缥缈着白色、黄色、红色的光焰。狐狸在山间快活地叫着，叫声里没有恐惧和慌张；小鹿悄无声息地穿过原野，在秋日的霞光里时隐时现。

进出小镇的小路两旁，长满月桂、荚蒾（jiá mí）、赤杨、巨型蕨类和野花，天然的光景一年四季令人心旷神怡。即使在冬天，路旁的景色依然迷人。

数不清的鸟儿从四面八方飞来这里，啄食雪地上的浆果和干草籽。多少年以来，这个地方因鸟类数量大，种类繁多而闻名，每年春秋两季候鸟迁徙的时候，远近的人们纷纷赶来小镇观赏。清冽的溪水从山间淙淙流出，在小镇周边和小镇里蓄积成一个个小池塘，绿树掩映，鳟鱼肥美，不少人来溪畔垂钓。说不清哪一年，就有了第一批居民来到这里。他们建造房屋，开凿水井，耕耘农田，修建粮仓。

他们与鹿群共护山林，他们与山林共看蓝天；他们与蓝天一起倾听鸟儿歌唱，他们与鸟儿一起同享农田资源；他们与农田共饮清甜的山泉，他们与山泉共同演奏和谐的管弦。这样安恬的生活景象维系了许多年……

可惜，这和谐共生的好景况，却被某种恶力无情地打破了，取而代之的是一连串令人惊怵的毁灭事件，一切都变了。

这里像遭了魔咒一般：

神秘的疫病横扫鸡群，再也听不见雄鸡"喔喔"的报晓声，再也听不见母鸡"咯咯嗒"的报喜声——鸡群成批打蔫、死亡。

可怕的瘟疫吞噬牛羊，再也难见晚归的耕牛的身影，再也听不到羊群此起彼落的"咩咩"声——牛羊接二连三病倒、死亡。

到处笼罩着瘟疫的阴影，空气里充斥着死亡的气息。农民家中谈论最多的就是各种疾病，小镇医生被各种新病症弄得焦头烂额、束手无策。不仅是大人，甚至小孩之中也发生了几起突如其来的离奇死亡事件，他们在玩耍时突然染病，几小时就死了。

他们还是孩子啊，还没来得及认识这个世界是什么模样，就这样永远与小镇离别了，离别了……

一种恐怖的寂静笼罩着小镇，鸟儿不知道逃到哪里去了，许多人谈起鸟儿时感到困惑不安。后院里的饲食器不再有鸟儿光顾了。

那个饲食器，原本就是善良的小镇居民喂养鸟儿们的容器啊。它们似乎知道，那器皿里放置的东西不再是以前甜美的，而是要命的毒果子。

居民们偶尔见到少数几只鸟，大多气息奄奄，浑身不停颤抖，飞不起来。

这里的春天变得无声无息。从前，知更鸟、猫鹊、鸽子、松鸦、鹪鹩和其他几十种鸟类，从黎明就开始和声鸣唱，现在却寂然无声。凄冷的寂静笼罩着田野、树林和沼泽地。

农场里的母鸡照例孵窝，却孵不出小鸡。农民们抱怨也没法养猪了——新出生的猪仔很小，养活不了几天。苹果树照例会开花，却没有蜜蜂在花间飞舞，由于没有昆虫帮忙授粉，苹果树也就结不出苹果来了。

一度令人赏心悦目的小路两旁，如今只剩下枯萎的褐色草木，像被大火烧过一样。路旁一片寂静，全无生命迹象。小溪也失去了生机。鱼儿早已绝迹，垂钓者不再光顾。

屋檐下的排雨槽和房顶瓦片中间，残留着斑斑驳驳的白色颗粒状粉末。几个星期前，这些粉末像雪花一样洒落到房顶、草地、田野和小溪。

我要痛苦地告诉你，人们啊，那不是巫术，也不是敌人的毁灭行动，是人类自己对这片土地施以毒手，扼杀了这里的新生命。

现实生活中并没有这样一座小镇。

这一章的标题已经表明，这是"明天的寓言"。寓言是什么？是种文学体裁。中国当代寓言家严文井有过一段关于寓言的有趣说辞：

"寓言是一个魔袋，袋子很小，却能从里面取出很多东西来，甚至能取出比袋子大得多的东西。

"寓言是一个怪物，当它朝你走过来的时候，分明是一个故事，生动活泼；而当它转身要走开的时候，却突然变成了一个哲理，严肃认真。

"寓言是一座奇特的桥梁，通过它，可以从复杂走向简单，又可以从单纯走向丰富。在这座桥梁上来回走几遍，我们既看到了五光十色的生活现象，又发现了生活的内在意义。

"寓言是一把钥匙，这把钥匙可以打开心灵之门，启发智慧，让思想活跃。"

中国寓言家讲的是纯粹的寓言。如果我要告诉你，这里讲的寓言离现实并不远，它有许多已经变化成了事实，你会怎么想？

卡逊在下文告诉你的，就是这样的预告。

在美国或世界其他地方，也许存在着千百座类似的小镇。我知道，**没有哪座小镇遭受过我描述的全部灾祸**。是的，不是"全部灾祸"。然而，上述的某种灾祸——"这一种"或是"那一种"灾祸，其实已经在一些地方发生，许多真实的小镇已经遭受了严重损失。可怕的幽灵悄无声息地向我们迫近，想象中的悲剧很可能成为活生生的现实。

是什么让无数美国小镇的春天寂然无声呢？本书尝试着给出答案。

第二章

忍耐的义务

一部地球生物史，就是地球生物及其周围环境相互作用的历史。

一部地球生物史，也是循环生物圈的历史。什么叫生物圈？就是地球上人类和其他生物生存的环境。根据目前的认识，生物圈的界限是在海平面以下约 11 千米至海平面以上约 15 千米的范围内。生物圈由气圈、水圈和岩石圈组成，它是地球上生命活动的大舞台。

气圈是指地球外围的一层大气，气圈的大气总量大约为 6 000 万亿吨，但空气的总重量的 95% 集中在地球表面以上 12 千米的范围内。气圈对人类健康至关重要。例如，高寒地带空气稀薄，较缺氧，平原地区的人初到这里就容易引发气喘、头晕目眩等高山反应。又如气圈发生污染，哪怕是局部的污染，就会给受污染地区的人们造成难以预料的严重后果。

水圈约占地球表面积的 70%，但分布很不均匀，约 97% 的水存在于海洋，其余则以冰山、地下水、地面水等形式存在。由此可见，淡水是人类宝贵的资源。

岩石圈表面的土壤层与人类的关系更加密切，它提供了人类赖以生存的食物和微量元素，控制着人类和大地上各种动植物的繁衍生息。

微量元素在人体中存在量极少，通常指低于人体体重 0.01% 的矿物质。尽管如此，我们却不可小视它。

人体是由 50 多种元素所组成的。根据元素在人体内的含量不同，可分为常量元素和微量元素两大类。凡是占人体总重量的万分之一以上的元素，如碳、氢、氧、氮、磷、硫、钙、镁、钠、钾等，称为常量元素；凡是占人体总重量的万分之一以下的元素，如铁、锌、铜、锰、铬、硒、钼、钴、氟等，称为微量元素（铁又称半微量元素）。

微量元素虽然在人体内的含量不多，但与人的生存和健康息息相关，对人的生命起至关重要的作用。它们的摄入过量、不足、不平衡或缺乏都会不同程度地引起人体生理的异常或疾病发生。

微量元素最突出的作用是与生命活力密切相关，仅仅像火柴头那样大小或更少的量就能发挥巨大的生理作用。值得注意的是这些微量元素通常情况下必须直接或间接由土壤供给，但大部分人往往不能通过饮食获得足够的微量元素。根据科学研究，到目前，已被确认与人体健康和生命有关的必需微量元素有18种，即有铁、铜、锌、钴、锰、铬、硒、碘、镍、氟、钼、钒、锡、硅、锶、硼、铷、砷等。

每种微量元素都有其特殊的生理功能。尽管它们在人体内含量极小，但它们对维持人体中的一些决定性的新陈代谢却是十分必要的。一旦缺少了这些必需的微量元素，人体就会出现疾病，甚至危及生命。比较明确的是约30%的疾病直接是微量元素缺乏或不平衡所致。

比如，缺锌可引起口、眼、肛门或外阴部红肿、丘疹、湿疹。又如铁是构成血红蛋白的主要成分之一，缺铁可引起缺铁性贫血。曾有报道：机体内铁、铜、锌含量减少，均会减弱免疫机制（抵抗疾病力量），降低抗病能力，助长细菌感染，而且感染后的死亡率也较高。微量元素在抗病、防癌、延年益寿等方面都起着非常重要的作用。

1990 年 FAO（联合国粮食及农业组织）、IAEA（国际原子能机构）和 WHO（世界卫生组织）三个国际组织的专家委员会重新界定必需微量元素的定义并按其生物学的作用将其分为三类：第一类为人体必需微量元素，共8种，包括碘、锌、硒、铜、钼、铬、钴、铁；第二类为人体可能必需的元素，共5种，包括锰、硅、硼、钒、镍；第三类为具有潜在的毒性，但在低剂量时，可能具有人体必需功能的元素，共7种，包括氟、铅、镉、汞、砷、铝、锡。

好了，微量元素有了，但怎样到人体身上来呢？要通过土壤"传递"到人体身上来。如果没有土壤，就没有人体生命所需的这些微量元素；

如果没有土壤，陆地植物不能生长；而没有植物，动物就没法生存。而且，由于土壤中存在着难以计数的微生物，因此成了地球上大多数废物的天然处理场所。但是，随着现代文明节奏的不断加快，这个天然处理场所已经无法处理污染了，人类已经听到土壤敲响的警钟。

总之，在生物圈中，生物在太阳能的参与下，形成了一个封闭式的大循环。人类从生物圈中得到生长发育和繁殖所需要的化学元素，在维持我们生命的过程中，再把这些物质送回到大自然去。地球上所有生物的生存，都有赖于这个循环的完整性。

生命的起源，生物的进化，人类的进步，都和赖以生存的环境——地球的起源、演变和发展分不开，生物和人类都是地球演化到一定阶段的必然产物。环境演化与生物进化相互关联的一个突出例子，就是大气中氧气的演化——现在几乎一致肯定，原始大气圈中是没有氧气的。

远古时期，地球的生物，包括人类，依赖周围的环境而生存。比如在《圣经》里，我们今天司空见惯的"火"，都要依赖普罗米修斯从天神那里偷盗出来给人类。在古希腊神话中，普罗米修斯是最具智慧的神明之一，是最早的泰坦巨神后代，泰坦十二神伊阿珀托斯与名望女神克吕墨涅的儿子。名字有"先见之明"的意思。普罗米修斯不仅创造了人类，给人类盗来了火，还教会了他们许多知识和技能。最初的原始人是不会使用火的。原始社会发展到一定程度，人类才有了钻木取火的技能。

因此，地球上动植物的自然形态和生物习性，很大程度上是由环境塑造而成的。在漫长的地球时间长河里，生物体对环境的反作用相对较小。

不过，以 20 世纪为代表的这段时间里，生物体对环境的反作用力发生了变化，地球上的一个物种——人类，具有了改变自然的异常能力。

过去 25 年来，人类改变自然的能力，不仅发展到令人担忧的程度，其性质也发生了根本变化。

人类向空气、土地、河流与海洋中排放了大量危险的、甚至剧毒的污染物，对环境造成了巨大的伤害。这种污染在很大程度上无法挽回，其在生物界乃至生命组织中引发的恶性连锁反应也在很大程度上不可逆转。

这有点像自行车上的链条，虽然可以顺着滑动和倒着滑动，但是，顺着滑动可以给自行车前进的力，而倒着滑动是不能让自行车前进半步的。这就是事物的"不可逆转性"。这也好比生物体是从生到死前进的，而不能从死到生地逆行。

滋养万物的地球和地球生物都在这一链条上。这是在一个相互联系的系统中，一个很小的初始能量就可能产生一系列的连锁效应的脆弱的"链条"。

这一系列的连锁反应，有点像一个古老的游戏。

公元 1120 年，宋朝民间出现了一种名叫"骨牌"的游戏。轻轻磕碰一块骨牌，后面所有站立的骨牌就会依次倒下。

据明代崇祯末年国子监生张自烈撰写的《正字通》记载，宋宣宗二年（1120 年），民间出现了一种名叫"骨牌"的游戏，宋高宗时传入宫中，随后迅速在全国盛行。当时的骨牌多由牙骨制成，所以骨牌又有"牙牌"之称，民间则称之为"牌九"。

1849 年 8 月 16 日，意大利传教士多米诺把这种骨牌带回了米兰，送给了女儿小多米诺。多米诺为了让更多的人玩上高雅的骨牌游戏，制作了大量的木制骨牌。不久，木制骨牌就迅速在意大利及整个欧洲传播，骨牌游戏成了欧洲人的一项高雅运动。后来，人们为了感谢多米诺给他们带来这么好的一项运动，就把这种骨牌游戏命名为"多米诺"。

到 19 世纪，多米诺已经成为世界性的运动。在非奥运项目中，它是知名度最高、参加人数最多、扩展地域最广的体育运动。从那以后，"多米诺"成为一种国际性术语。不论是在政治、军事还是商业领域中，只要产生一倒百倒的连锁反应，人们就把它们称为"多米诺效应"或"多米诺现象"。实际上啊，这个中国人发明的、欧洲人传开的"效应"，足以提醒人类停止那些因冲动的做法引起的多米诺效应。

在当今全球性的环境污染下，化学药品的危害可以比得上辐射，改变着自然界，也改变着自然界生物的本质，而这一点却鲜为人知。

辐射指的是由场源发出的电磁能量中一部分脱离场源向远处传播，而后不再返回场源的现象，能量以电磁波或粒子（如阿尔法粒子、贝塔粒子等）的形式向外扩散。这里说到的辐射是指可能会带来危害的某些物质的辐射。

2017 年 10 月 27 日，世界卫生组织国际癌症研究机构公布的致癌物清单初步整理参考，核爆炸产物锶-90 在一类致癌物清单中。它是β辐射体，人体近距离接触时，在体表由β粒子形成的能量转移比由γ射线形成的大得多，当吸收剂量足够大时，造成β烧伤，此外还存在外照射危害。

锶-90 通过核爆炸释放到空气中后，会随着雨水或放射尘落在地球表面，渗入土壤，被草、玉米、小麦等吸收，最终侵入人体骨骼，直至生命体死亡。

同样，喷施在农田、森林或花园中的化学农药，也会长期积存在土壤中，侵入生物机体，在生物链中迁移，进而引发一系列中毒和死亡。即使这些化学农药随着地下水神出鬼没地转移渗出地面，在空气和阳光的共同作用下，又能够合成新的物质对动植物造成危害，同时，也对饮用地下水的人造成难以察觉的危害。正如德国哲学家阿尔贝特·施韦泽所说："人类最难辨认的是自己创造出来的恶魔。"

经过亿万年的演变，才有了如今地球上的生物，在无垠的时间长河中，生命体不断发展、进化和演变，终于达到与环境相适应的平衡状态。

环境中有利与有害因素是一并存在的，严格塑造并影响着生存其间的生命体。岩石会释放危险射线；就连万物汲取能量的太阳光中，也含有危害性短波辐射。地球上的生物体进行自然调节，以达到平衡状态，这个过程并非一蹴而就，需要千万年的光景才能达到。

时间是最关键的要素。然而，在现代社会，急躁的人类却等不及了。

急剧出现的变化和诸多新情况，折射出人类的鲁莽与急功近利。

大自然的调节需要千万年的时间，急躁的人类却要剔除这必需的千万年时间。大自然已经无法从容做出调整。放射线不再局限于岩石、宇宙和太阳紫外线等早在地球生物之前就已存在的天然本底辐射，还包括人们对原子进行干预。

让我们认识一下原子。

原子是一种元素能保持其化学性质的最小单位。一个原子包含一个致密的原子核及若干围绕在原子核周围带负电的电子。原子核由带正电的质子和电中性的中子组成。当质子数与电子数相同时，这个原子就是电中性的；否则，就是带有正电荷或者负电荷的离子。根据质子和中子数量的不同，原子的类型也不同：质子数决定了该原子属于哪一种元素，而中子数则确定了该原子是此元素的哪一个同位素。原子最早是哲学上具有本体论意义的抽象概念，随着人类认识的进步，原子从抽象的概念逐渐成为科学的理论。原子核以及电子属于微观粒子构成原子。而原子又可以构成分子。

生命体需要调整并适应的化学物质，不再局限于从岩石上冲刷下来，经河流带入大海的钙、硅、铜和其他矿物，还有人类运用创造性思维，在实验室里发明出来的人工合成物，这些合成物在自然界中并没有对应物。

矛与盾是对应物，水与火是对应物，好与坏是对应物，生与死是对应物，硬和软是对应物，中国人创立的阴和阳也是对应物。那么，在实验室里发明出来的人工合成物，它们的对应物是什么？它们在自然界中并没有对应物。就像世界上只有矛而没有盾，或者只有盾没有矛一样。

这是多么危险的不平衡！就像罪犯肆无忌惮地犯罪，而没有警察、检察官和法院来制裁他，更没有监狱来管束他。充斥罪犯的社会还能叫安定的社会吗？

就自然发展的过程而言，调整并适应这些化学物质需要时间，不是几年、几十年的时间，而是几代人的时间。然而，若非某种奇迹出现，即便耗费几代人的时间，一切也都枉然——新的化学物质从实验室源源不断地生产出来。仅美国一年就有500多种新化学物质投入使用，这个数据令人震惊，后果难以估量，人和动物体内每年需要适应500种新化学药品，500种完全超出生物体验极限的化学物质。

其中很多种化学物质用于人类对抗自然。20世纪40年代中期以来，人们研制了 200 多种基础化学药品，用于消灭昆虫、杂草、啮齿类动物及其他现代人称作"害虫"的生物，这些化学药品被冠以数千种不同的商品名称售卖。

啮齿类动物就是具有一对凿状门齿的中小型哺乳动物，俗称鼠类。包括家鼠、黄鼠、沙鼠、跳鼠及豪猪等。最小的种类如巢鼠，体重一般不到 10 克；大如南美洲的水豚，体重可达 50 千克。中国的大型啮齿动物有产于新疆的河狸，体重可达 25 千克。

现在，农场、果园、森林和家庭普遍使用农药喷剂、粉剂和气雾剂，这些未经筛选的化学药品威力强大，可以杀死各种益虫和害虫，使鸟儿不再歌唱，鱼儿不再腾跃，给树叶涂上一层致命的毒膜，最终滞留在土壤中。凡此种种，初衷竟然只是为了除掉一小部分杂草或昆虫。

就好像这样一个比方：

一只苍蝇落在饭桌上，只需用一个苍蝇拍就能拍死它。可是，竟然有人动用一颗炸弹来消灭它。苍蝇当然无影无踪了，可桌子也灰飞烟灭了，就连桌子边进餐的人也一同被"消灭"了。

听一听那些欲盖弥彰的狡辩声："这些农药不是毒药，撒向地球表面是不会给地球生物带来危害的。"

这样的说辞谁会相信？它们不应该叫作"杀虫剂"，而应该叫作"杀生剂"。

施用杀虫剂的整个过程呈现着螺旋递升态势。滴滴涕（英文缩写 DDT）获准民用，导致了这个恶性过程的升级，人们不断地致力于找到毒性更强的物质。之所以如此，是因为昆虫进化出对人类所用杀虫剂的抗药性，而这也成功印证了达尔文"适者生存"的理论。

他们应当再来熟悉一次达尔文的进化论才对。

达尔文进化论主要包括四个子学说：

一、进化论。物种是可变的，现有的物种是从别的物种变来的，一个物种可以变成新的物种。这一点，如今早已被生物地理学、比较解剖学、比较胚胎学、古生物学和分子生物学等学科的观察、实验所证实，甚至在实验室、野外都可以直接观察到新物种的产生。所以，这是一个科学事实，其可靠程度跟"地球是圆的""物质由原子组成"一样。在今天，除了少数由于狂热宗教信仰而无视事实的人，实际上已无生物学家否认生物进化的事实。

二、共同祖先学说。所有的生物都来自共同的祖先。分子生物学发现了所有的生物都使用同一套遗传密码，生物化学揭示了所有生物在分子水平上有高度的一致性，最终证实了达尔文这一远见卓识。所以，这也是一个被普遍接受的科学事实。

三、自然选择学说。自然选择是进化的主要机制。自然选择的存在，是已被无数观察和实验所证实的，这也是一个科学事实。

四、渐变论。生物的进化是渐变式的，它是一个在自然选择作用下，累积微小的优势变异逐渐改进的过程，而不是跃变式的。这是达尔文进化论中较有争议的部分。

一旦"害虫"对特定的杀虫剂免疫，人类只好研发一种又一种更加致命的毒药，于是，演绎了可悲的"剧场效应"。

法国教育家卢梭最早使用"剧场效应症"来概括以巴黎为代表的整个文明生活状况。他指出当时的巴黎被戏剧化，本身成了一座大剧场，市民既观剧，也被动演剧，在不自觉的状态中被彻底异化，抛出了自我，生活于别处。

现在要说一说另一种"剧场效应"了。

一个剧场，大家都在看戏。每个人都有座位。忽然，有一个观众站起来看戏，周围的人劝阻无效，管理员又不在岗。最后全场的观众都从坐着看戏变成了站着看戏。只是，所有人比原来付出了更多的体力成本，得到了和原来一样的、甚至更差的观剧效果。更可悲的是，虽然大家都更累了，但不会有任何人选择坐下来看戏。如果有人开始站在椅了上看戏，就会引发更多的人也站在椅子上看戏。结果，破坏秩序的人没有得到持久的收益，而遵守秩序的人则是受害者。表面上，要怪那个破坏秩序、先站起来的观众。实际上，真正的责任人应该是剧场的管理员。毕竟，他是秩序维护者。

施用杀虫剂的整个过程，"秩序维护者"没有出面说话，他没有清醒的认识，没有站在人类和害虫之间说话。

在人们喷施杀虫剂之后，害虫经常会卷土重来，数量甚至比喷施之前更多。因此，这场化学药品的战争没有赢家，地球上一切生物都会被卷入其中，无一幸免。

众所周知，核战争会造成人类毁灭，这是不容争议的军事常识。可是，有多少人能够意识到，我们这个时代的一个中心问题——地球环境污染也会招致人类灭亡！一些具有潜在危险的物质积聚在动植物体内，甚至侵入生殖细胞，破坏或改变决定物种未来形态的遗传物质。

遗传物质，即亲代与子代之间传递遗传信息的物质。除一部分病毒的遗传物质是 RNA 外，其余的病毒以及全部具典型细胞结构的生物的遗传物质都是 DNA。

RNA 是 Ribonucleic Acid 的缩写，化学上的叫法是"核糖核酸"；DNA 是 Deoxyribonucleic Acid 的缩写，化学上叫"脱氧核糖核酸"。1953 年 4 月 25 日，英国的《自然》杂志刊登了美国的沃森和英国的克里克在英国剑桥大学合作的研究成果：DNA 双螺旋结构的分子模型。这一成果后来被誉为 20 世纪以来生物学方面最伟大的发现，标志着分子生物学的诞生。

俗话说：种瓜得瓜，种豆得豆。

可是啊，积聚在地球动植物体内的遗传物质遭到了破坏，这些遗传物质在毫不知情的情况下，未经它们的许可而招致改变，进而导致这些遗传物质失去了遗传功能：种瓜得不到瓜，种豆得不到豆，鸡蛋孵化不出小鸡，猪崽活不了几天；母亲生不出孩子，或者生出的孩子也活不了几天，甚至生出的不是孩子，而是人类从未见过的生物……我们这个星球没有了动植物的后代了，人类毁灭，动植物毁灭……

一些人类未来设计师，期待有朝一日可以通过设计改变人类基因图谱，然而我们现在轻而易举就可以实现这个梦想，很多化学药品会像放射线一样导致基因突变，人类居然能够通过选择杀虫剂这种微不足道的小事决定自己的未来，真令人匪夷所思。

基因，也叫遗传因子，是产生一条多肽链或功能 RNA 所需的全部核苷酸序列。基因支持着生命的基本构造和性能，储存着生命的种族、血型、孕育、生长、凋亡等过程的全部信息。环境和遗传的互相依赖，演绎着生命的繁衍、细胞分裂和蛋白质合成等重要生理过程。生物体的生、长、衰、病、老、死等一切生命现象都与基因有关。它也是决定生命健康的内在因素。因此，基因具有双重属性：物质性（存在方式）和信息性（根本属性）。带有遗传信息的 DNA 片段称为基因，其他的 DNA 序列，有些直接以自身构造发挥作用，有些则参与调控遗传信息的表现。组成简单生命最少要 265 到 350 个基因。

人类基因图谱的完成，是医学上一场革命的开始，但这场革命的成功将需要更长的时间。中国科学家承担了这个工程 1%的工作量。人类基因图谱的绘制完成，给即将广泛推行的全新基因医疗手段打下了坚实的基础，它使人类向真正的"个性化医疗"时代又迈进一步。今后，遗传疾病或是疑难杂症，只要根据患者个人的基因图谱"逮住"其中出了问题的基因，用最直接的办法使基因恢复正常状态，人体就会做出相应调整，从而治愈疾病。人类大约有 3 万个基因，比科研人员原本预料的少了许多。

啊，人类冒这么大的风险，目的到底是什么？

让我们把目光投向未来。

那时的历史学家回眸历史的时候，会难以置信他们的祖先面对利弊选择时，竟然只有这种扭曲的判断力。他们会嗟叹：我聪明的人类祖先啊，怎么可能为了控制一小撮不受欢迎的昆虫，而选择污染整个环境，甚至给自己招致疾病和死亡的威胁呢？

现时的人类偏偏就这么做了，尽管这么做的理由根本站不住脚，现时的人类依然还是义无反顾地这么去做。

我们被告知，必须大量喷施农药才能确保农业产量，然而我们真正的问题难道不是生产过剩吗？虽然我们采取措施减少耕地面积，给农民发放补贴，让他们减少生产农作物，产量依然大得惊人，仅 1962 年，美国纳税人就耗费 10 多亿美元用来解决过剩粮食的储存问题。现实情况则更甚，农业部某个部门试图减少耕地面积，另一个部门往往会站出来反驳："土地休耕补贴制减少耕地面积，常常会刺激人们使用化学药品，以提高现有耕地的最大亩产量。"

以上所述，并不是说不存在害虫问题，或无须防控害虫。我的意思是，防控必须立足现实，不能凭空臆测，而且防控的方法切不可将我们自己连同害虫一起消灭。

德国的宗教改革家马丁·路德早在 16 世纪就告诫过我们："不能把小孩连同洗澡水一起泼掉。"聪明的中国人发明了一条成语"投鼠忌器"。这些，我们该没有忘记吧？我们干吗要选择一条与害虫同归于尽的自杀之路呢？

人类想要解决问题，却从一开始就造成了接连不断的灾难，这似乎成了现代生活方式的定势。我们对昆虫界太不了解了，抛开"把孩子连同脏水一起泼"的愚蠢做法不谈，就算是要对全体昆虫界宣战，由于我们对于昆虫界庞大的阵容不知晓，才因此造成目前的闹剧。早在人类出现之前，昆虫就已栖居在地球上，它们种类繁多，适应性极强，阵容也极其庞大。

到目前为止，世界上已经发现的动物有 150 多万种，而昆虫几乎占了一半，有 62 万多种，而且还以平均每年发现数千种新的品种的速度增加着，可以说，在地球上到处都有昆虫的存在。人们不禁要问，昆虫为什么会这样多？

第一，我要代表昆虫界告诉人们，昆虫有着惊人的繁殖能力。一般昆虫一生能产卵数百粒。

看看下面这一组数字吧。

危害庄稼的"地老虎"，每只雌虫平均可产卵 800 粒。蜜蜂的蜂王专司产卵职责，每天能产 2 000~3 000 卵。白蚁的蚁后一生可产几百万个卵，平均每秒钟产卵 60 粒。一对苍蝇从 4 月到 8 月的 5 个月中，它们的下一代如果都不死，可以有 19 000 亿亿只。一个孤雌胎生的棉蚜在 6 月到 11 月中旬的 150 天中，假设它的后代都能活着，就有 60 000 亿亿个。由此可见，昆虫的繁殖能力是任何其他动物所不能相比的。

第二，在我们这个星球上，昆虫的食物来源极其充足，是所有动物不可比拟的。从室内到室外，从宿舍到牲口棚子，从平原到山村，从菜地到果园，到处都有昆虫的饲料，它们绝不会因为食物的匮乏而饿死。看，植物的汁液、花果，动物的躯体到死后的尸体，以及腐殖质，没有一样不是昆虫的食料。只不过不同类的昆虫都有各自的选择罢了。另外，昆虫的体形都比较小，这对昆虫的迁移扩散是极有利的条件，大大扩大了它们的生活范围，并且增加了找到适合生存的环境的机会。

第三，昆虫能在自然界中长期生存，除了有着广阔的食料来源外，还因在长期适应环境的演变中，有着多种多样的保护自己安全、不受天敌伤害的自卫本领。有许多昆虫身体的颜色往往与生活环境或寄生植物的颜色相似，这就是保护色。还有的昆虫身上长着许多带有毒性的枝刺和五颜六色的花斑，使天敌见而生畏。还有许多没有防御器官的昆虫，常常模仿生有毒刺和毒腺昆虫的色斑和动作，借以减少天敌袭击的危险。有的昆虫还具有释放"瓦斯"、断足自救、装死逃生的本领。昆虫有了这些生存的本领，自然成为动物界中一支庞大的队伍了。

这么一支强大的昆虫大军，人类想要使用化学药剂灭除它们谈何容易？别说是整体，就是几个品种的灭杀都是不太可能的，因为大自然赋予昆虫的力量实在是大得惊人。

一种小小的昆虫，甚至能够拯救一个大洲的大草原！这个经典的例证已经广为流传了。

澳大利亚位于太平洋西南和印度洋之间，根据"大陆漂移"的学说，它本来与其他古大陆相连，只是在 1.45 亿~0.66 亿年前的白垩（è）纪，才与其他大陆分开。由于长期的地理隔离，那里仅生存着一些像鸭嘴兽、袋鼠等低等哺乳动物，而且种类十分单纯。

1770 年 4 月，来自欧洲的第一批移民在澳大利亚登陆。他们看到那里茫茫草海无边无际，食草动物却少得可怜，在欧洲大陆上常见的家畜，例如牛、羊，那里根本没有。为了利用那里丰富的草原资源，移民们于

18~19 世纪，先后从印度、马来西亚等地引进了大批的黄牛等家畜，使澳大利亚的畜牧业迅速发展起来。

随着畜牧业的不断发展，严重的粪害问题产生了。据统计，一头体重 270 公斤的肉用牛一天的排粪量约 16 公斤，相当于体重的 6%。在澳大利亚草原上，当时约有 4 万头牛，每天会有无数堆牛粪排于地上，由于大量的牛粪不能被分解处理掉，因此覆盖了草原，压住了牧草，严重地阻碍了牧草的生长，使得肥美的草原逐渐退化，并且出现了一块块的秃斑。为了解决这个问题，科学家们提出放养屎壳郎处理牛粪，经过实验获得了成功。

屎壳郎又称蜣螂，是一种食粪甲虫。过去，人们常常把它视为"逐臭之夫"。经过研究，人们发现，正是这些"逐臭之夫"在清除食草动物粪便过程中起着关键的作用。澳洲虽然也有屎壳郎，但由于地质历史和生物进化两方面的原因，那里的屎壳郎只能采食干硬的袋鼠粪，黄牛的湿软的粪便不合它们的口味，它们对黄牛粪不去问津。于是，澳大利亚科研人员奔赴世界各地进行考察，经过严格检疫消毒，引进了一大批能够处理牛粪的屎壳郎，然后在草场上放养，解决粪害问题。

屎壳郎能处理牛粪，不仅是因为它们以粪便为食，而且还因为粪便是雌雄虫进行交配的媒介。同时，雌虫还在粪球内产卵，并把该粪球作为幼虫的食物。屎壳郎搬运粪便的能力十分惊人，它借气味发现新鲜粪便后就立即飞去，先用前足窃取一块粪做成粪球，然后用后足把粪球推放到适当的地方，并埋入地下。牛粪被屎壳郎运走后，牧草得以正常的生长和发育，植被得以更新。屎壳郎挖洞埋粪，既疏松土壤，又促进牛粪的热化分解，增强了土壤肥力，使牧草增产。屎壳郎在调整和重建澳大利亚草原的生态平衡中起了重要的作用。

像屎壳郎这样与人类为友的昆虫还有许多，与人类为敌的昆虫只是少数。

人类出现以后，超过 50 多万种昆虫中，仅有一小部分与人类利益发生冲突。冲突的方式主要有两种：一种是与人类争抢食物，另一种是成为人类疾病的传播媒介。

人群密集的地方，尤其是爆发自然灾害、战争或极度贫穷等卫生条件恶劣的地区，携带疾病的昆虫往往令我们非常棘手。遇到这种情况，有必要对昆虫采取防控措施。然而我们也必须清醒地意识到，大量使用化学制剂，不仅防控效果非常有限，反而有可能使情况进一步恶化。

　　原始农业阶段，农民很少会有昆虫问题，随着农业集约化发展，也就是在最充分利用一切资源的基础上，更集中合理地运用现代管理与技术，充分发挥人力资源的积极效用，以提高工作效益和效率的一种形式。在大面积土地上耕种某单一作物，这些问题开始浮现出来，集约化生产导致单一种类的昆虫数量出现爆炸式激增。

　　比如，在面积庞大的土地上单一种植小麦，蝗虫就会增致铺天盖地的可怕数量。

　　比如，在单一种植水稻的田地里，常见水稻病虫害就多达十几种。像细菌性条斑病、稻瘟病、水稻纹枯病、稻曲病等，不仅危害植物，还危害动物的生存。

　　就拿稻曲病来说，别名青粉病、伪黑穗病，因其多发生在收成好的年份，故又称"丰产果"，属真菌病害。此病在中国各大稻区均有发生，通常在晚稻上发生，尤以糯稻为多。随着一些矮秆紧凑型水稻品种的推广以及施肥水平的提高，此病愈来愈突出。病穗空瘪粒显著增加，发病后一般会减产5%~10%。此病对产量损失是次要的，严重的是病原菌有毒，孢子污染稻谷，降低稻米品质。此外，用混有稻曲病粒的稻谷饲养家禽，可引起家禽慢性中毒，造成内脏病变，直至死亡。

　　单一作物种植不符合自然生态规律，完全是农业工程师人为规划出来的东西。大自然孕育了多样化的景观，人类却热衷于将其简单化。这样一来，人类就破坏了自然界固有的制约与平衡。

　　当然，虫害是农作物生长的大敌。由于它们的危害，使人类的农业损失巨大，所以人们在防治农作物虫害时，总想一网打尽，把它们彻底消灭掉。其实，适当保留一些残留虫口，对作物生长是有好处的。

　　为什么防治害虫不要赶尽杀绝呢？这其中是有一定的农业科学技术

道理的。

比如，人们种植大豆、水稻、小麦等作物，主要是为了收获它们的果实和种子。大豆在生育期或水稻在分蘖（niè）期被食叶害虫吃掉一些叶子，对产量并没有影响。相反，少量害虫的存在，对作物栽培还具有"疏苗"作用。再比如，棉株蕾铃过多或者小麦、水稻分蘖过多，对作物生长都不利。害虫取食少量蕾铃或无效的分蘖，无异于人工疏苗，不但无害反而有益。蚕豆在结荚期，往往需要打顶，以控制其尖端生长。此时，任蚜虫吃掉其嫩尖，等于人工打顶，蚕豆反而可以增产。保留少量残余的虫口，可以维持生态平衡，使害虫处于它的天敌控制下，既不至于暴发为害，又不会使作物产量受到影响，我们何乐而不为呢？

在自然机制下，物种得以控制在平衡范围内。自然平衡的一个重要方面就是限制每一个物种的适宜栖居范围。显而易见，一种主要以小麦为食的昆虫在大片麦田中的繁殖速度，要远远超过它在小麦与它不适应的其他作物混作地区的繁殖速度。

这种情况确实发生过。30多年前，美国大城镇的街道两旁种满了榆树。现在一种由甲虫携带的疾病侵袭所有榆树，人们满怀期待创造的美丽景观，面临着彻底毁灭的威胁。如果这些榆树和其他多种树木混合栽种，甲虫肆意繁衍并广泛传播疾病的机会就会受到限制。

导致现代昆虫问题的另一个原因，必须放到地质学和人类历史框架中考察。成千上万种不同种属的生物，从原生地向新领地侵袭。英国生态学家查尔斯·埃尔顿在新著《动植物入侵生态学》中，对世界性迁徙进行了研究和生动的描绘。

在亿万年前的白垩纪，洪水肆虐，切断了各大洲之间的陆桥，许多生物被困在埃尔顿所称"巨大的隔离性自然保留地"。

白垩纪是地质年代中中生代的最后一个纪，开始于1.45亿年前，结束于6 600万年前，历经7 900万年。是显生宙的最长一个阶段。这时期，大陆被海洋分开，地球变得温暖、干旱。最大的恐龙出现时期，许多新的恐龙种类开始出现，恐龙仍然统治着陆地，翼龙在天空中滑翔，巨大的海生爬行动物统治着浅海。最早的蛇类、蛾和蜜蜂以及许多新的小型哺乳动物也出现了。被子植物也出现于这个时期。

白垩纪造成的与同类分隔，促使受困的物种进化出许许多多新物种。约 1500 万年前，一些大陆板块得以重新连通，这些物种开始向新的区域迁移——这一运动不仅至今仍在持续，而且得到了人类的推波助澜。

动物总是随着植物迁徙，植物进口因而成了现代跨物种传播的主要介质。卫生检疫只不过是最近才出现的新鲜事物，且不完全有效。仅美国植物引进署一个部门，就从世界各地引进了约 20 万种植物。美国的 180 多种主要植物害虫中，近乎一半是从国外意外带进来的，其中大部分借由进口植物携带而入。

到了新的领地，失去原生地天敌的遏制，这些进口动植物迅速繁衍生息。因此最难以控制的昆虫都是那些外来物种。

这些由于自然原因或人类推动造成的物种入侵，会永无休止地继续下去。检疫和大肆使用化学药物防控，不过是耗费金钱赢取时间的手段。在埃尔顿博士看来，人类面临着一场生与死的较量，需要的不仅仅是寻求遏制某种动植物数量的新技术手段，更需要具备动物繁衍的基础知识，了解它们与生存环境的关系，以此"促进平衡状态，遏制虫害的大规模暴发，防范新物种的入侵"。

我们对许多唾手可得的基础知识熟视无睹，高校培养生态学方面的人才，政府部门也聘请了不少生态学专家，但我们很少听取他们的建议。我们任由致命的化学药剂像雨水一样洒落，仿佛除此之外别无他法。然而事实上，存在许多行之有效的办法。只要有条件，人类的聪明才智一定能够发现更多有效的方法。

把劣质有害的东西当作不可缺少的东西，人类好像失去了判断优劣的意志与能力，我们这是鬼迷心窍了吗？正如美国生态学家保罗·谢帕德所说，这种想法"将遭受破坏的人类环境理想化……我们为什么要忍受食物中的微量毒素，忍受了无生机的环境？我们为什么要忍受非敌非友的生物圈，忍受令人发狂的马达轰鸣声？一个还不完全致命的世界，我们难道就应该满足于生活其间吗"？

然而，这样的世界正在向我们迫近，通过化学遏制手段打造一个没有昆虫的世界的想法，激起了众多专家和所谓害虫防控机构的狂热。各方面证据显示，那些热衷喷施农药的个人和机构都在滥用职权。康涅狄格州昆虫学家尼里·特纳说："管理机构的昆虫学家……集检察官、法官、陪审团、估税员、收税员和行政司法长官等多重职能于一身，推行自己发布的命令。"州政府和联邦政府竟然放任这种滥用职权的做法。

我并非主张绝对禁用化学杀虫剂，但我认为我们把威力强大的有毒化学药品不加区分地交到对其潜在危害完全无知的人手中，在未经民众同意甚至他们毫不知情的情况下，迫使他们接触有毒农药。如果《权利法案》中没有规定"保证公民免受个人或政府官员使用有毒农药伤害的权利"，那只是因为我们的前辈虽有卓识远见，却无法预见这样的问题。

此外我还要指出，我们几乎没有调查过这些化学药品对土壤、水、野生动植物以及人类自身的危害，就允许其投入使用。自然界滋养万物，我们却缺乏对它的整体关切，子孙后代一定不会原谅我们的这种行为。

人们对危害的本质认识仍然十分有限，这是一个"专家"盛行的时代，每位专家都只关注自己专业领域的问题，意识不到或不愿意将之放大到更大的框架中予以思考。

这也是一个商业主宰一切的时代，只要能赚到钱，无论付出什么样的代价，都很少遭质疑。当民众对杀虫剂带来的显著危害发起抗议时，他们就用一些半真半假的话术进行欺瞒。我们迫切需要停止虚假的安慰和企图为丑恶事实包裹糖衣的做法，广大民众正承受着杀虫剂带来的风险。民众必须做出决定，是否愿意在这条路上继续走下去，而只有掌握了全部真相，他们才能做出正确决定。正如法国生物学家、道德学者让·罗斯丹所言："我们有忍耐的义务，也有知道真相的权力。"

第三章

死神的特效药

每个人从母体里开始孕育到死亡，都不得不接触各种危险化学药物，这种情形在历史上从未出现过。人工合成杀虫剂投入使用不到 20 年，就已无处不在、全面影响着有生命和无生命的世界。各大水系，甚至连看不见的地下水中都有它们的踪迹。十多年前用过的化学药品仍然残留在土壤里，杀虫剂残留进入了鱼类、鸟类、家养动物和野生动物体内，科学家的动物实验表明，没有动物能够幸免。

偏远山间湖泊里的鱼类，土壤里蠕动的蚯蚓，鸟蛋，甚至人体内都发现此类药物残留。如今，这些化学药物残留在各个年龄层次的人体内部，母乳中有，未出生婴儿的组织里很可能也有。

所有这一切都归咎于生产具有杀虫特性的人工合成化学药品产业的崛起与快速发展。该产业是第二次世界大战的衍生物，人们在研发化学武器的过程中，发现实验室里研制的一些化学药品能够杀死昆虫。这一发现并非偶然，因为昆虫一度被广泛用来测试化学武器对人类的杀伤力。

实验室里的这一发现，直接导致了合成杀虫剂源源不断地问世。这些人工合成杀虫剂通过精准地操控分子、替换原子、改变序列而成，与第二次世界大战前的简单杀虫剂完全不同。战前杀虫剂提取自天然矿物质和植物生成物，包括砷、铜、铅、锰、锌及其他矿物质的化合物，干菊花制成的除虫菊、烟草及同属植物中提取的硫酸烟精和东印度群岛豆科植物中的鱼藤酮等。

新的合成杀虫剂生物效能强大，与传统产品大不一样。这些杀虫剂威力强大，不仅具有毒杀功效，还会参与机体最重要的生命进程，令其发生致命性改变。因此，正如我们会看到的那样，它们会破坏保护身体免受伤害的酶，阻碍身体获得能量的氧化作用进程，妨碍诸多器官正常工作，而且还可能引起一些细胞发生缓慢却不可逆的变化，并进而导致恶变。

酶，是一类极为重要的生物催化剂，人体和哺乳动物体内含有至少5000 种酶。它们或是溶解于细胞质中，或是与各种膜结构结合在一起，或是位于细胞内其他结构的特定位置上，只有在需要时才被激活，这些酶统称胞内酶；还有一些在细胞内合成后再分泌至细胞外的酶——胞外酶。酶催化化学反应的能力叫酶活力（或称酶活性）。酶活力可受多种因素的调节控制，从而使生物体能适应外界条件的变化，维持生命活动。没有酶的参与，新陈代谢几乎不能完成，生命活动根本无法维持。

然而，每年都会有威力更强大的新化学药品问世，发挥新用途并影响到世界的每个角落。1947 至 1960 年，美国合成杀虫剂产量增长 5 倍多，从 5636 千克飙升至 28924 千克，批发销售额有 2.5 亿余美元，但就化工产业的宏伟规划而言，这一切仅仅是个开始。

因此，一本杀虫剂名录对我们来说十分有必要。如果我们注定要与这些化学药品亲密相伴，通过吃、喝将食物中的化学药品带入骨髓，我们最好了解这些化学药品的属性和威力。

尽管第二次世界大战成为杀虫剂由无机化学制品转向奇妙碳分子世界的分界点，一些旧材料仍未退出历史舞台。砷就是其中一种，它仍然是很多除草剂和杀虫剂的基本成分。

砷是一种剧毒矿物，大量存在于各种金属矿石中，火山、海洋和泉水中也有少许。砷对人类的影响时间长，影响方式各异。

有位英国医生发现烟囱烟灰里的砷与芳香烃化合而成的物质能够致癌。他就是帕西瓦尔·波特，英国 18 世纪著名的外科医生，被誉为现代骨科学之父。

波特不仅医术高超，而且医德甚佳，不论贫富，求诊者总能从他这里获得最好的治疗。所谓"好人有好报"，机会总是留给有善念的人，波特这样公平的行医准则，给了他一个接触各色病人的机会，这些病人的种种特点沉淀在他的脑海中，只等灵犀一闪。

我们不妨回到 18 世纪的英国，看看有哪些时代特征浓烈的职业。

18 世纪中叶，工业革命前期，城市居民比之前任何时候更多地开始追求生活质量，因此燃烧煤炭取暖的壁炉被发明了出来，为了使壁炉燃烧得更加充分，"烟囱"也随之成了房屋的必要结构，于是催生了一种特殊职业——扫烟囱。

在求治于波特的患者中，就有不少扫烟囱的年轻工人。让波特觉得奇怪的是，这些年轻人的求诊原因都是"难言之隐"——阴囊肿痛乃至于溃烂。这很奇怪，要说，阴囊不适在一般人群中是相对少见的症状，在年轻人中更是罕见，但现在却如此集中地出现在扫烟囱的年轻工人群体中，这难道不让人觉得有点匪夷所思吗？

作为外科医生的波特，在为这些扫烟囱工人施行手术后，对病理标本进行了考察，他的记录表明，这些工人得的都是阴囊癌——一种切切实实罕见的肿瘤，波特在他后续发表的文章中写道："通过手术发现，在患者阴囊的病灶上沉淀着大量的烟油……我认为这和扫烟囱这个工作密切相关，虽然目前缺乏可靠证据证明烟油和阴囊肿瘤有关，但是考虑到本病的发生如此'青睐'这些工人，把它称为'扫烟囱人癌'是可行的……"

用现在的眼光来看，波特的描述有些简陋，证据更是不充分。但是放在 200 多年前，是他第一个指出扫烟囱的职业环境与疾病可能存在联系，这一观点为后来的研究指明了方向。

波特去世 200 年后，也就是 20 世纪 90 年代初，研究证实了他的推测：烟油确实是"扫烟囱人癌"的直接致病因素。波特的开创性描述，间接推动了 1788 年英国《扫烟囱工人法案》的颁布，这一法规要求雇主必须采取保护措施以避免工人沾染烟油，同时它还鼓励采用新技术来清洁烟囱。《扫烟囱工人法案》拉开了"职业保护"之幕，迄今，各国的《劳动法》中都留下了它的印记：保护职员免受环境之害。

长期以来，群体性慢性砷中毒事件屡有发生，砷污染环境，也引发马、牛、羊、猪、鱼、蜂等动物中毒死亡。尽管有此类记录，砷喷雾剂和砷粉剂仍被广泛使用。美国南部棉花产区喷施砷之后，蜜蜂养殖业难以为继，长期使用粉剂的农民遭受慢性砷中毒。含砷的除草剂、杀虫剂会导致牲畜中毒，蓝莓种植园的砷粉剂飘浮到邻近农场，污染溪水，给蜜蜂和母牛造成致命毒害，进而引发人类中毒。美国国家癌症研究所环境致癌研究权威 W.C.休珀博士指出："……美国近年来在处理含砷化合物问题上完全漠视公众健康，这种做法恶劣至极，任何看过施施砷杀虫喷剂和粉剂的人，一定都忘不了那种剧毒物质的喷施作业方式。"

2000 年 6 月 4 号，中国河南襄城二中突发了一起恶性食物中毒事件，在学校进餐的学生中，有人出现恶心、抽搐等症状。不久，患病人数迅速增加，大多数表现出无力、恶心呕吐等病症。经有关部门检测和复核，证实学生中毒的原因是吃了被农药污染的面条所致。

病菌、害虫、杂草是农业生产中的三个大敌，为了消灭这三大农业生产的敌人，各种化学农药相继问世。现在，全世界农药的年产量已超过 500 万吨，品种已超过 1 000 种，常用的有 300 多种，大量使用的有 100 多种。农药对环境的污染以有机氯农药（比如滴滴涕、林丹等）为首。一般情况下，滴滴涕在土壤中消解需十年，林丹也得六七年。一些农药对环境的污染，已经使一些野生动物大量死亡。美国调查了 37 个国家的 118 种海鸟，发现几乎所有的海鸟体内都有滴滴涕或林丹等农药的残留物，就连远在北极的海鸟也没有能幸免。可见这些农药给生态平衡带来了多么大的破坏。

农药从生产、包装、运输到使用，每一个环节都可能对环境造成污染。当飞机进行低空大面积喷施农药时，落到果树、庄稼上的农药才10%，近 90%的农药降落在水体和土壤中，造成大面积的污染。农药跟化肥一样，直接或间接地污染水、陆两个食物链，并在食物链中进行富集，当富集到一定量时就会引起病变或大面积中毒。

农药在施用时，往往不止施洒一次，它需要施洒几次，或几种农药一起施用，才能起到药效，这些做法给环境带来了反复交叉的污染风险。

农药与化肥污染不一样的地方在于，农药对人的直接危害更大，它既能直接经呼吸道或皮肤侵入人体，也能通过食物链神不知鬼不觉地影响到人的健康，上面提到的学生集体中毒的事件，就是一个典型的例证。

较之砷合成制剂，现代杀虫剂毒性更甚。绝大多数现代杀虫剂归属两大类：一类是以滴滴涕为代表的氯代烃杀虫剂，另一类是以人们较熟悉的马拉硫磷和对硫磷为代表的有机磷杀虫剂。

有机磷农药可因食入、吸入或经皮肤吸收而中毒，小儿中毒的险恶情况经常发生。小儿中毒原因多为：误食被有机磷农药污染的食物（包括瓜果、蔬菜、乳品、粮食以及被毒死的禽畜水产品等）；误用沾染农药的玩具或农药容器；不恰当地使用有机磷农药杀灭蚊、蝇、虱、蚤、臭虫、蟑螂，治疗皮肤病和驱虫；母亲在使用农药后未认真洗手就换衣服给婴儿哺乳……儿童也可能由于在喷过有机磷农药的田地附近玩耍引起吸入中毒。

我们在前文已经提及，这两类杀虫剂具有一个共同点：它们的基本成分都是生物界不可或缺的碳原子，因此被归类为有机物。要了解现代杀虫剂，我们必须弄清其组成成分，弄清其与生物的基础化学有关，却成为生物体致死物质的蜕变方式。

碳元素是生物体最基本的元素，其原子可以任意地以链、环或其他结构方式组合在一起，也可以与其他物质的原子结合。事实上，从细菌到巨大的蓝鲸，生物界如此丰富的物种多样性，很大程度上取决于它的这种特性，脂肪分子、碳水化合物、酶和维生素的基本成分是碳原子，蛋白质分子的基本成分也是碳原子。碳并非生命物质专属，也是大量非生物的基本成分。

一些有机化合物只是简单的碳氢组合，其中最简单的是甲烷，也称沼气，由自然界中的细菌在水下分解有机物而成，与一定比例的空气混合，甲烷会变成煤矿中可怕的"瓦斯"。甲烷结构极其简单，由一个碳原子和四个氢原子组成：

$$
\begin{array}{ccc}
H & & H \\
 & C & \\
H & & H
\end{array}
$$

化学家们发现可以去掉其中一个或全部氢原子，用其他元素进行替换。例如用一个氯原子替换一个氢原子，可以生成氯甲烷：

$$\begin{array}{c} H \quad Cl \\ C \\ H \quad H \end{array}$$

氯甲烷，又名甲基氯，为无色易液化的气体，加压液化贮存于钢瓶中，属有机卤化物。微溶于水，易溶于氯仿、乙醚、乙醇、丙酮。易燃烧、易爆炸、具有高度危害性，无腐蚀性。2017 年 10 月 27 日，世界卫生组织国际癌症研究机构公布的致癌物清单初步整理参考，氯甲烷在 3 类致癌物清单中。

将三个氢原子替换成氯原子，可以生成氯仿：

$$\begin{array}{c} H \quad Cl \\ C \\ Cl \quad Cl \end{array}$$

把所有氢原子都替换成氯原子，能够生成最常见的清洗剂四氯化碳：

$$\begin{array}{c} Cl \quad Cl \\ C \\ Cl \quad Cl \end{array}$$

用最简单的话来说，围绕甲烷分子的这些变化，大致表明了氯代烃的构成，但还远远不能解释烃的真正复杂性，也不能代表有机化学家创造各种材料的丰富手段。除单一碳原子的甲烷外，他们还可以改变由多个碳原子组成的碳水化合物分子，这些碳原子呈环状或链状，还有侧链和分支。连在化学键上的不仅仅有氢原子和氯原子，还有各种化学群。一些看似细微的变化，足以完全改变物质的特性。碳原子上的元素附着种类、附着位置都至关重要。如此精准操控的结果，催生了大量具有超级杀伤力的毒药。

1874 年，德国化学家率先合成了滴滴涕，但直到 1939 年人们才发现其作为杀虫剂的性能。

滴滴涕又叫二二三，化学名为双对氯苯基三氯乙烷，是有机氯类杀虫剂。为白色晶体，不溶于水，溶于煤油，可制成乳剂，是有效的杀虫剂。为 20 世纪上半叶防止农业病虫害，减轻疟疾、伤寒等蚊蝇传播疾病的危害起到了不小的作用。但由于其对环境污染过于严重，目前很多国家和地区已经禁止使用。2017 年 10 月 27 日，世界卫生组织国际癌症研究机构公布的致癌物清单初步整理参考，滴滴涕在 2A 类致癌物清单中。

当时，滴滴涕被赞誉为虫媒传染病的终结者，能够帮助农民在一夜之间战胜庄稼病虫害。1948 年瑞士化学家保罗·穆勒，因发现滴滴涕的杀虫功效而被授予诺贝尔生理学或医学奖。

现在滴滴涕被广泛使用，多数人将之视为没多大害处的日常用品。也许，造成滴滴涕无毒无害神话的事实依据，源自其最初的一种用途：战时为了消灭虱子。

虱子的成虫和若虫终生在寄主体上吸血。寄主主要为陆生哺乳类动物，少数为海栖哺乳类，人类也常被寄生。虱子不仅吸血，而且使寄主奇痒难安，并会传播很多重要的人畜疾病。由虱子传播的回归热是世界性的疾病，这种疾病的病原体是一种螺旋体。虱子的寿命大约六个星期，一只雌虱每天约产十粒卵，卵坚固地黏附在人的毛发或衣服上。八天左右小虱子孵出，并立刻咬人吸血。两三周后通过三次蜕皮就可以长为成虫。虱子一生都是寄生生活。回归热的传播是它咬人后，被咬部位很痒，人在用力抓痒时，会把虱子挤破，它体液内的病原体随抓痒而带入被咬的伤口，人就此得病。

战时的防疫人员在成千上万的士兵、难民和俘虏身上喷撒滴滴涕粉剂。于是，人们普遍认为，既然这么多人与滴滴涕亲密接触过，却没有发生直接危害，这种化学药品一定无毒无害。这一误解的根源在于，与其他氯代烃类物质不同，粉状滴滴涕不容易透过皮肤吸收，而滴滴涕溶于油剂，使用时绝对中毒，吞食后会通过消化道被慢慢吸收，也会被肺部吸收。由于滴滴涕本身是脂溶性的，一旦进入人体，它就会大量贮存在肾上腺、睾丸和甲状腺等富含脂肪的器官内。还有相当多一部分积存在肝脏、肾脏以及包裹在肠道周围起保护作用的肥大的肠系膜脂肪中。

人体内的滴滴涕积存过程，始于我们能够想象的最小摄入量（以化学残留形式存在于大部分食物中），最后往往会达到非常高的积存量值。富含脂肪的体内脏器起到生物放大器的作用，以至于饮食中 0.1×10^{-6} 的微小摄入量会导致体内 $10 \times 10^{-6} \sim 15 \times 10^{-6}$（即百万分比浓度）的蓄积，增长 100 余倍。

此类参考数据对化学家或药理学家来说很寻常，但我们大多数人并不熟悉。1×10^{-6} 听起来是个很小的数字——事实也的确如此。但这些物质的药效非常强大，极微量的摄入都会给身体带来巨大的变化。动物实验表明，3×10^{-6} 的滴滴涕药量就能抑制心肌内的一种主要酶的活动，5×10^{-6} 的药量就会造成肝细胞坏死或衰变。滴滴涕同族化学药品狄氏剂和氯丹，仅需 2.5×10^{-6} 的用量，也会造成同样的后果。

氯丹，一种残留性杀虫剂，具有长的残留期，在杀虫浓度下对植物无药害，杀灭地下害虫，如蝼蛄、地老虎、稻草害虫等，对防治白蚁效果显著。2017 年 10 月 27 日，世界卫生组织国际癌症研究机构公布的致癌物清单初步整理参考，氯丹在 2B 类致癌物清单中。

上述说法并不难以理解，在人体的正常化学反应中，确实存在如此悬殊的因果关系，比如仅 0.000 2 克的碘就足以成为健康与疾病的分水岭，这些微量杀虫剂在人体内不断积存，却只能极其缓慢地排泄出去。所以，慢性中毒以及肝脏和其他器官退行性病变的危险并非危言耸听。

科学家们尚未就人体内滴滴涕贮存极限量值达成一致意见。美国食品药物管理局首席药理学专家阿诺德·莱曼博士认为，人体内吸收和贮存滴滴涕的量值，既没有上限也不存在下限。然而，美国公共卫生署的韦兰·海斯博士坚持认为，每个人体内都有一个摄入平衡量值，超出此量值的滴滴涕会被排出体外。就现实情况而言，这两种观点孰是孰非并不十分重要，我们对人体内实际积存的滴滴涕有过详细调查，结果显示，普通人体内的滴滴涕积存量都足以造成潜在危害。很多研究表明，没有明确滴滴涕接触史的普通人（饮食中不可避免的残留物除外）体内平均积存量为 $5.3 \times 10^{-6} \sim 7.4 \times 10^{-6}$，农业工人体内积存量为 17.1×10^{-6}，杀虫剂制药厂工人体内积存量则高达 648×10^{-6}。可见，现有研究已证明，人体内滴滴涕积存量值浮动区间巨大。但更为重要的是，研究同时发现人体内最小的滴滴涕积存量都足以损害肝脏与其他器官或组织。

滴滴涕及其同族化学药品最具危害的特征之一是，它们通过食物链的每一个环节，从一种有机体传到另一种有机体。比如人们在苜蓿（mù xu）田里施撒滴滴涕粉剂，然后用苜蓿做饲料喂鸡，鸡产下的蛋中也含有滴滴涕。又比如用滴滴涕残留量为 $7 \times 10^{-6} \sim 8 \times 10^{-6}$ 的干草饲喂奶牛，所产牛奶中滴滴涕含量为 3×10^{-6}，用此牛奶制成的黄油，滴滴涕浓度却高达 65×10^{-6}。通过这样的传递过程，初始含量极微小的滴滴涕，最终浓度可能会非常高。食品药物管理局明确禁止含杀虫剂残留的牛奶进入洲际贸易，然而现实却是，农民很难找到没被污染的草料来饲养奶牛。

毒素还可能从母亲传给下一代。食品药物管理局的科学家从人类母乳抽样中检测到杀虫剂残留，这意味着母乳喂养的婴儿体内持续不断地吸入微量有毒化学物质。然而，这绝非婴儿第一次接触有毒物质。我们有理由相信，其在胚胎时期就开始接触到毒素。动物实验表明，氯代烃类杀虫剂可以轻松突破母体内隔离胚胎与有害物质的天然防护物——胎盘。婴儿通过这种传递方式吸收到的毒素虽然极小，却不可等闲视之，因为幼儿对毒性比成年人敏感得多。这就意味着，当今时代普通人体内从生命孕育之初就开始不断积存化学药品的残留物。

面对所有这些事实——毒素的微量积存、持续累积与日常饮食所含残留物导致的肝脏损伤，美国食品药物管理局的科学家们在 1950 年宣布："滴滴涕的潜在危害很可能一直被低估了。"医学史上从未出现过类似情况。没有人能够预知最终的结果。

另一种氯代烃氯丹，除了具有滴滴涕的所有可怕特征，还具有其自身的诸多属性，其残留物质会长期滞留在土壤、食物或施用过药剂的物体表面。对人体而言，氯丹可以说是无孔不入：它通过皮肤被吸收，氯丹喷剂或粉尘也能被呼吸道吸入，当然吞食后的氯丹残留物也会被消化道吸收。与其他氯代烃类合成物一样，氯丹残留物会在生物体内不断积累，如果食物中含有 2.5×10^{-6} 的氯丹，实验动物脂肪中残留物积存量很可能高达 75×10^{-6}。

1950 年，资深药理学专家莱曼指出，氯丹是毒性最强的杀虫剂之一，任何人只要接触过就会中毒。

氯丹中毒十分可怕，急性中毒症状发生较快，几小时内就可能死亡。主要症状为中枢神经系统兴奋，如激动、震颤、全身抽搐；摄入中毒的症状出现更快，有恶心、呕吐、全身抽搐。严重中毒者在剧烈抽搐和反复发作后陷入木僵、昏迷和呼吸衰竭。慢性中毒：主要症状为神经系统的功能性紊乱，肝、肾退行性改变，伴随有头痛、眼球痛、全身乏力、失眠、噩梦、头晕、心前区不适、四肢麻木和酸痛等。根据中毒程度的不同，轻度中毒者出现头痛、头晕、乏力、视物模糊、恶心、呕吐、腹痛、腹泻、易激动，偶有肌肉不自主抽动等。较重中毒者有多汗、流涎、震颤、抽搐、跟腱反射亢进、心动过速、发绀、体温升高等。重症中毒者呈癫痫样发作或出现阵挛性、强直性抽搐，偶有在剧烈和反复发作后陷入昏迷和呼吸衰竭，甚至死亡。

然而郊区居民毫无顾忌地使用含氯丹的杀虫剂治理草坪，据此可知，莱曼的警告并没有被人们放在心上。施药居民没有立刻中毒，这一事实本身并不能说明什么，因为毒素会在体内潜伏很长时间，几个月或几年后毫无征兆地发病，几乎很难查出真正的病因。但有些时候中毒致死过程会非常短暂。一位受害者不慎将浓度为 25%的工业溶液溅到皮肤上，不到 40 分钟就出现了中毒症状，没来得及接受救治就死了。正是由于人们没有预先警惕氯丹的毒性，才导致错失了抢救的机会。

七氯是氯丹的一个成分，在市场上作为单独药剂出售。其在脂肪中储存的能力特别强，食物中只要含有 0.1×10^{-6}，体内就能够检测到残留物。它还具有一种奇特的能力，能够转换为化学性质完全不同的环氧七氯。这种转换能够在土壤以及动植物的组织中完成。鸟类实验证明，转化生成的环氧七氯比原来的药物毒性更强，是氯丹毒性的 4 倍。

环氧七氯，是七氯进入机体后很快转化产生的，其毒性更大，储存于脂肪中，主要影响中枢神经系统及肝脏等，引起肝损伤，致癌风险增加，还可使精子异常而导致流产、死胎、新生儿缺陷。环氧七氯在组织中的相对含量随接触时间延长而增加。这种物质的毒性数据很少，但其迹象与七氯相似。

早在 20 世纪 30 年代中期，人们就发现一种特殊的烃类氯化萘(nài)，能够导致因职业需要暴露于此物的人患上肝炎和一种罕见的肝脏绝症。一些电器行业工人因此患病致死。最近农业界人士发现，该物质还会导致牛患上奇怪的不明疾病。鉴于这些先例，氯化萘属的同族杀虫剂狄氏剂、艾氏剂和异狄氏剂，在所有烃类药品中毒性最强也就不足为奇了。

狄氏剂因德国化学家狄尔斯得名，如果被吞食，狄氏剂毒性是滴滴涕的 5 倍；但如果其溶液被皮肤吸收，毒性则相当于滴滴涕的 40 倍。

奥托·保罗·赫尔曼·狄尔斯，生于汉堡的知识分子家庭，在柏林大学获博士学位，后任基尔大学教授和校长。他对胆固醇的结构有很深的研究，获得了以他名字命名的"狄尔斯酸"和"狄尔斯烃"。由他发明的"双烯合成法"已成为有机合成中广泛使用的一种方法。他成为双烯合成法的创始人，获 1950 年诺贝尔化学奖，当时他已 74 岁高龄。由于纳粹侵略带来的祸害，两个儿子作为德军战死在东战场上，学校和家大部分被炸毁，晚年很不幸。1954 年 3 月 7 日病逝在基尔弗所，终年 77 岁。

狄氏剂，纯品为白色无臭晶体，工业品为褐色固体，不溶于水，溶于丙酮、苯和四氯化碳等有机溶剂，主要用作杀虫剂。2017 年 10 月 27 日，世界卫生组织国际癌症研究机构公布的致癌物清单初步整理参考，狄氏剂和可代谢为狄氏剂的艾氏剂在 2A 类致癌物清单中。

狄氏剂因毒性发作快，对神经系统影响严重，导致患者浑身抽搐，令人谈之色变。狄氏剂中毒患者恢复非常缓慢，这也说明其危害的长期性。与其他氯代烃类化合物一样，狄氏剂的危害包括对肝脏的严重损伤。尽管会给野生动物带来毁灭性灾难，但由于其药效持久，杀虫功效明显，狄氏剂曾是人们使用最多的杀虫剂之一。鹌鹑和野鸭实验证明，狄氏剂的毒性是滴滴涕的 40~50 倍。

目前人们还不清楚狄氏剂是通过何种方式在体内贮存、分布或排出的。化学家发明杀虫剂的才智远远超过他们对相关毒性影响生物体的认识水平。然而种种迹象表明，狄氏剂像休眠火山一样长期积存在人体内，一旦身体面临生理压力需要消耗脂肪，体内贮存的狄氏剂就会骤然暴发。我们在这方面的大部分知识，来自世界卫生组织抗击疟疾的卓绝斗争。

由于疟蚊对滴滴涕产生抗药性，在用狄氏剂取代滴滴涕防控疟疾的工作中，一开始就发生过多起喷药人员的中毒事件。

疟疾，在中国民间称为"打摆子"，是经按蚊叮咬或输入带疟原虫者的血液而感染疟原虫所引起的虫媒传染病。寄生于人体的疟原虫共有四种，即间日疟原虫、三日疟原虫、恶性疟原虫和卵形疟原虫。在中国主要是间日疟原虫和恶性疟原虫；其他两种少见。不同的疟原虫分别引起间日疟、三日疟、恶性疟及卵圆疟。本病主要表现为周期性规律发作，全身发冷、发热、多汗，长期多次发作后，可引起贫血和脾肿大。

事态十分严重——不同项目中毒情况有差别，半数以上的中毒患者都出现抽搐症状，还有不少人死亡。有些人最后一次接触狄氏剂，时隔4个月后，还会出现浑身抽搐的症状。

艾氏剂是一种十分神奇的物质。虽然作为独立药剂存在，却与狄氏剂有着说不清的关联。我们发现，从喷施过艾氏剂的田里拔出的胡萝卜中，竟然还有狄氏剂残留。这种变化就发生在生物机体和土壤中。

这让人想起了盛行于中世纪的炼金术浪潮。

炼金术在中国古代叫炼丹术。中国在秦始皇统一六国之后，曾派人到海上求仙人的不死之药。汉武帝本人就热衷于神仙和长生不死之药。炼丹术在东汉时得到发展，出现了著名的炼丹术家魏伯阳，著书《周易参同契》以阐明长生不死之说。随后，晋代炼丹家陶弘景著《真诰》。到了唐代，炼丹术跟道教结合起来进入全盛时期，这时炼丹术家孙思邈著有《丹房诀要》。这些炼丹术著作都有不少化学知识，据统计共有化学药物60多种，还有许多关于化学变化的记载。

从世界范围来讲，炼金术是中世纪的一种化学哲学思想，是近代化学的雏形。其实，炼金术是一门非常神秘而复杂的学问，要给它下定义并不容易。有人把它定义为一种技艺，例如把贱金属转变为黄金的技艺，让人类长生不老的技艺，但这似乎只是从技术层面来解释炼金术，并不能概括炼金术的全部含义。

由于长生的诱惑力，在19世纪之前，炼金术一直都有广阔的市场，甚至像艾萨克·牛顿这样的大科学家都认为，通过实验来制取黄金，是值得做的。

西方的不少国王，也与中国的那些皇帝一样，一心希望通过炼金术使自己达到长寿永生。

近代化学的出现，使人们对制金的可能性产生了怀疑，17世纪以后，炼金术遭到了批判。炼金术的希望破灭了。

人们对于炼金术的整个认识过程，经历了漫长的试探和实践，经过了数不清的误解和盲从，才得以最终否认其可能性。

炼金术经过现代科学证明是错误的，但在化学发展史上作为近代化学的先驱，其扑朔迷离的过程，倒有点像眼前艾氏剂与狄氏剂之间说不清的关联变化。

这一炼金术般的变化导致了许多错误报道。比如开展艾氏剂使用后检测的化学家就会遭到蒙蔽，误以为艾氏剂残留全部消失了。事实上，药物残留依旧在那里，只不过化身为狄氏剂，因此需要不同的检测手段。

与狄氏剂一样，艾氏剂有剧毒，会引起肝脏和肾脏的退行性病变。一片阿司匹林药片大小的剂量就能毒死400多只鹌鹑。

艾氏剂造成的人类中毒案例中，大部分都与工业处理有关。

与大部分烃类杀虫剂一样，艾氏剂给未来投下一道恶毒的阴影——不孕症。

野鸭吃下极微小剂量的艾氏剂后，虽不致死却减少产蛋，但好不容易孵出来的小鸭会很快死掉。这种影响不仅仅局限于鸟类。接触过艾氏剂的母鼠怀孕次数减少，生下来的小老鼠也都病恹恹的，活不长。艾氏剂中毒的母狗产下的狗崽，不出三天就死了。由此看来母体中的艾氏剂毒素通过这样或那样的方式严重影响下一代。没有人知道艾氏剂残留是否会给人类造成同样的影响。然而，这种剧毒化学物质早已通过飞机撒向郊区和农田。

异狄氏剂在氯代烃类农药中毒性最强。其化学构成与狄氏剂极为相近，但分子结构的一个细微变化，使其毒性成为狄氏剂的5倍。跟异狄氏剂的毒性相比，杀虫剂始祖滴滴涕简直可以算作无害物质。异狄氏剂对哺乳动物、鱼类和一些鸟类的毒性分别是滴滴涕的 15 倍、30 倍和 300 倍。

使用异狄氏剂的十年来，大量鱼类被毒死，牲畜进入喷施了异狄氏剂的果园会严重中毒，井水遭严重污染。至少有一个州的卫生部门发出过严厉警告：随意使用异狄氏剂，危及人类生命！

在一起最悲惨的中毒事件中，异狄氏剂的使用并不"随意"，喷施前采取了所有可能的防护措施。

一岁的美国小男孩随爸爸妈妈迁居到了委内瑞拉。他们搬迁的新家里有蟑螂，几天后，家里使用含有异狄氏剂的喷雾灭杀蟑螂。小男孩和家里的小狗在上午 9 点喷药作业之前被带出门。喷药结束后，家里的地板还进行了清洗。下午 3 点左右，小男孩和小狗被接回家。大约一小时后，狗开始呕吐……失去知觉。在跟致命的异狄氏剂接触后，这个原来正常、健康的孩子成了植物人——看不见、听不见，肌肉频繁抽搐，对周围环境完全没有感知。在纽约的一家医院，主治医生说："康复的希望非常渺茫。"

第二大类杀虫剂有机磷酸酯，是世界上毒性最强的化学药品。使用此类杀虫剂最主要、最明显的危害是使用喷雾剂或意外接触飘浮喷雾、施受农药的植被和废弃农药包装罐的人急性中毒。

佛罗里达州两名儿童发现一只空袋子，拿来修补秋千，没过多久，这两个孩子就死了。跟他们一起玩耍的三个小伙伴也患了疾病。这只袋子，曾经装过一种磷酸酯类杀虫剂——对硫磷。检查结果证实，死亡系对硫磷中毒所致。

威斯康星州也有类似事件。一对表兄弟在同一天晚上死亡。其中一个小男孩在自家院子里玩耍，他父亲在附近的马铃薯地里喷施对硫磷，喷雾飘进了院子；另一个小男孩跟在父亲身后到仓库里嬉闹，用手摸过农药喷壶的喷嘴。

这些杀虫剂的起源大多具有讽刺意味，一些化学药品诸如有机磷酸酯，尽管久为人知，但其杀虫属性直到 20 世纪 30 年代末期才被德国化学家格哈德·施拉德发现。几乎在同一时间，德国政府发现这些化学药品作为人类战争中的新型杀伤性武器的价值，因此秘密开展药品研制工作。一些用来制作灭绝性神经毒气，另一些有着相似结构的化学药品用来制作杀虫剂。

1934年，年轻的德国化学家格哈德·施拉德供职于德国法本化学公司，他接受上级的命令，正埋头研发新型杀虫剂。当时的德国战略家认为德国应尽量减少对外国的粮食依赖，故而用新型杀虫剂减少农业害虫成了重要的"国家任务"。施拉德尝试合成了几种含氟、含硫的化合物，但效果都一般，于是他决定在磷和氰化物上碰碰运气。这回不知道是施拉德走运还是倒霉，他成功找到了一个候选分子，但由于毒性太强，很少量的物质便让他在医院待了几个星期。这没能阻止施拉德的脚步，1936年12月23号，施拉德回到实验室，合成了一种恐怖的化合物。后来的纳粹化学家将其命名为"塔崩"。这是种剧毒物质，其稀溶液除了能杀死粮食害虫，还会导致人呕吐、呼吸急促、瞳孔扩张、流口水、出汗、腹泻，能杀死猿猴等哺乳动物！法本公司向德国军方汇报了这一情况，开启了研发用于战争的化学武器的噩梦。

有机磷酸酯杀虫剂以一种奇特的方式作用于生物有机体，能够破坏生物机体内必不可少的酶，无论受害对象是昆虫还是恒温动物，其目标都是神经系统。

正常情况下，神经脉冲借助一种叫作乙酰胆碱的"化学传导器"在神经间传递。乙酰胆碱是一种对机体起重要作用后就会立刻消失的物质，存在过程非常短暂。如不采取特殊操作步骤，研究人员很难在其被破坏之前进行抽样检测。

这种传导物质的瞬时性是维持机体正常运行所必需的。换句话说，乙酰胆碱在完成神经信息传递任务后，应该瞬间消失。

如果一次神经脉冲通过后，乙酰胆碱没有被立即破坏掉，脉冲就会持续不断地沿着一根根神经掠过，乙酰胆碱就会以更加强化的方式发挥作用，从而导致整个运动系统错乱，出现颤抖、肌肉痉挛、浑身抽搐等症状，最终导致迅速死亡。

对于此类偶发的情况，机体自然做好了应对。当身体不再需要乙酰胆碱时，一种叫作胆碱酯酶的保护性酶可以随时将其破坏掉，从而使机体达到一种精确的平衡，体内的乙酰胆碱永远不会达到危险量值。然而，接触磷酸酯类杀虫剂会造成保护性酶遭破坏，酶数量减少，反过来会导致乙酰胆碱增加。论及对神经系统的危害，磷酸酯化合物与天然生物碱毒蕈（xùn）碱相似，后者存在于一种叫作"毒蝇伞"的剧毒蘑菇中。

频繁接触此类有毒物质会降低胆碱酯酶的数量，并最终导致身体濒临急性中毒的界点，因此对喷施农药和频繁接触农药的人进行定期血液检查十分重要。

对硫磷是应用最广泛的有机磷酸酯之一，效果最强，危险性也最大。蜜蜂接触对硫磷中毒后，会变得狂躁好斗，狂飞乱舞不到半小时就毙命了。一位化学家想通过最简单易行的方式研究致人类中毒的剂量，于是吞下极其微量的对硫磷，仅相当于 0.004 24 盎司（1 盎司折合 28.3 克），随即全身瘫痪，还没有来得及服用手边备好的解药就死了。

近几年，加利福尼亚州平均每年报道 200 多起对硫磷意外中毒事件，世界各地对硫磷中毒死亡率都高得惊人。仅 1958 年，印度就有 100 起对硫磷中毒死亡事件，叙利亚有 67 起，日本平均每年有 336 起。

即便如此，美国现在还是通过手动喷雾器、电动鼓风机、喷粉器和飞机作业等方式，将 300 多万千克对硫磷撒向农田和果园。一位医学权威人士说，仅加利福尼亚州农田里施用的对硫磷，就是"毒死全世界人口所需剂量的 5~10 倍"。人类之所以能够幸免于灭绝，是因为对硫磷及其同族杀虫剂的分解速度相当快，与烃类杀虫剂相比，其在庄稼上的残留时间相对较短。然而存留时间虽然短，也足以造成危害，并产生致命后果。

在加利福尼亚州河滨市，30 个采摘柑橘的人中有 11 人严重中毒，除一人外其余人全部被送往医院救治，他们的症状是非常典型的对硫磷中毒。柑橘园大约 20 天前喷施过对硫磷，其残留物在 16~19 天后，依然导致采摘柑橘的人出现呕吐、视力下降、半昏迷等中毒症状。这绝不是对硫磷残留时间最长的纪录。那些采摘季开始前一个月喷施对硫磷的柑橘园也发生过类似情况，施用标准喷施剂量 6 个月后，柑橘皮中仍然发现对硫磷残留。

对硫磷给农田、果园和葡萄园里施用有机磷杀虫剂的工人造成极大的危害，使用此类杀虫剂的一些州纷纷创建实验室，帮助医生开展诊断与救治。医生处理中毒患者时如果不戴橡皮手套，很可能面临二次中毒的危险。给中毒患者清洗衣物的清洗女工，也可能因为接触对硫磷残留物而导致中毒。

另一种有机磷酸酯——马拉硫磷，像滴滴涕一样家喻户晓，被广泛应用于园艺业、家庭防害和消灭蚊虫。剿杀佛罗里达州上百万公顷农田里肆虐的地中海果蝇，用的就是马拉硫磷。很多人认为马拉硫磷在同族杀虫剂中毒性最小，因此可以随意使用，无须担心，也不会有危害，商业广告滋长了人们的这种态度。

所谓的"马拉硫磷安全说"纯属臆断。当然事情往往如此，某一化学药品使用几年后才会发现其毒性，马拉硫磷之所以"安全"，不过是因为哺乳动物的肝脏具有卓越的保护能力，能够使其相对无害。肝脏中的一种酶，能够化解马拉硫磷毒性。但是如果这种酶遭破坏或酶转化过程中遭干扰，接触马拉硫磷的人就会将毒素全部吸收到体内。

不幸的是，几乎所有人随时都有可能碰上马拉硫磷。几年前，食品和药品监督管理局科学家团队发现，马拉硫磷和其他一些有机磷酸酯同时使用，会产生剧毒——毒性是两者各自毒性相加的50倍。换句话说，两种化合物各取其致死剂量的1%，混在一起就足以致命。

这一发现，推动人们对其他化学物质组合进行检测。现在我们知道，很多有机磷酸酯混合物都极度危险，一旦混合，其毒性就会"激增"。如果一种化合物破坏了能够化解另一种化合物毒性的肝脏酶，混合物的毒性就会激增。因此不要同时混合使用两种杀虫剂！上述毒性激增的风险，不仅威胁着这周喷施一种农药，下一周喷施另一种农药的工人，也威胁着喷施了混合农药的产品消费者。一碗普通的沙拉就能够轻松促成多种有机磷酸酯的混合。果蔬上完全符合法定标准的残留物，很可能互相作用，从而引发中毒。

人们对化学药品混合作用产生的危险知之甚少，但科学实验室陆续发布的新发现着实令人不安。其中之一就是发现了一种有机磷酸酯的毒性，能够被不一定是杀虫剂的第二种物质增强。比如在增强马拉硫磷毒性方面，有一种增塑剂的效能远超杀虫剂，因为增塑剂抑制了通常用来拔掉杀虫剂毒牙的肝酶。

那么其他化学药品在人体环境中情况如何？特别是具有麻醉效用的药物。对这一方面的研究刚刚起步。但我们已经知道一些有机磷酸酯（对硫磷和马拉硫磷）会增强作为肌肉松弛剂的药物毒性，还有其他一些有机磷酸酯（仍然包括马拉硫磷）会明显延长巴比妥盐酸在体内的潜伏期。

古希腊神话传说中的女魔法师美狄亚，因丈夫伊阿宋移情别恋怒火中烧，在婚礼上送给情敌一件魔法长袍。只要穿上这件长袍，人就会瞬间殒命。

我们眼前不就是欧里庇得斯笔下的古希腊悲剧《美狄亚》中那揪人心肺的场面吗？

......

伊阿宋的仆人气喘吁吁、神色紧张地跑来告诉美狄亚：公主和国王都死了。他是来叫美狄亚赶快逃走的。

传报消息的仆人看到美狄亚异常高兴，疑惑不解。

美狄亚让他再说说克瑞翁父女是怎样死的。她快乐地说："如果他们死得很悲惨，那便能使我加倍地快乐。"

伊阿宋的仆人就讲起国王父女被毒死的悲惨情景——

当你那两个儿子随着他们的父亲到公主那里，进入新房的时候，我们这些同情你的仆人为你和你丈夫已经排解旧日的争吵感到高兴。公主看见两个孩子走进新房，心里十分憎恶，连忙用袍子盖上眼睛，掉转她那变白了的脸。

你丈夫伊阿宋因此说出下面的话来平息公主的怒气："请不要对你的亲人发生恶感，掉过头来，承认你丈夫所承认的亲人。请你接受这礼物，转求你父亲，为了我的缘故，不要把孩子们驱逐出去。"

公主看见那两件美丽的衣饰，就不由自主地答应了伊阿宋的请求。

等你的孩子和他们的父亲一走出新房，她就把那件彩色的袍子拿起来穿在身上，把金冠戴在鬈发上，对着镜子梳妆起来。她十分满意这两件礼物。

就在这时，可怕的情景发生了！公主脸色突变，站立不稳，往后倒去跌在椅子里。她的身体不住地发抖。不一会，她就口吐白沫，瞳孔向上翻，皮肤失去血色，惊恐、痛苦地大声哭起来。

立即就有人去报告国王和新郎，整个王宫一片混乱。

公主在痛苦地呻吟着，头上的金冠冒出熊熊的火焰，身上那精致的袍子也烧着，在吞噬她那细嫩的肌肤。她被火烧伤，从椅子里站起来满地乱跑，拼命摇动头发想摇落金冠，可是那金冠却越抓越紧，火焰越烧越旺。她终于倒在地上，面容已烧得不成人样，全身都是血和火，肌肉烧得像松树似的在滴油，真是惨不忍睹！

她的父亲还不知道这场祸事。这时他跑进来，跌倒在女儿的尸体上。他立刻惊叫起来，双手抱住女儿的尸体，同她接吻，悲痛万分。他大声哭叫："我可怜的女儿呀！是哪一位神明这样害死你？是哪一位神明使我这行将就木的老年人失去了女儿？哎呀，我的孩子，我同你一块死吧！"

等他止住悲痛的哭声想站起来时，谁知他那老迈的身体竟会粘在那精致的袍子上。那真是可怕的角斗：他每次使劲往上抬起身体，那老朽的肌肉便从他的骨骼上分裂下来。这不幸的人就这样死了。这样的灾难真叫人伤心！

当今的"内吸杀虫剂"的毒杀机制同美狄亚长袍的间接致死法如出一辙。这些性能非凡的化学药品，就是拥有神秘魔法的美狄亚，它们把植物或动物变成有毒的美狄亚长袍，猎杀那些可能与之接触的昆虫，尤其是那些吸食汁液、血液的昆虫。

内吸杀虫剂，是能通过植物根、茎、叶向植物体内内吸传导，从而灭杀寄生在植物上的害虫的药剂。

内吸杀虫剂的世界神秘而可怕，远超格林兄弟的想象力，可能更接近于查尔斯·亚当斯的漫画世界。

格林兄弟是雅各·格林和威廉·格林兄弟两人的合称，他们是德国19世纪著名的历史学家、语言学家、民间故事和古老传说的搜集者。两人因经历相似，兴趣相近，合作研究语言学、搜集和整理民间童话与传说，故称"格林兄弟"。他们共同整理了销量仅次于《圣经》的"最畅销德文作品"——《格林童话》。

查尔斯·亚当斯（1912—1988），美国著名漫画家，曾创作漫画作品《亚当斯一家》。查尔斯·亚当斯于 1912 年出生于美国新泽西韦斯特菲尔德，从小迷恋棺材、骨骼和墓碑之类的东西，以黑色幽默漫画著称于世，很多漫画经常出现于《纽约客》杂志中。他的首部漫画作品于 1935 年发表于该杂志。多年后，他的黑色幽默漫画才成为主流。亚当斯于 1988 年死于心脏病，一生结过三次婚，特别喜欢阴森恐怖的环境。在 1980 年，他与玛丽莲·马修斯·米勒的婚礼就在一个宠物墓地举行，新娘穿着黑色的礼服，还拿着一把黑色的羽毛扇。

在内吸杀虫剂的世界里，童话里迷人的森林变成了有毒的森林，昆虫咀嚼了树叶或吸食了植物汁液就难逃死劫。在内吸杀虫剂的世界里，跳蚤在狗身上咬一口就会死掉，因为狗的血液里有毒。昆虫死于从未触碰过的植物挥发物。蜜蜂采了有毒的花蜜回到蜂巢，谁知酿出有毒的蜂蜜。

应用昆虫学领域的研究者发现，含有硒酸钠的土壤里种植的小麦对蚜虫和叶螨具有免疫力。

叶螨，蜱螨亚纲叶螨科的植食螨类。取食室内植物及重要农业植物（包括果树）的叶和果实。从卵到成体约需 3 周。成螨很小，体红、绿或褐色。在植物上结疏松的丝网，所以有时误认为是小蜘蛛。植物受害严重时，叶子严重变薄、变白，直至完全脱落。其抗药能力日益增强，故难以防治。

研究者从大自然中获得启示，因此催生了内吸杀虫剂梦想。由于世界上很多地方的岩石和土壤中都存在少量天然硒元素，硒因此被用作最早的内吸杀虫剂。

内吸杀虫剂之所以"内吸"，是因为它具有渗透到动植物组织并使其中毒的能力。烃类和有机磷类化合物具有这样的属性，一些自然生成的物质也具备这一属性。事实上，由于有机磷类物质的残留问题相对较小，大多数内吸杀虫剂都从有机磷类化合物中提取。

内吸杀虫剂，还以其他一些隐蔽的方式发挥效用。通过浸泡或与碳混合成包衣施用在种子上，药力会延伸到下一代植物中，其秧苗能够令蚜虫和其他吸食性昆虫中毒。豌豆、蚕豆和甜菜等蔬菜，往往通过此类方法防虫。经内吸杀虫剂包衣处理的棉籽种植在加州，盛行了一段时间。1959 年，加州圣华金河谷的 25 名棉农，因搬运经过处理的棉籽袋而突发中毒。

在英国，有人想研究蜜蜂在内吸杀虫剂处理过的植物上采蜜会有什么结果，为此在喷施过八甲磷的地区开展调查。虽然农药是在植物花蕾形成之前喷施的，开花后分泌的花蜜仍然含毒。研究结果与预测相吻合，蜜蜂酿的蜜中也含有八甲磷残留。

动物内吸杀虫剂的使用，主要集中在对牛皮蝇的防控上。牛皮蝇是一种寄生在家畜身上的害虫，想要在宿主血液和组织中产生杀虫效果，而不对宿主产生毒性，必须极其小心才能精确地掌握平衡。政府部门的兽医发现，重复性小剂量给药，会逐渐耗尽动物体内保护性胆碱酯酶，极微小的过量给药都会导致宿主突发中毒。

种种迹象显示，与人类生活休戚相关的许多新领域正在被开发出来。据称，可以给狗喂食一粒药，使其血液中产生毒性，从而免除跳蚤叮咬。人们为防止牛皮蝇所采取的冒险办法，应当也适用于犬类。到目前为止，似乎还没有人建议在人类身上使用内吸杀虫剂，以彻底灭杀蚊子。也许这就是人们下一步要做的。

本章至此，一直讨论的是人类为对抗昆虫而使用的致命杀虫剂。人类对抗杂草的情形又如何呢？

渴望找到快速便捷的方法，除掉不想要的植株，驱动人们生产出大量种类繁多的除草剂。本书第六章将详细讲述除草剂的使用和滥用情况，此处我们关心的问题是，这些除草剂是否有毒，使用除草剂是否会对环境造成污染。

除草剂只是对植物有毒，对动物无毒的说辞广为流传，但非常不幸，事实绝非如此。除草剂包括种类繁多的化学药品，不仅对植物有药效，对动物组织也会产生危害。这些药物对有机体的影响千差万别。有些是一般性毒药，有些对代谢系统产生强烈刺激，导致体温异常增高，有些单独或与其他药物合成会引发恶性肿瘤，有些则造成基因突变，破坏遗传物质。可以说，除草剂跟杀虫剂一样，都含有一些高度危险的化学成分。以为除草剂安全就肆意滥用，会招致灾难性后果。

虽然化学实验室源源不断地推出各种新药，砷化合物仍然作为杀虫剂和除草剂被大量使用，通常以亚砷酸钠的形式出现。含砷化合物的使用历史，令人难以释怀：用作路边除草剂，不仅令农民痛失奶牛，也夺去不计其数的野生动物生命。用作除水草剂，污染湖泊、水库等公共水源，使其不再适宜饮用甚至游泳。用来除掉马铃薯地里的藤蔓，导致人类和其他生命死伤无数。

1951年，由于以前用来烧除马铃薯藤蔓的硫黄酸短缺，英国用含砷除草剂取而代之。农业部采取了必要的警示，提醒人们不要冒险走近喷施含砷除草剂的马铃薯地，然而牲畜看不懂警示，野生动物和鸟类也看不懂。于是，有关牲畜砷中毒的报道不时有闻。

1959年，一位农妇饮用砷污染的水中毒死亡之后，英国一家大型化学药品公司停止生产砷喷剂，并召回经销商手中的商品。随后，农业部宣布，由于含砷喷剂给人和牲畜造成极大风险，应严格限制使用。

1961年，澳大利亚政府颁布了类似禁令。

然而美国没有任何禁令限制这些毒药的使用。

一些二硝基化合物也被用作除草剂。它们皆是美国同类型药物中毒性最强的物质。

二硝基酚是一种强效新陈代谢刺激物，正因如此，它曾一度被用作减肥药。但由于减肥所需摄入剂量和可能引发中毒身亡的剂量之间界限甚微，数名减肥药使用者中毒丧命，还有不少使用者长期饱受病痛折磨，该减肥药后来被禁用。

让我们在时空的穿梭里，看看含有二硝基酚成分的减肥药，给人类带来的三次大灾难。

第一次大灾难：二硝基酚致百万人患白内障。

1935年，欧美国家突然出现大量的白内障患者，而且以肥胖女性为主，大约有100万人患白内障。大多数患白内障的女性肥胖者服用了减肥药二硝基酚。这种物质本来是一种炸药，后来认为能加强新陈代谢，因而能减肥，形成了世界范围内抢购该药的风潮。

第二次大灾难：氨苯唑啉令 100 余人死于肺高血压。

1967 年，一些女病人出现肺高血压症，症状为气促、胸疼、突然昏迷。最后查明是这些女性吃了另一种减肥药氨苯唑啉所致。这一次虽然没有上一次严重和波及范围之广，但也使 100 余人死亡。

第三次大灾难：芬酚迫使重症患者进行心脏手术。

20 世纪 90 年代初，美国本土医药公司推出的减肥药芬酚有立竿见影的效果，于是在美国乃至世界流行起来，约有 600 万人使用。

但没几年，就有人感到身体不适。起初是心慌，后来是高血压，严重者出现致命性肺循环血压过高，需要接受心脏手术。还有的女性出现心瓣膜畸形。从 1996 年到 1999 年初，已有 4000 多人提出赔偿要求。美国本土医药公司于 1997 年 9 月停止销售包括芬酚在内的一系列减肥药。2000 年，本土医药公司答应设立一个总额达 28 亿美元的赔偿基金，每一位因芬酚致病的消费者，可得到 12.5 万美元到 150 万美元不等的赔偿。对于那些服用芬酚但没有出现疾病的人，本土公司又另拿出 12 亿美元作为身体检查和其他相关的费用。

2010 年 10 月，中国国家食品药品监督管理局决定停止西布曲明制剂和原料药在中国的生产、销售和使用，已上市销售的药品由生产企业负责召回销毁。

西布曲明于 1997 年在国外上市，2000 年被获准在中国上市。商品有曲美、澳曲轻、曲婷等 15 个。欧盟、澳大利亚等临床研究表明，使用该药可能增加受试者非致死性心梗、非致死性卒中、可复苏的心搏骤停等。

二硝基的同属药物——五氯苯酚，有时也称五氯酚，常被兼用作除草、杀虫剂，喷施在铁路轨道沿线和垃圾场。从细菌到人类，五氯酚对各种生命机体都有剧毒，与二硝基药物一样，五氯酚能够对机体内部的能量来源产生致命干扰，导致中毒机体能量耗竭而亡。最近，加利福尼亚州卫生部门报道的一起严重事故，证明了五氯酚的可怕威力。一位油罐车司机将柴油和五氯苯酚混合，准备配置棉花脱叶剂。他从桶中向外倒浓缩化学溶液时，桶塞不慎跌入桶内。他裸手把塞子拿出来。尽管他立刻洗了手，但毒性骤然发作，第二天就死了。

亚砷酸钠或苯酚这类除草剂造成的危害十分明显，而其他一些除草剂的影响则隐蔽得多。

比如现在非常有名的蔓越莓除草剂杀草强，被认为毒性较低。但长期施用，其引发野生动物甲状腺癌的趋势十分明显，对人类也可能会造成同样的危害。

除草剂中有一类被标为"突变剂"的药物，具有改变基因的能力。放射性物质对基因造成的影响令我们惊恐，人类亲手在环境中广泛施洒具有同样危害的化学药物，我们怎能熟视无睹？

第四章

地表水与地下海洋

水是人类的宝贵资源，是人类赖以生存的物质条件，有人估计过，全世界海洋的总水量有 13.2 亿立方千米。如果把所有的水集中起来做成一个"水球"，这个水球的直径可以达到 1 400 千米。

茫茫大海这么多的水是从哪里来的呢？也许你认为这个问题太简单。水不是从天上降下来的吗？或者说海洋里的水是从它"自身"来的。

好像是这样的。每年从海洋表面有 1 亿多吨的水蒸发到天空，这些水蒸气的绝大部分在大海的上空变成云，再化为雨，最后又降回到大海中。水蒸气中的一小部分变成雨雪后降落到陆地上，流进江河湖泊，再顺着江河之水，又流回海洋。大海中的水就这样兜了一个大圈子，最后仍旧回到海洋里，水不断地循环往复，大海就不会干涸了。

事实上来自天上的降水，只不过是参与水循环很小的一部分，这部分水量大约只占地球总水量的 1/2 600。

那么，大海中那么多的水，最初又是从什么地方来的呢？这个问题实际上是说，地球上的水最初是怎么形成的？地球这个大星球的"水源"在何处？

开始，人们以为这些水是地球本身固有的，也就是说海洋中的水是与生俱来的。早在地球形成之初，地球的水就以蒸汽的形式存在在炽热的地心中，或者以洁净水等形式贮存于地下岩石中，当时地表的温度比现在要高得多，大气层中以气体形式存在的水分也相当多。后来随着地表温度逐渐下降，地球上到处是电闪雷鸣狂风暴雨，呼啸的浊流通过千川万壑汇集到原始的洼地中，形成了最早的江河湖海。地球之水从"娘胎"带来之后，通过自身的演化，不断地向外释放，比如火山喷发物中水蒸气就占了75%以上。地球形成之初，火山众多而且活动频繁，大量的水蒸气及二氧化碳通过火山喷发出来，冷却之后就逐渐形成了河流、湖泊和海洋，这就是所谓的"初生水"。当然，原始海洋中的海水量比较少，据估计约为目前海水量的1/10，今天地球上如此之多的海水是长期积累而成的。

可是随着火山研究的深入，人们发现火山活动所释放的水，其实并不是所谓的"初生水"，而是新近渗入地下的雨水。

1961年，科学家托维利提出了一个令人耳目一新的假说，认为地球上的水是太阳风的杰作。

什么叫太阳风呢？顾名思义就是太阳刮起的风，但它不是流动的空气，而是一种微粒流或带电质子流。太阳风的平均速度是每秒450千米，比地球上的风速高万倍以上，它的贡献之一是为地球送来了水。更重要的是，地球中的氢与氘含量之比为6 700∶1，这与太阳表面的氢氘比十分接近。因此托维利认为，这可以充分说明地球水来自太阳风。太阳风到达地球大气圈上层，带来大量的氢核、碳核、氧核等原子核，这些原子核与地球大气圈中的电子结合成氢原子、碳原子、氧原子等，再通过不同的化学反应变成水分子。

托维利的太阳风假说，促使了人们将"水源"的猜想移向外太空。

美国天体物理学家路易斯·弗兰克独辟蹊径，提出了一个惊人的新理论——地球上的水来自外太空的冰彗星。

先让我们认识一下彗星这个带着"扫帚"的星体吧。彗星，是进入太阳系内亮度和形状会随日距变化而变化的绕日运动的天体，呈云雾状的独特外貌。彗星分为彗核、彗发、彗尾三部分。彗核由冰物质构成，当彗星接近恒星时，彗星物质升华，在冰核周围形成朦胧的彗发和一条稀薄物质流构成的彗尾。彗星的质量、密度很小，当远离太阳时，只是一个由水、氨、甲烷等冻结的冰块和夹杂许多固体尘埃粒子的"脏雪球"。当接近太阳时，彗星在太阳辐射作用下分解成彗头和彗尾，状如扫帚。

1981年，美国发射了一颗观测地球大气物理现象的"动力学探索者"一号卫星。在分析卫星发回地面的观测资料时，弗兰克对数千张地球大气紫外辐射图像产生了兴趣。他发现在橘黄色的卫星图片背景上总有一些黑色的小斑点，或者说是"洞穴"，弗兰克称之为"大气空洞"。这些"洞穴"的直径一般有十多千米，个别的甚至达到四五十千米，它们存在的时间很短暂，突然出现，大约 2~3 分钟以后又消失掉。

这些小黑斑是什么东西？对大气中所有数量充足的分子一一作了分析研究后，科学家发现只有水分子才能吸收频带足够宽的波长，以致呈现黑色。这使他们确信卫星照片上的黑斑是由于高层大气中存在着由大量水分子聚集而形成的气体水云所造成的。

弗兰克将他们的观测结果与彗星联系起来，进行了研究，在排除了其他的可能性后，认为小黑斑现象最符合逻辑的解释是许多小彗星不断地把水从高层注入大气。

刚才说了，彗星是由大量的冰块及少量尘埃微粒混合而成，其形状像个脏雪球，仅在太阳系中就有上千亿颗彗星，很多彗星都是不受"家长"约束、毫无运动规律的终身"浪子"，不时"溜达"到地球附近。这类冰彗星在刚接近地球时，是一个直径约为 20 千米的冰球，然后在引力作用下破裂，并被太阳光气化形成较大的水气球或者是绒毛状的雪，然后转化为雨降落地面。据弗兰克估计，每年大约有 1 000 万颗这样的冰雪球进入地球大气层，每颗雪球可以融化成 100 吨的水。经过一年的时间，便能使地表均匀地增加 5~10 厘米深的水，也就是每年可以使地球增加 10 亿吨水。这不是一个小数目，地球形成至今已有 46 亿年的历史，如此算来，地球总共可以从这类彗星冰球上获得 460 亿亿吨水，足以形成我们目前已知的河流、湖泊和海洋。

于是，这些水孕育滋养了我们这个星球的生命。

在所有自然资源中，水已经成为人类最宝贵的资源。到目前为止，地球表面绝大部分都被海水覆盖着。然而纵然海洋资源丰富，人类仍感觉水资源匮乏。这一悖论实则是由于地球表面大部分水资源的海盐含量非常高，不适于农业、工业或人类饮用，因而世界上绝大部分人口正经历或面临着水资源匮乏。

假定地球上所有的海水都是淡的，那该多好啊。你想想啊，占地球总面积70%的海洋都是淡水，这些浩瀚的淡水不仅可以供地球所有生物胡乱挥霍，"挥霍"的缺口再由彗星来补充，还可以在太阳系专门开办"地球淡水集团总公司"，向其他行星廉价出售大量的淡水，整个太阳系就可以变成"生物系"啦……

打住吧。这不是科学，就连科学幻想都不是，这只是实打实的胡思乱想。

海水就是咸的，可能在海水形成之前的最初期是淡的，却很快变咸了。海水的咸来自于盐类，除了极少量的氯化镁、氯化铝等盐类外，绝大部分是氯化钠，也就是食盐。

我们学过化学，知道金属与酸化合反应生成金属化合物。盐酸与金属钠反应生成氯化钠。钠在金属世家里是最为活泼的一类，它极其不愿意独个待着，偏要拉帮结派拉扯上朋友一块玩。这不，遇上盐酸了，两好合一好，汇合后变成氯化钠，就老实了，不再闹腾了。

地球形成之初，体表岩层存在极其丰富的金属元素，包括极其活泼的金属钠，大量的雨水冲刷，在大量的酸和碱作用下，就生成了盐类，随着江河汇集到低洼处形成大海，海水就成了氯化钠的世界了。咸水是不能当作人类的饮用水的，也不能作为其他生活用水。

当今时代，人类忘记了自己的本源，对生存最基本的需求置若罔闻，水资源和其他资源因此成了人类冷漠行为的牺牲品。

喝水是生活中最平常的事，然而人为什么要喝水？其中的科学道理却是很深刻的。你冷漠水了吗？下面要说的这些话，不是重复啰嗦，而是必须要说的。

水，是一切生物存在和发展的基本条件，也是人的七大营养素之一，它参与各种新陈代谢活动过程，在人的生命活动中起着重要的作用。

水，是人身体的重要成分。正常人体内水分约占体重的70%。口渴是体内缺水的最早信号，人体失水5%就要喝水补充，如果因流血或出汗过多而丧失全部水分的10%，就会引起生理机能失调，丧失22%以上则会导致死亡。

水，在人体内起着多种作用。首先是帮助食物消化和营养吸收。水是最好的反应介质，人吃了食物以后，必须经过一系列消化器官，靠消化液（唾液、胃液、胰液、肠液等）作用才能消化，而这些消化液成分中有95%是水。通过各种酶催化作用，把食物中的淀粉和蛋白质等大分子水解成较小分子，使营养素被胃肠吸收。如果没有水，食物就不能消化，营养成分也就不能被吸收。

水还担负着输送营养和排泄废物的任务。水是最好的溶剂和流体，人体吸收的营养通常都要进入血液，由血液把它们输送到各个需要的部位，再进入其中的组织和细胞中，而人体的血液含水量为90%。身体内各组织和器官内氧化、分解形成的代谢废物，也要由血液集中输送到排泄器官，通过大小便、出汗和呼吸蒸发排出体外。所以，人生病发热的时候，总要多喝些开水，以补充体液，冲淡细菌产生的毒素，增加尿量，加速细菌毒素的排泄。

水能帮助人维持正常体温。物理学上有一个专门的计量单位"比热容"（简称比热），指的是单位质量物质的热容量，即使单位质量物体改变单位温度时的吸收或释放的内能。水的比热和蒸发热都比较大，体内营养物质氧化反应放出大量热，除供体力和脑力劳动及各种活动消耗外，一部分作为热量维持正常体温。如果有多余的热量散发不出去，体温就会升高，通常要通过辐射、传导、对流和出汗蒸发的方式散发多余的体热。据测，1克汗蒸发可带走0.54卡热量，因此，在炎热天气和高温环境下工作，要多喝一些水，通过出汗散热保持正常体温。

人体靠食物（饭、菜、水果等）和喝水（饮料）从外界摄入水，又通过小便和汗排出水，反复不息，形成循环，保持健康和正常的工作。正常劳动的成年人每天需要2.5千克水；热天或重体力劳动大量出汗时，应增加饮水，每天可达4千克。一个60岁的人摄入体内水总量可达55吨，一节火车厢也装不下。

水对人体的重要性不言而喻。实验表明，正常人10天不吃饭，只喝水，人可能存活。但10天不喝水就不行了，在36℃时，3天滴水不进，就难以生存了。由此可见，水对人体是多么重要。没有水，人和动植物就无法生存。说水是生命的源泉，一点都不过分。

现在你还敢漠视我们生命的源泉——水吗？

可是杀虫剂、化学品在污染我们的生命源泉。

1953 年，日本熊本县水俣湾附近的渔村中，出现一种不能确诊的中枢神经性疾病。1956 年，这类患者激增到 96 人，其中 18 人死亡。到 1963 年，一些学者从水俣氮肥厂乙酸乙醛反应管排出的汞渣和水俣湾的鱼贝中，分离并提取氯化钾基汞结晶，用此结晶和从水俣湾捕获的鱼、贝喂猫进行实验，获得了典型的水俣病症状。用红外线吸收光谱分析，也发现汞渣和鱼、贝中的氯化钾基汞结晶同纯氯化甲基汞结晶的红外线吸收光谱完全一致。病理学观察，发现死亡病人大脑、小脑细胞的病变改变，也均与氯化钾基汞中毒的脑病理相同。1964 年，日本阿贺野川流域也出现此病。1968 年 9 月，日本政府宣布水俣病是人们长期食用受汞和甲基汞废水污染的鱼、贝造成的。

甲基汞在胃酸作用下可产生氯化甲基汞，经肠道几乎全部吸收进入血液，在红细胞内与血红蛋白中的巯基结合，随血流分布到各器官，尤其是肝、肾和脑组织，也可以渗透到胎盘进入胎儿脑中。脑细胞富含类脂质，甲基汞对其具有很高的亲和力，所以很容易蓄积在脑细胞内。

长期摄入每立方米几十到几百微克的浓度，可引起慢性中毒。短时间内摄入达 500 毫克以上甲基汞，可出现肢端感觉麻木、中心视野缩小、运动失调、语言和听力障碍等典型症状。短时间内摄入 1 000 毫克甲基汞，可出现痉挛、麻痹、意识障碍等急性症状，并很快死亡。动物实验证明，豚鼠以 10~16 毫克/立方米汞浓度每天持续接触 2~4 小时，3 天后死亡；狗在 15~20 毫克/立方米汞浓度下，每天接触 8 小时，1~3 天死亡。

从发现水俣病以来，世界各地对发汞做了大量的调查工作，认为发汞含量能反映体内汞的负荷水平和甲基汞的蓄积情况，一般超过正常人发汞值 99%上限值表示受到汞污染。

发汞，说的是头发中汞的含量。一般正常人群发汞含量 2.5 微克/克左右。其含量可以反映体内汞的负荷水平，特别是可较确切地反映体内甲基汞的蓄积情况。当成人发汞含量超过 50 微克/克时，表示发生中毒并出现神经症状。甲基汞吸收者的头发中总汞值超过 10 微克/克，其中甲基汞值超过 5 微克/克。1 根头发的每小段的发汞含量能反映该段头发生长时汞在体内的水平。头发和指甲并不是排泄器官，但某些毒物，如砷、汞、铅、锰等可聚集于此。发汞作为反映体内汞吸收的指标，对职业病诊断具有重要的参考意义。

只有放在人类整体环境污染的大框架中，才能更清楚地理解杀虫剂导致水污染的问题。进入人类水系统并造成污染的物质来源很多，核反应堆、实验室、医院排放的放射性废物、核爆炸产生的放射性尘埃、城乡居民的生活垃圾、工厂排出的化学废弃物，等等。除此之外，还有一种新的飘散性物质：农田、花园、森林和田野里喷施的各种农药。在这些骇人听闻的农药中，很多化学药剂的危害堪比甚至远超放射性辐射。不仅如此，这些化学药品之间还存在着可怕的不为人知的反应、转换以及叠加效应。

自从化学家开始生产非天然存在的化学物质，水净化问题就变得十分复杂，用水者的风险也随之增加。众所周知，合成化学药品的大规模生产始于 20 世纪 40 年代，如今产量惊人，每天都有大量化学污染物如洪水一般涌入全国的水系统。这些化学污染物不可避免地与生活垃圾和其他废弃物混合在一起，极大挑战了净水厂通常使用的检测手段。大部分化学废弃物极其顽固，无法用常规手段分解，很多时候将它们从其他废弃物中辨识出来都非常困难。河道中充斥着各种各样的污染物混合而成的沉淀物，被称为"糊状物质"，河道清淤工程师束手无策。麻省理工学院罗尔夫·艾利亚森教授曾在国会委员会的陈词中证明，环境工程师无法预测这些化学物质的混合效应，也不可能识别这些混合物生成的全新有机物质。他说："我们根本不知道那是些什么东西，对人类有什么影响，我们完全一无所知。"

人类用来防控昆虫、啮齿类动物或杂草的各类化学药品，不断促进这些有机污染物的生成。其中有些化学药品是专为水体设计的，用以消灭水中的植物、昆虫幼虫或不受欢迎的鱼类。有些污染物则来自森林农药喷施。为了杀灭某种昆虫，有的州对几百万公顷森林进行全覆盖式农药喷施，这些农药喷剂，有的直接落入溪流，有的透过树叶间隙滴入森林土壤，随着土壤中的渗流水，开启流向大海的漫漫旅程。人们为防控农田害虫和啮齿类动物而喷施的千百万千克农药被雨水冲刷，大部分残留物加入流向海洋的运动。

随处都可以找到强有力的证据，显示我们的溪流甚至公共水源中存在大量化学药品残留。

举个例子来说明，人们从宾夕法尼亚州一处果园里采集了饮用水样本，结果发现取样水中含有大量杀虫剂残留。在实验室里用鱼进行测试，不到4个小时，实验室里的鱼就全部死光了。流经喷施过农药的棉花田的溪水，即便经过净水处理，对鱼类依然具有致命毒性。流经喷施过毒杀芬的农田，亚拉巴马州田纳西河15条支流中的鱼全部中毒死亡，其中有两条支流为城市提供公用水。喷施杀虫剂一周以后，河水里仍然含毒，因为河流下游水箱中养殖的金鱼，每天都会死掉很多条。

此类化学污染，基本上无法用肉眼看到，有时候用技术手段也检测不到，只有出现大量鱼类死亡事件，人们才会察觉。对这些有机物污染，致力于水资源保护的化学家，既没有可以借助的常规检测手段，也没有根治的办法。但不管能不能够检测出来，杀虫剂就在那里，而且很可能与人类施洒向地表的其他大量物质一样，已经进入全国主要河系。

如果有人怀疑我们的水源几乎全部被杀虫剂污染这一事实，不妨建议他阅读一下美国鱼类及野生动植物管理局在1960年发布的一篇报道。管理局开展了一项研究，调查鱼类体内是否会像恒温动物一样积存杀虫剂。

第一批鱼类样本取自西部林区的一条河中，该林区曾经为防控云杉食心虫而大范围喷施过滴滴涕。不出所料，这些鱼体内全部含有滴滴涕。

第二批鱼类样本取自离农药喷施区48千米的一条偏远小溪中。对照两批样本，结果研究者有了非同寻常的发现，小溪位于第一条河的上游部分，两者之间隔着一道大瀑布，小溪所在地点从没有喷施过农药，然而小溪里的鱼体内也含有滴滴涕。化学药品难道会通过看不见的地下水道，流入这条偏远的小溪？或者是通过空气传播，飘落溪水中？在另一项对比调查中，人们在孵化场的鱼类组织中也发现了滴滴涕，而该孵化厂的水源来自深井，与小溪的情况一样，深井所在地附近也从未喷施过农药。

唯一可能的污染途径就是地下水！

地下水！地球上一个庞大的地下王国。我们的眼睛是看不到的，可是，难道我们的心里不能惦记它吗？

现在，就让我们本着平静的心态，走进这个庞大的地下王国，倾听地下潺潺的流水声，了解一下本该早就要了解的地下水域吧。

丰富的地下水是从哪里来的呢？

它主要来自降水和冰雪融水，这些水一部分被蒸发到大气中去了，一部分成为径流流走了，还有一部分则渗到地底下变成了地下水。一般来说，降水多的地区地下水比较丰富，较浅；干旱地区地下水较少，埋得较深。

有些河流、湖泊里的水，渗透到地下的土层和岩石空隙中，成为地下水。

此外，空气中的水蒸气也有一部分钻进地下凝结在土壤颗粒上，地球内部岩浆中含有的水蒸气，上升到地壳上层冷却后，也会凝结成地下水。

不可思议的是，在有些干旱、沙漠地区，地下有着水量丰富的"湖"和"海"。细想一下也就明白了，这些地区的周围环绕着高山，冰雪融化沿着山区透水的岩层，一直流到沙漠下的深处，长年累月积聚储存起来。

这种地下湖海，只是埋藏在透水层里的水罢了。原来，地下的一层层岩层，比如砂岩层，孔隙又多又大，很松散，它们容易渗水。像页岩、花岗岩层，孔隙很少，透水性差；黏土虽然有空隙，但由于孔隙很小，很难透水。在石灰岩、岩盐、白云岩广布的地区，常常被地下水溶蚀成洞穴、暗河，变成真正的地下河、湖。

地下水在低洼的地方或通过裂缝涌出地表，就是泉水。地下水涌入井中就是井水。中国的山东省济南市泉水数目众多，号称"七十二泉"，古老的济南城早就有"泉城"之称。

泉水是怎样形成的？各地方的地下水离地面是深浅不一的，地势高的地方潜水面高，低的地方潜水面低。高处的地下水对低处的地下水产生一种静压力，使地下水缓慢地在地下从高处往低处流动，在流动的过程中遇到一些裂缝，地下水就会流出地表，成为泉；在地下水流动过程中，倘若静压力很大，一旦遇到断层、裂隙，地下水就会流出地面，形成天然的喷泉。

地下水是一种宝贵的天然财富，它的用途很多，人们可以打井得到生活和工业用水。在干旱地区，地下水是重要的农业灌溉水源，地下水含有较多的矿物质，可治疗疾病，或者从中提取稀有元素。此外，用矿泉水可以制成最好的啤酒。温泉能治好各种皮肤病。地下水还可以用来发电，中国云南六郎洞水电站就是利用地下水发电的。

地下水是一个庞大的家族。据估算，全世界的地下水总量多达 1.5 亿立方千米，几乎占地球总水量的十分之一，比整个大西洋的水量还要多。根据地下埋藏条件的不同，地下水可分为上层滞水、潜水和承压水三大类。

上层滞水指的是由于局部的隔水作用，使下渗的大气降水停留在浅层的岩石裂缝或沉积层中所形成的蓄水体。

潜水是埋藏于地表以下第一个稳定隔水层上的地下水，通常所见到的地下水多半是潜水。当地下水流出地面时就形成泉。潜水存在于地表以下第一个稳定隔水层上面，具有自由水面的重力。它主要由降水和地表水渗入补给。

承压水（自流水）是埋藏较深的、赋存于两个隔水层之间的地下水。承压水充满于上下两个隔水层之间的含水层中，它承受压力，当上覆的隔水层被凿穿时，水能从钻孔上升或喷出。按含水空隙的类型，地下水又被分为孔隙水、裂隙水和岩溶水。这种地下水往往具有较大的水压力，特别是当上下两个隔水层呈倾斜状时，隔层中的水体要承受更大的水压力。当井或钻孔穿过上层顶板时，强大的压力就会使水体喷涌而出，形成自流水。

多么壮观的地下海洋世界。地下水作为地球上重要的水体，与人类社会有着密切的关系。地下水的贮存有如在地下形成一个巨大的水库，以其稳定的供水条件、良好的水质，而成为农业灌溉、工矿企业以及城市生活用水的重要水源，成为人类社会必不可少的重要水资源，尤其是在地表缺水的干旱、半干旱地区，地下水常常成为当地的主要供水水源。毫不夸张地说，地下水就是宇宙恩赐给地球人类最可贵的宝藏。

据不完全统计，20世纪70年代，以色列75%以上的用水依靠的是地下水供给。德国的许多城市供水，也主要依靠地下水。法国的地下水开采量，占到全国总用水量1/3左右。美国、日本等地表水资源比较丰富的国家，地下水也占到全国总用水量的20%左右。

在整个水污染问题上，大面积的地下水污染也许才是最令人不安的威胁。只要在任一处水域投入杀虫剂，所有水域的水都会受到威胁。大自然无法在一个个独立的封闭空间中运行，在地球水资源配置上更做不到这一点。落到地面上的雨水穿过土壤和岩石的孔洞与缝隙，一直向下渗透，直至最后抵达岩壁里充满水的黑漆漆的地下海域。地下海洋形态随地表山峰、山谷的走势发生变化。地下水始终处于运动之中，有时速度非常慢，一年仅移动约15米；有些时候速度比较快，一天可以移动约160米。地下水主要流经地下，偶尔会涌出地面形成泉水，或被引入井中。不过大部分情况下，地下水最终汇入小溪与河流。除了那些汇入河流的雨水和表面径流外，地球表面所有流动水都曾是地下水。

所以，从非常实际且令人惶恐的意义上讲，污染地下水就污染了全世界的水！

科罗拉多州一家制药厂里的有毒化学物质，想必是经过黑森森的地下海洋，到达几千米外的农场污染水井，致使人畜患病、庄稼损毁。这种情况非常独特，但肯定不会是孤例。事件的过程大致如下：

1943年，建在丹佛附近的美国化学特种部队落基山兵工厂开始制造军需品。八年后，兵工厂的设备租赁给一家私人炼油公司生产杀虫剂。杀虫剂还没开始投产，离奇事件接二连三地发生。离工厂几千米的农民申诉说，他们的牲畜因不明原因患病，庄稼大片大片损毁，树叶变黄，植物停止生长，很多农作物都死掉了。居民患病的事件频频发生，人们认为这些事件之间一定有关联。

这些农场的灌溉用水来源于浅层井水。1959年好几个州与联邦政府机构开展联合调查，在井水中检测到化学混合物。落基山兵工厂在此处制造军需品的那些年，曾将氯化物、氯酸盐、磷酸盐、氟化物和砷排放到专门的蓄水池。兵工厂和农田的地下水显然应是遭到污染。兵工厂的化学废弃物，经过七八年时间，经由地下，从蓄水池缓慢移动到 4.8 千米外最近的农场。这种渗流仍在继续，受污染区域一时不会有确切的范围，研究者既不知道如何消除这种污染，也没有办法终止污染继续扩散。

这一切已经够糟糕的了，人们却又在兵工厂的水井和排污蓄水池中发现了 2，4-D 除草剂。在整个事件中，这一发现最令人匪夷所思，但从长远角度来看也最有研究价值。当然，发现了 2，4-D 除草剂的存在，使得用这些水灌溉的庄稼遭到了毁损有了合理的解释，可蹊跷的是兵工厂运营期间从未生产过 2，4-D 除草剂。

派驻兵工厂调查的化学家，经过长期仔细的研究，断定 2，4-D 除草剂是露天蓄水池中自然形成的化合物，由兵工厂排放的数种废弃物化合而成，无须人类化学家的干预，蓄水池变成了化学实验室，生产出一种新的化学物质，接触到它的大部分植物都会被杀死。

这样一来，科罗拉多州农场以及被毁损的庄稼就超出了地域边界，从而有了普遍性意义。其他地方的情况怎么样？除了科罗拉多州，其他化学污染的公共水域情况怎么样？在世界各地的湖泊溪流中，在空气和阳光的催化作用下，原本"无害"的化学物质会催生出哪些新的危险化学物质？

的确，水资源化学污染最令人害怕的一面就在于：河流、湖泊、水库，甚至佐餐时喝的一杯水中，都将因此含有不明化学物质，而这些物质是任何有良知的化学家都不愿意发明的。自由混合到一处的化学物质，很可能会发生化学反应。这一现象深深困扰着美国公共卫生署的行政官员。他们十分担心，相对无害的物质混合形成有害物质，这类事情会大规模发生。这种反应可能在两种或两种以上的化学物质之间发生，也可能在化学物质与日渐增多的排放到河流中的放射性废弃物之间发生。在电离辐射的作用下，它们很容易发生原子重组，继而改变化学特性，这一切既无法预测也不可控制。

当然，受污染的不仅是地下水，还有地表的流动水：小溪、河流、灌溉用水。发生在加利福尼亚州图里湖和南克拉马斯湖国家野生动物保护区的事情，为地表水遭受污染提供了可怕的例证。这两个保护区与俄勒冈州边界内的北克拉马斯湖保护区，同属于一个大的保护区链。仿佛冥冥中的安排，这三个保护区共享同一个水源，相互连接。三个保护区被周围广袤的农田包围，俨然点缀在绿色海洋上的小岛。农田系沼泽和开阔水域经过排水和引流改造而成，过去曾是鸟类的天堂。

地球上的湖泊啊，大地上的明镜。碧波荡漾的湖面上，天鹅戏水，野鸭啼鸣；蓝绿色的湖水里，鱼儿畅游，虾儿聚会；沿岸茂密的草丛中，不时露出戴着漂亮小帽子的水鸟。

提到湖泊，大家自然会联想到以上美丽的风景画，也的确如此，星罗棋布的湖泊镶嵌在大地上，仿佛片片耀眼的明镜，把锦绣河山点缀得分外壮丽。

说起湖泊，大家并不陌生，它也许就在你家附近，有的宽广，有的狭长，有的弯如新月，有的圆似太阳，有的连成一串，有的不规则散布；有的湖大，望不到边；有的湖小，几分钟就能绕湖走一圈。一直以来，湖泊就是人类赖以生存、栖息以及获得生活资源的基地，特别是现代社会，更是处处显示出水的价值。

可是，人类鲁莽的活动却无时不在玷污着这块明镜，损害着那里生存的动物和植物。

地球上湖泊的总面积约有 270 万平方千米，最深的贝加尔湖深达1620 米，最浅的湖泊还不到一米深，最高的湖泊纳木错位于中国西藏自治区，湖面海拔 4718 米；中国最低的湖泊艾丁湖湖面低于海平面约 155米，而死海的湖面比海平面低 395 米。世界上最大的淡水湖是苏必利尔湖，位于美国和加拿大之间，面积 82100 平方千米；最大的淡水湖群由美国和加拿大的苏必利尔湖、伊利湖、密执安湖、安大略湖、休伦湖组成，面积达 24.48 万平方千米。

这些大小不一、形状各异的湖泊到底是怎样形成的呢？

湖泊的形成有多种多样的形式。像中国黑龙江省风景秀丽的镜泊湖，它是由火山喷出的岩浆碎石堵塞了牡丹江的河道，在河的上游形成的。

有的湖泊是由于地势低洼积水而形成的。有的湖泊是由于地壳运动中凹陷形成的，如中国的青海湖。有的湖泊原来是海的一部分，后来由于泥沙把大片水域与大海隔离形成的，如中国杭州的西湖。

湖泊是在一定的地理环境下形成和发展的，并且与环境等诸因素相互作用，相互影响，但是不论湖泊是怎样形成的，它都必须具备两个最基本的条件，一是洼地，即湖盆，二是湖盆中所蓄积的水体。

湖盆是湖水赖以存在的前提，而湖盆的形状和特性，不仅可以直接或间接地反映湖泊是怎样形成和演变的，而且在很大程度上还决定着湖水的物理、化学性质和生物种类，因此在地理学中通常以湖盆的成因作为湖泊分类的主要依据。近年来在湖泊分类时又考虑到致使湖盆积水的主导因素，因为只有积水的洼地才称为湖泊。

湖泊形成以后，是不是老是这个样子呢？

不是。在历史的长河中，经过产生、发展等阶段，湖泊也会逐渐走向衰老，人类的经济活动也影响着湖泊的演变。

常言道，靠山吃山，靠水吃水。对于居住湖畔的人们来说，湖泊不仅是他们从事农业耕作活动或养殖水产的谋生之所，更是他们与湖泊等诸生命体系共存共亡的生命载体。

三个保护区周围所有农田的灌溉用水，均来自北克拉马斯湖。灌溉后的水被泵抽到图里湖，接着由图里湖到南克拉马斯湖。因此，图里湖、南克拉马斯湖国家野生动物保护区与两段水体共同构成了一个农业排水系统，记住这一点对理解接下来发生的事情非常重要。

1960 年夏天，保护区工作人员在图里湖和南克拉马斯湖捡到几百只死亡或濒临死亡的鸟，其中大部分是食鱼鸟类——鹭、鹈鹕、鸊鷉（pī tī）和鸥鸟。检测发现这些鸟体内含有毒杀芬、DDD 和 DDE（DDD、DDE 是滴滴涕分解后的产物）等杀虫剂残留。湖里的鱼体内也发现了杀虫剂残留，浮游生物采样也含有杀虫剂。保护区管理人员认为，农田大量施用农药，灌溉用水回流，致使保护区湖水中杀虫剂残留急剧增加。

撇开保护区的最初设立目的落空不谈，自然保护区水资源污染令西部地区的猎鸭爱好者痛心，也让珍爱此处美景的人感到痛心。

这里的美好，曾经像印度诗人泰戈尔《园丁集》里写到的那样。那里是爱的圣地，和谐的天堂：

　　若是你要忙着把水瓶灌满，来吧，到我的湖上来吧

　　湖水将回绕在你的脚边，潺潺地说出它的秘密

　　沙滩上有了欲来的雨云的阴影，云雾低垂在丛树的绿线上，像你眉上的浓发

　　我深深地熟悉你脚步的韵律，它在我心中敲击

　　来吧，到我的湖上来吧，如果你必须把水瓶灌满

　　如果你想懒散闲坐，让你的水瓶漂浮在水面，来吧，到我的湖上来吧

　　草坡碧绿，野花多得数不清

　　你的思想将从你乌黑的眼眸中飞出，像鸟儿飞出窝巢

　　你的披纱将褪落到脚上

　　曾记得啊，水鸟鸣叫着掠过夜空，宛若空中飘浮的缎带，这样的美景一去不复返了……

　　这两个野生动物保护区对于保护西部水鸟有着多么重要的地位！它们所处的地理位置，宛若漏斗的颈部，所有鸟类迁徙路线在此会聚，形成著名的"太平洋迁徙线"。

　　秋季迁徙期间，白令海东岸至哈德逊湾的栖息地，会飞来数百万只野鸭和大雁——数量占这个季节南迁到太平洋沿岸各州水鸟总数的3/4哪！

　　夏天，活泼可爱的水鸟喜欢来保护区，尤其是两大濒临灭绝的珍稀水鸟——美洲潜鸭和棕硬尾鸭。如果这两个野生动物保护区的湖泊和池塘水资源遭受严重污染，对美国远西地区水鸟种群造成的伤害将无可挽回。

　　美洲潜鸭是雁形目鸭科潜鸭属的鸟类，是体形较小的潜鸭。繁殖于北美地区，也分布于中美洲。美洲潜鸭活动于山间、草原、大盆地、坑洼地区，自海平面到2 000米的山区都有其踪影。

　　棕硬尾鸭是鸭科非常典型的一种群居型水鸭。体长36~40厘米，翼展53~60厘米，体重560~590克。大头，短颈，宽嘴，长尾。公鸭黑色帽子从眼睛延伸到后颈，整年都有白面颊，夏天身上着明亮的红棕色的羽毛，下体白色，鸭喙蓝色，尾巴黑色，腿灰色，眼睛深绿色。冬天着

浅褐色的羽毛，黑色的嘴。无论雌雄，平时尾羽都翘起。雄鸭食管可膨大，颈内可能有气囊，在喧闹而精致的求偶表演中会膨胀起来。雄鸭协助育雏，这是鸭类中罕见的特性。会用其特殊的尾羽在水下把握方向以寻觅食物。很少上陆地活动，喜欢住在大湖、浅湾、沼泽。能在风浪里睡觉。生活于温暖地区。以水生植物、昆虫、鱼、蛙、甲壳动物、软体动物、蠕虫等为食。

水促生了水族生物体之间无穷无尽的循环，从小如尘埃的浮游植物的绿色细胞、微小的水蚤，到以浮游生物为食又会被其他鱼类或鸟类、水貂、浣熊食吃的鱼类，都在这条生物链上。我们在考虑水资源的时候，不能不把水族生物链纳入其中。我们知道，水中有用的矿物质会在食物链上一环一环进行传递，难道人类带入水中的毒素不会进入大自然的循环吗？

我们怎么能忽视食物链的威胁呢？

在生态系统中，一种生物被另一种生物吞食，后者再被第三种生物吞食，彼此形成一个以食物连接起来的连锁关系，叫作食物链。各种食物链在生态系统中相互交错，形成食物网。能量的流动、物质的迁移和转化，都通过食物链或食物网进行。食物链对环境中物质的转移和蓄积有重要影响，某些自然界不能降解的重金属元素或有毒物质，在环境中的起始浓度不一定很高，但可经过食物链逐级放大。污染物随着食物链，使低位营养级生物体内的浓度在高位营养级生物体内浓度逐渐放大，我们称它为生物放大作用。

例如滴滴涕通过食物链在各种生物体内的浓度逐级放大，生物体内滴滴涕的浓度可比湖水高出数万到数十万倍。假定滴滴涕在湖水中的含量为 1，被浮游生物吞噬后，它就被放大了 265 倍。浮游生物被小鱼吞食，在小鱼的脂肪中被放大到 500 倍。食肉鱼再吞噬小鱼，食肉鱼的脂肪中，滴滴涕就被放大到了 8.5 万倍！

从 1 放大到 8.5 万倍？是的。不理解吗？这就是"放大效应"。即使此刻你张口结舌，也得接受这个残酷的事实。

生物放大作用是与食物链有关的，但是生物体内污染物浓度的增加，还和生物积蓄作用和生物浓缩作用有关。

生物积蓄和生物浓缩作用，使生物体内某种元素或化合物的浓度高于环境浓度，食物链的生物放大作用则使食物链上营养级较高的生物体内元素或化合物的浓度，高于营养级比它低的生物体内的含量。因此进入环境中的微量毒物，可以通过生物浓缩作用、生物积蓄作用和生物放大作用，使高位营养级的生物受到毒害，最终威胁人类健康。

加利福尼亚州清水湖发生的怪事，为我们提供了上述认知的佐证。

清水湖位于旧金山以北约 145 千米的山区，深受垂钓者喜爱，清水湖其实名不符实，湖水实际上相当浑浊，浅浅的湖底覆盖黑色淤泥。对渔民和湖畔度假区居民来说很不走运，湖水是小蚋虫的理想栖息地。蚋虫虽然与蚊子极其相近，却并不靠吸血为生，成年蚋虫甚至可能完全不吃东西。蚋虫数量庞大，生活在这个地区的居民不堪其扰，尝试过很多灭杀方法，收效都非常小。20 世纪 40 年代出现的氯代烃类杀虫剂，为居民提供了新式灭杀武器。人们决定选用 DDD 灭杀蚋虫。该杀虫剂对鱼类威胁显然小得多。

1949 年，人们经过周密筹划，确信不会造成危害性后果，才开始向湖水中投放 DDD 杀虫剂。人们事先对湖水进行了勘测，根据湖水水量确定杀虫剂配比为 0.014×10^{-6}。最初蚋虫基本灭杀殆尽，却在 1954 年卷土重来。这一次，人们将农药配比提高到 0.02×10^{-6}，认为应当可以彻底灭杀。

但是当年刚入冬，就开始有迹象表明其他生物也受到了牵连，湖区的北美䴙䴘开始死亡，很快就累积至 100 例。

北美䴙䴘是一种游禽候鸟，栖息于湖泊、水塘、水渠、池塘和沼泽地带，也见于水流缓慢的江河和沿海芦苇沼泽中。繁殖季节生活在有蒲草和芦苇的淡水湖。通常停留在加拿大不列颠哥伦比亚省和美国加利福尼亚州的草原湖泊，有时也到墨西哥，在冬季迁往太平洋海岸。北美䴙䴘是一种肉食性水鸟，捕食昆虫、贝类、鱼类等。

北美䴙䴘属繁殖鸟，受清水湖丰富的鱼类吸引，常在冬季飞来此处，这种水鸟外表华丽，其性优雅，多生活在加拿大和美国西部地区水域，在水边草丛中搭筑浮巢。北美䴙䴘有着洁白的脖颈，乌黑油亮的头冠，凫（fú）过湖面时，不会带起一丝涟漪，素有"天鹅䴙䴘"的美称。刚孵出的雏鸟浑身长满灰色绒羽，出生几个小时后就可以下水游泳和自由活动，在成鸟背上嬉戏，栖居在成鸟的羽翼之下。

1957 年，一度绝迹的蚋虫再次死灰复燃。这一次灭杀后，䴙䴘死亡数量远超上一次。跟 1954 年情况一样，死亡䴙䴘身上并未发现传染病，有人提议对䴙䴘体内脂肪组织进行化验，结果发现其脂肪中 DDD 含量竟然高达 $1\,600 \times 10^{-6}$!

湖水中杀虫剂浓度最高为 0.02×10^{-6}，䴙䴘体内怎么会有如此惊人的化学残留？䴙䴘主要以鱼、泥鳅、虾和昆虫等为食，人们检测了清水湖中的鱼，一切就都明白了——毒素被最小的有机体吸收、在体内积存，然后一级级传递给生物链上更大的食肉动物。检测发现，浮游生物体内杀虫剂残留为 5×10^{-6}，是湖水中最高杀虫剂浓度的 250 倍。食草鱼体内残留从 40×10^{-6} 到 300×10^{-6} 不等，食肉鱼体内残留最高，云斑鮰体内毒素含量可以飙升至 $2\,500 \times 10^{-6}$。

我们的耳边似乎传过来一首英国古老的童谣《这是杰克建的房子》：

这是杰克建造的小屋。

这是放在杰克建造的小屋里的麦芽。

这是吃了放在杰克建造的小屋里的麦芽的老鼠。

这是杀了吃了放在杰克建造的小屋里的麦芽的老鼠的猫。

这是骚扰杀了吃了放在杰克建造的小屋里的麦芽的老鼠的猫的狗。

这是头上有撞了骚扰杀了吃了放在杰克建造的小屋里的麦芽的老鼠的猫的狗的烂角的牛。

这是给头上有撞了骚扰杀了吃了放在杰克建造的小屋里的麦芽的老鼠的猫的狗的烂角的牛挤奶的孤苦少女。

这是吻了给头上有撞了骚扰杀了吃了放在杰克建造的小屋里的麦芽的老鼠的猫的狗的烂角的牛挤奶的孤苦少女的褴褛男子。

这是主持了吻了给头上有撞了骚扰杀了吃了放在杰克建造的小屋里

的麦芽的老鼠的猫的狗的烂角的牛挤奶的孤苦少女的褴褛男子的婚礼的光头法官。

这是在清晨叫醒了主持了吻了给头上有撞了骚扰杀了吃了放在杰克建造的小屋里的麦芽的老鼠的猫的狗的烂角的牛挤奶的孤苦少女的褴褛男子的婚礼的光头法官的公鸡。

这是种地养活在清晨叫醒了主持了吻了给头上有撞了骚扰杀了吃了放在杰克建造的小屋里的麦芽的老鼠的猫的狗的烂角的牛挤奶的孤苦少女的褴褛男子的婚礼的光头法官的公鸡的农民。

这是属于种地养活在清晨叫醒了主持了吻了给头上有撞了骚扰杀了吃了放在杰克建造的小屋里的麦芽的老鼠的猫的狗的烂角的牛挤奶的孤苦少女的褴褛男子的婚礼的光头法官的公鸡的农民的马、猎犬和号角。

童谣的第一句连标点只有 10 个字符，到了最后一句竟然达到了约 90 个字符。最后一句将第一句"放大"了 9 倍！

简直是杰克建房故事的翻版，整个童谣就是一层又一层的嵌套关系。生物对环境污染物的放大效应，即生物所处的营养级越高，生物浓缩系数（污染物在生物体内的浓度与在环境中之比）越大。

就像杰克建房效应，大食肉动物吃小食肉动物，小食肉动物吃食草动物，食草动物吃浮游生物，浮游生物吸收湖水中的毒素。

后来的发现更加令人匪夷所思：最近投放过 DDD 的河水中，竟然测不到它的踪迹！真相是什么？真相就是毒素并没有真正从湖水中消失，只是进入水族生物的机体中。施药停止 23 个月之后，浮游生物体内杀虫剂残留依然高达 5.3×10^{-6}。在这将近两年的时间里，毒素虽然在湖水中销声匿迹，却在浮游植物的盛衰中代代相传，同时也存积在水族动物体内。施药停止一年以后，所有受测鱼类、鸟类和青蛙体内仍然存在 DDD 残留。这些水族动物体内 DDD 残留量往往超出水中初始杀虫剂浓度许多倍。这些活体毒素携带者包括：使用 DDD 9 个月后孵化出来的鱼类、鸊鷉和体内毒素含量高达 $2\,000 \times 10^{-6}$ 的加州鸥等。湖上鸊鷉营巢面积减少，鸊鷉数量从第一次施用 DDD 前的 1 000 多对，锐减到 1960 年的约 30 对左右。这 30 对营巢的鸊鷉却没能繁育后代：自从第三次施用 DDD 后，清水湖上再也没见过小䴙䴘的影子了。

清水湖的䴙䴘美丽动人。外形如鸭，而嘴却直而尖。脚的位置特别靠后，前面的脚趾间有一层皮膜形成的瓣蹼。尾特别短，体较小，翅长约 100 毫米，前趾各具瓣蹼；上体（包括头顶、后颈、两翅）黑褐而有光泽；眼睑、颊、颏和上喉等均黑色；下喉、耳区和颈棕栗色；上胸黑褐色、羽端小䴙䴘外形苍白色；下胸和腹部银白色；尾短，呈棕、褐、白等色相间。分为体形娇小的小䴙䴘，头顶两侧各一簇耸立羽毛的角䴙䴘，头顶枕部羽毛向后延伸的凤头䴙䴘，以及头顶和颈上部为黑色的黑颈䴙䴘和颈前和胸部为红色的赤颈䴙䴘。

各色䴙䴘把美丽的清水湖作为立体大舞台，尽展种群的娇媚。

每年 5 月，䴙䴘开始繁殖。雄鸟和雌鸟从相识到交配有一段非常有趣的求偶舞蹈。水面上，两只䴙䴘相遇，面对面低头展翅，然后抬头仰脖，拍动双翅，迅速向前。当互相快碰到时，又骤然停下改为后退。简直就是一场优美的芭蕾。通过舞蹈来互相比试和了解，如果赢得了对方的心，它们就衔着水草开始共同建造洞房。

䴙䴘的巢很特别，它不在固定地点，而是随波逐流，漂荡在水上。巢建好后，产 4~5 枚卵，双亲轮流孵化。遇有情况时，成鸟跑得无影无踪。其实，在它离开时，它早已用水草和芦苇将巢盖严实了。经过 20 多天的孵化，幼鸟出壳。幼鸟属于早成鸟，刚出壳就跃入水中。

读到这些，谁不为小精灵的厄运心疼呢？

整个污染链似乎肇始于最先摄入农药残留的微生植物。处在这条食物链末端的人类情况如何？人类很可能在毫不知晓的情况下，备好渔具，从清水湖中钓了不少鱼，带回家美美地享用一顿。大量摄入或重复性摄入 DDD 残留会对人类产生怎样的危害？

虽然加利福尼亚州公共卫生部门声称尚未发现 DDD 残留对人类产生危害，然而其在 1959 年发布了湖区停用 DDD 的禁令。从该药物具有的广泛生物学危害来看，停止施用似乎只是最小意义上的安全保护措施。在所有杀虫剂中，DDD 导致的生理危害很可能最独特，它会损伤肾上腺中分泌性激素的肾上腺皮质外层细胞。早在 1948 年，人们就发现了这种破坏作用，但起初认为危机仅限于犬类，因为在猴子、老鼠和兔子等动物实验中并未发现问题。然而 DDD 在犬类身上引发的症状，与人类阿狄森病患者的病症十分相似，不能不引起我们的重视。

阿狄森病（Addison）是一种原发性的慢性肾上腺皮质功能减退症，是由于结核、真菌等感染或肿瘤、自身免疫等原因使双侧肾上腺的绝大部分被破坏，引起肾上腺皮质激素分泌不足所致。慢性肾上腺皮质功能减退症多见于成年人。结核性者多见于男性，自身免疫所致"持发性"者女性多于男性。临床症状为皮质醇和醛固酮分泌不足引起的一系列综合征。

皮质醇缺乏引起的症状有疲劳、乏力、食欲不振、体重减轻、恶心、呕吐、消化不良、腹泻、腹胀、腹痛、头晕、眼花、血压下降、低血钠症、空腹低血糖，皮肤、黏膜色素沉着，对感染抵抗力低，腋毛、阴毛减少或脱落、稀疏，男性性功能减退，女性月经失调或闭经，结核者常有低热、溢汗等。

醛固酮缺乏主要表现为潴钠排钾功能减退，钠的丢失增加使细胞外液缩减，血浆容量降低，心排出量减少，肾血流量减少导致氮质血症；全身乏力；导致直立性低血压，严重时可发生昏厥、休克；排钾减少可致高血钾症；临床上呈现慢性失水而虚弱消瘦。本病急骤加重时可出现肾上腺危象，表现为恶心、呕吐、腹痛或腹泻，严重脱水、血压低、心率快、脉细弱及精神失常。常有高热、低糖血症、低钠血症，血钾忽高忽低。如不及时抢救会危及生命。

最近的医学研究发现，DDD 确实会严重抑制人的肾上腺皮质功能。如今，DDD 的细胞破坏力在临床上用于治疗一种罕见的肾上腺癌症。

清水湖事件引发了一个公众必须面对的问题：使用对生理过程有严重危害的物质防控昆虫，尤其是将化学药剂直接施诸水体，这样的做法明智吗？有必要吗？杀虫剂浓度在湖泊食物链中的爆炸式增长，说明使用的杀虫剂浓度非常低这一事实本身毫无意义。然而，为解决一个明显的且通常微不足道的问题，制造出一个更严重的且往往难以察觉的问题，这种情况大量存在，而且在愈演愈烈。清水湖事件就是一个典型代表，对饱受蚋虫困扰的居民而言，问题得到了顺利解决，这样做的代价却是对从湖中获取食物或饮用水的生物，造成了无以名状、难以溯源的危害。

奇怪的是，故意在水库中投放农药的做法越来越常见，而其目的通常是为了开发娱乐项目。之后又需要斥巨资恢复其饮用水的用途。

某地的渔猎爱好者想发展渔猎业，于是说服政府主管部门在水库中投放农药，杀死他们不想要的杂鱼，孵化出符合渔猎爱好者口味的鱼。整个过程非常怪诞，像爱丽丝进入的奇境一般诡异。

在英国数学家刘易斯·卡罗尔的著名童话作品《爱丽丝梦游仙境》里，小姑娘爱丽丝追赶一只小白兔进了兔子洞，发现了一个人物性格奇特的世界，一切都与她原来生活的世界颠倒过来。在这个世界里，喝一口水就能缩得如同老鼠大小，吃一块蛋糕又会变成巨人，在这个世界里，似乎所有的东西都很古怪。

修建水库是为了满足居民用水的需要，当地居民很可能对渔猎爱好者的项目毫不知情，却被迫饮用含有农药残留的水或被迫支付税费，治理根本不可能消除的农药残留。

由于地下水和地表水都遭受杀虫剂和其他化学药品污染，因此有毒且致癌的物质正在进入公共用水系统。美国国家癌症研究所的 W.C.休珀博士，向人们发出警告："在能够预见的未来，饮用水污染导致的癌症风险将会大大增加。"事实上，在 20 世纪 50 年代初，荷兰开展的一项研究已经证实水污染有致癌风险。相对而言，河水比井水更容易遭受化学污染。因而，饮用水源为河水的城市居民，比饮用井水的居民患癌症死亡的概率更高。天然致癌物质砷污染的水，导致了历史上两次大面积癌症暴发。其中一次污染，砷来自矿场矿渣堆，另一次来自天然含砷量高的岩石。随着含砷杀虫剂的大量使用，这种情形会不断重演。这些地区的土壤受到砷污染，雨水将土壤中的砷带入小溪、河流和水库，继而进入广袤的地下海洋。

这也再一次提醒我们，自然界没有任何东西会孤立存在，为了更清楚地理解世界范围内的污染，我们必须看看地球上的另一种基本资源——土壤。

第五章

土壤王国

薄薄的表层土壤像一块块补丁镶嵌在地球上，决定着人类和其他动物的生存。没有土壤，陆地植物无法生长；而没有植物，动物也就无法生存。

科学家笔下的土壤，不仅仅是一个语文词汇，更是整个系统的科学认知。他们会告诉人们，土壤是指地球表面的一层疏松的物质，由各种颗粒状矿物质、有机物质、水分、空气、微生物等组成，能生长植物。土壤由岩石风化而成的矿物质、动植物、微生物残体腐解产生的有机质、土壤生物（固相物质）以及水分（液相物质）、空气（气相物质），氧化的腐殖质等组成。固相物质包括土壤矿物质、有机质和微生物通过光照抑菌灭菌后得到的养料等。液相物质主要指土壤水分。气体是存在于土壤孔隙中的空气。土壤中这三类物质构成了一个矛盾的统一体。它们互相联系，互相制约，为作物提供必需的生活条件，是土壤肥力的物质基础。

中国著名的科普作家高士其在一首科普诗《我们的土壤妈妈》中这样写道："她住在地球表面的第一层/有几寸到几丈的深度/都是她的工作区/她的下面有水道/水道的下面是牢不可破的地壳。"

高士其的诗歌中提到的"她"，就是土壤。

土壤是书本上的名称，通俗一点说就是泥土，土木工程书里讨论土壤是研究在它上面能建造多高的房屋，或者能建筑多结实的路面，在农业上讨论土壤是研究它能生长出多少对我们人类有益的植物。

土壤是怎样产生的呢？

最初在地球陆地上尽是笔直的陡峰，高山峻岭，没有泥土。后来，由于日晒雨淋，坚硬的石头山逐渐风化，最早的最突出的部分开始崩塌下来，大石头变成小石头，小石头变成粗砂子，粗砂子变成细砂子，最后细砂子变成了石屑，石屑经过时日的消磨变成泥土。与此同时，山上的水把石头泥沙冲下了山，江河又把上游的泥沙带到下游，带到海里，一年四季不断吹的风也不示弱，虽然尘土每一次并不能飞多远，但是几百万年、几千万年就能够达到惊人的地步，这些移动着的泥沙就在山谷里、江河畔、大海边逐渐堆积起来，形成了原始的土壤层。

太阳照在大地上，雨雪和风霜也落在地上，泥土里有了太阳光带来的热，就产生了各种化学反应；降落的雨水带着溶解在水里的一些东西，渗进了泥土，这样微生物和植物就在适宜的条件下逐渐繁殖起来，并开始混入泥土中。

土壤是发展的，它有自己的历史，它是一个有生命的东西。对于农业，只有收获丰富的泥土才是土壤，而要有丰富的收获就不能没有微生物和动植物的参与。微生物把土壤当作它们的生存空间，改变着土壤的成分结构。动物的活动包括它们的排泄物以及尸骨，不断增添着土壤的肥力。植物把土壤作为立足点，吸收其中的养分，也不断改变着土壤的成分结构。

土壤的成分十分复杂，但可以粗略划分为非植物养分和植物养分两大类。

在非植物养分土壤中，以氧化铝和氧化硅为首的许许多多化合物占土壤成分的 90%，它们不是植物需要的养分，通常也不是有害的毒素，它们只是一种填充材料。植物养分中含有的元素约有十多种，比如氮、磷、钾、钙、镁、铁、硫、硼等。

土壤的化学成分虽然很重要，但是如果没有良好的环境，土壤中的养分也不能得到很好的利用。

土壤是许多微小土粒的聚集，这些粒子有大有小，如果都是大颗粒的沙子，颗粒间的空隙很大，水和养分就很容易溜走，植物就不容易捕捉到，就长不好。反过来，如果都是黏土，泥土间的空隙太小，空气进不去，植物因缺乏空气也长不好。

由此可见，适宜植物生长的土壤，不仅要有充足的肥力还要有适当的微小颗粒。

如果说以农业为基础的生物仰仗土壤，土壤也同样依赖地球上的生物。土壤的起源及其属性与该处生存的动植物密切相关，从某种意义而言，土壤由生物创造，是亿万年前生物与非生物相互作用的神奇产物。火山爆发喷出炽热的岩浆，河水流经地表岩石冲刷着最坚硬的花岗岩，冰霜严寒造成岩石碎裂，所有这些过程使得土壤的原初物质得以会聚。继而，生物开始施展创造性魔法，逐渐将这些惰性物质变成土壤。岩石的首层覆盖物地衣，利用酸性分泌物加速了物质的分解过程，使之成为其他生物的生存之所。地衣碎屑、微小昆虫外壳和海洋生物残骸共同构成了原始土壤，苔藓开始在其缝隙处安营扎寨。

地衣，是真菌和光合生物（绿藻或蓝细菌）之间稳定而又互利的共生联合体，真菌是主要成员，其形态及后代的繁殖均依靠真菌。也就是说地衣是一类专化性的特殊真菌。传统定义曾把地衣看作是真菌与藻类共生的特殊低等植物。

苔藓植物是一种小型的绿色植物，结构简单，仅包含茎和叶两部分，有时只有扁平的叶状体，没有真正的根和维管束。苔藓植物喜欢有一定阳光及潮湿的环境，一般生长在裸露的石壁上，或潮湿的森林和沼泽地。

人类真的要感谢地衣、苔藓等珍贵的简单生命给了我们生存的土壤。

生物不仅创造了土壤，也创造了土壤中种类繁多的其他生物。否则，土壤就是一片死沉沉了无生机的地方。这些生物及其生命活动，使得土壤具备了滋养地球绿色植被的能力。

土壤处于永恒变化之中，循环往复，生生不息。岩石风化分解、有机物质腐烂、氮气和其他气体随雨水从空中落下的过程，不断生成土壤中的新物质。同时，生物也会带走土壤中的既有物质暂时使用。微妙而又极其重要的化学变化时刻都在进行着，来自空气和水中的成分被转换成植物生长需要的物质，在所有变化过程中生物起着积极的媒介作用。

黑暗的土壤王国里生活着大量生物。土壤生物研究非常有趣，但通常也最容易遭到忽略。土壤有机物之间如何链接，它们以何种方式与地下地上的世界发生关联，对此我们知之甚少。

土壤中最重要的生物，很可能是那些肉眼看不见的微生物：细菌和丝状真菌，数量多如天文数字。一茶勺表层土壤中可能含有数以亿计的细菌。虽然这些细菌体形极其微小，但一公顷肥沃土壤 0.3 米厚的表土中所含细菌总重量可能高达 1125 千克。

可不能小看细菌，它们不仅是地球的居民，而且是一个极大的家族，是生物的主要类群之一，属于细菌域。细菌是所有生物中数量最多的一类，科学家会告诉你一个惊人的说法：细菌才是地球生物的统治者，我们人类不过是它们的寄生处而已。地球上细菌的数量多如繁星，无处不在。

细菌的形状相当多样，主要有球状、杆状以及螺旋状。细菌对人类活动有很大的影响。一方面，细菌是许多疾病的病原体，包括肺结核、淋病、炭疽病、梅毒、鼠疫、沙眼等疾病都是由细菌所引发。然而，人类也时常利用细菌，例如乳酪、酸奶和酒酿的制作、部分抗生素的制造、废水的处理等，都与细菌有关。在生物科技领域中，细菌也有着广泛的运用。

真菌，是一种真核生物。最常见的真菌是各类蕈类，另外真菌也包括霉菌和酵母。现在已经发现了七万多种真菌，估计只是所有存在的一小半。大多真菌原先被分入动物或植物，现在成为自己的界，分为四门。真菌自成一门，和植物、动物和细菌相区别。真菌和其他三种生物最大的不同之处在于，真菌的细胞有以甲壳素（又叫几丁质、甲壳质、壳聚糖）为主要成分的细胞壁，和植物的细胞壁主要是由纤维素组成的不同。

人类总为自身的适应能力而感到自豪，但细菌在这数十亿年间早已超越了我们。微生物大军在深海、南极等恶劣环境下均能占有一席之地，有些顽固分子甚至能在平流层中生存下来。有一篇报告指出，这些飘浮在高空中的微生物有可能会影响天气、农作物，甚至是人类的健康。

目前人类对大气微生物的认知仍在发展中，大多数研究集中于对流层，即我们生活、呼吸的这一大气水平。美国国家海洋和大气管理局全球监督部门副主任拉塞尔·施内尔曾在 1979 年探究过，为何肯尼亚西部的茶园屡受冰雹"眷顾"。他发现，引发这一现象的部分原因是采茶人在摘起茶叶时将丁香假单胞菌也带到了空气中，而喜茶的微生物膜周围很容易形成冰晶。

菌丝形式存在的放线菌数量比细菌少，但由于其形体相对较大，因此在一定量的土壤中，放线菌与细菌重量大致相当。它们与叫作藻类的微小绿色细胞一起，共同构成土壤中的微生植物界。

让我们走进藻类的天地，像进入小人国似的去认识这个奇妙的微观世界。

藻类是原生生物界一类真核生物（有些也为原核生物，如蓝藻门的藻类）。主要水生，无维管束，能进行光合作用。体形大小各异，小至长 1 微米的单细胞的鞭毛藻，大至长达 60 米的大型褐藻。一些权威专家继续将藻类归入植物或植物样生物，但藻类没有真正的根、茎、叶，也没有维管束。这点与苔藓植物相同。

藻类的概念古今不同。

中国古书上说："藻，水草也，或作藻"。可见在中国古代所说的藻类是对水生植物的总称。在中国现代的植物学中，仍然将一些水生高等植物的名称中冠以"藻"字（如金鱼藻、黑藻、茨藻、狐尾藻等），也可能来源于此。与此相反，人们往往将一些水中或潮湿的地面和墙壁上个体较小、黏滑的绿色植物统称为青苔，实际上这也不是现在所说的苔类，而主要是藻类。藻类植物并不是一个单一的类群，各分类系统对它的分门也不尽一致，一般分为蓝藻门、眼虫藻门、金藻门、甲藻门、绿藻门、褐藻门、红藻门等。

原核生物界中的藻类有蓝绿藻和一些生活在无机动物中的原核绿藻。属于原生生物界中的藻类有甲藻门（或称涡鞭毛藻）、隐藻门、金黄藻门（包括硅藻等浮游藻）、红藻门、绿藻门和褐藻门。而生殖构造复杂的轮藻门则属于植物界。属于大型藻者一般仅有红藻门、绿藻门和褐藻门等。此类大型藻几乎99%以上栖息于海水环境中，故大型藻多以"海藻"称之。

细菌、真菌和藻类是促成动植物腐烂的主要介质，能够将动植物残体分解为无机物。没有这些微生物，碳、氮等化学元素无法完成其在土壤、空气和生物体中的大循环运动。

打个比方，如果没有固氮细菌，即使处在含氮空气的包围之中，植物也会因为缺氮死亡。

固氮细菌是一种能进行生物固氮的各种原核生物的通称，一般情况下它可分为三大类，包括自生固氮菌、共生固氮菌和联合固氮菌这三种。固氮酶对氧极其敏感，因此固氮作用必须在严格的厌氧条件下进行，这对于厌氧固氮菌当然不成问题。但是大多数固氮菌却是必须在有氧条件下才能生活的好氧菌，这就需要一些保护固氮酶免受氧伤害的机制。钒固氮酶通常可以从氮气中生成氨，所以说固氮菌可以将一氧化碳变成燃料。

还有一些有机体形成二氧化碳，成为加速岩石分解的碳酸。土壤中其他微生物发挥着氧化和还原作用，将土壤中的铁、锰、硫等矿物质变得易于为植物所吸收。

土壤中存在着大量微小螨类和一种名叫跃尾虫的原始无翼小昆虫。它们虽然体形微小，却能够在分解植物残体、促进森林地面垃圾转化方面发挥重要作用。其中一些微生物的"禀赋"令人难以置信。例如，有些只能存活在云杉落叶中的螨类，栖居在针形落叶中，消化其内部组织。等到螨虫发育完成，针叶往往只剩下一个空外壳。数量惊人的落叶处理工作，几乎全部由土壤和森林地面的微小昆虫承担完成。它们浸解、消化树叶，并且促进分解出来的物质与表层土壤混合。

除了这些忙碌不停的微小生物，土壤中当然也有不少形体较大的生物。土壤生物涵盖了从细菌到哺乳动物这一完整范围。有些生物一直生活在黑暗的表层土壤中，有的在地下洞穴中冬眠或度过生命循环中的某一阶段，有的生物则自由穿梭于地下洞穴与地表世界之间。总体而言，栖居在土壤中的这些生物有助于空气进入土壤，促进水在植物生长层的疏排与渗透。

在形体较大的土壤生物中，蚯蚓可能最重要。

1881 年，查尔斯·达尔文出版了《腐质土的形成、蚯蚓的作用以及对蚯蚓习性的观察》一书。在这部著述中，达尔文首次向世人介绍蚯蚓在土壤搬运方面起到的重要作用，并描述了如下一幅图景：

岩石表面逐渐盖满蚯蚓从地下搬运上来的细粒土壤，在条件有利的地方，一公顷土地里蚯蚓每年搬运的土壤可能会重达数吨。同时，树叶与草中含有大量的有机物质——每平方米土地每半年可结存 9 千克——被蚯蚓带入地下土穴，混入土壤。达尔文的计算显示，在十年时间内，蚯蚓能够使表层土壤厚度增加 2.5~3.8 厘米。增加表层土壤厚度，绝不是蚯蚓的全部贡献，它们能够使空气进入土壤，保持土壤良好的排水性能，还能够促进植物根系生长。

此外，蚯蚓的存在能够提升土壤细菌的硝化能力，减缓土壤肥力衰退。

注意啊，土壤的"硝化"可不是"消化"。

硝化，是指一个生物用氧气将氨氧化为亚硝酸盐，继而将亚硝酸盐氧化为硝酸盐的作用。尤指将有机化合物转化成硝基化合物或硝酸酯（如用硝酸和硫酸的混合物处理）。硝化作用是土壤中氮循环的重要步骤。这一过程由俄国微生物学家谢尔盖·尼古拉耶维奇·维诺格拉茨基发现。

有机物质通过蚯蚓消化道被分解排泄到土壤中，能够提高土壤肥力。

土壤与生物之间彼此关联，形成一个相互交织的网络，生物依赖于土壤，而只有当土壤中有了这些生物，它才能成为地球的重要组成部分。

我们不能让硝化过程的发现者遗憾和失望。

19 世纪以前，人们认为土壤中的硝酸根（NO_3^-）主要是化学作用的产物，即空气中的氧和氨经土壤催化形成，没有意识到土壤微生物活动对硝酸根形成的重要性。1862 年 L.巴斯德首先指出硝酸根的形成可能主要是微生物硝化作用的结果。1877 年，德国化学家 T.施勒辛和 A.明茨用土壤消毒的方法，证实了铵根（NH_4^+）被氧化为硝酸根（NO_3^-）的确主要是生物学过程。某些特殊的条件下，化学硝化作用也可能发生，只不过因其要求的条件苛刻，与微生物的硝化作用相比生成的硝酸根量很少。1891 年，C.H.维诺格拉茨基用无机盐培养基成功地获得了硝化细菌的纯培养，最终证实了硝化作用是由两群化能自养细菌进行的。其作用过程如下：先是亚硝化细菌将铵根（NH_4^+）氧化为亚硝酸根（NO_2^-）；然后硝化细菌再将亚硝酸根氧化为硝酸根（NO_3^-）。这两群细菌统称硝化细菌。

硝化细菌从铵根或亚硝酸根的氧化过程中获得能量用以固定二氧化碳，但它们利用能量的效率很低，亚硝酸菌只利用自由能的 5%~14%；硝酸细菌也只利用自由能的 5%~10%。因此，它们在同化二氧化碳时，需要氧化大量的无机氮化合物。

土壤中硝化细菌的数量首先受铵盐含量的影响，一般耕地里，每克土中只有几千至几万个。添加铵盐即可使其数量增至几千万个。土壤中性偏碱，通气良好，水分为田间持水量的50%~70%，温度为10~30℃时，最适宜硝化细菌的生长繁殖，铵盐也能迅速被转化为硝酸盐。

自然界中，除自养硝化细菌外，还有些异养细菌、真菌和放线菌能将铵盐氧化成亚硝酸根和硝酸根，异养微生物对铵的氧化效率远不如自养细菌高，但其耐酸，并对不良环境的抵抗能力较强，所以在自然界的硝化作用过程中，也起着一定的作用。

这其中有个令人担忧的问题：无论是直接进入土壤的"杀菌消毒剂"，还是雨水从森林、果园和农田冲刷到土壤中的致命污染，进入土壤的化学毒药，会对生存期间的、具有非凡意义的大量生物造成何种危害？

这个问题很少有人关注。

打个比方,我们使用的广谱杀虫剂能消灭破坏庄稼的穴居动物幼虫，却不会对分解有机物的"益虫"造成危害，这种想法有道理吗？又比如说，我们使用的广谱杀菌剂，真能够确保树根中促进根部营养吸收的真菌免受伤害吗？

事实上，科学家大多忽略了这一极其重要的土壤生态问题，杀虫剂试用人员更不会对其进行思考，昆虫防治人员似乎想当然地认为，土壤能够承受并愿意承受任何加给它的伤害，绝不会反击。

在他们看来，土壤是可以任人宰割的奴隶，是东方封建社会曾经遍布民间的童养媳，是对主子的旨意俯首帖耳逆来顺受的奴婢。在土壤的意识细胞里，抗争的神经系统被完全阉割了，施暴者完全可以对其放心地施以暴虐而不会遭受受虐者任何反抗甚至一丝埋怨。

尊贵的先生们，你们大错特错了。你们应该去听一听中国民间流传甚广的顺口溜："善有善报，恶有恶报，不是不报，时候未到，时候一到，一切都报。"

土壤王国的本质属性，几乎被完全忽视殆尽。

土壤的本质特征和基本属性是肥力。有关土壤肥力的概念，世界各国目前仍无统一的认识。土壤肥力是土壤物理、化学和生物学性质的综合反映，其中，养分是土壤肥力的物质基础，温度和空气是环境因素，水既是环境因素又是营养因素。土壤肥力是土壤各种理化性质的综合反映，土壤肥力是一种属性，并非土壤的物质组成。肥力虽然没有结构和尺寸大小，就像人的素质和能力一样，是一个抽象的概念，但是有具体的表现。影响耕地土壤肥力的因素很多，如土壤质地、结构、水分状况、温度状况、生物状况、有机质含量、pH等，凡是涉及土壤物理、化学、生物性质的因素，都会对土壤肥力造成一定的影响。

相关研究虽然为数不多，却逐渐为人们展现出杀虫剂对土壤造成的危害。目前，专家们的研究结果并不一致，这也不足为奇。土壤类型多种多样，对一处土壤有危害，也许对另一处土壤完全无碍。轻沙质土壤远比腐殖质土壤容易遭受破坏。多种化学药品混合比使用单一化学药品对土壤造成的危害更大。虽然研究结果各有差异，却有越来越多的证据表明危害确实存在，这一点令许多科学家忧心忡忡。

目前，与生物世界密切相关的一些化学转化过程已经受到影响。其中一个例子就是，将空气中的氮转化为可供植物利用的形式的硝化作用。2，4-D除草剂能够造成硝化作用暂时中断。佛罗里达州最近的几次实验显示，林丹（γ-六氯环己烷，俗称"六六六"）、七氯和六氯化苯进入土壤仅仅两周，就会减弱土壤的硝化作用；六氯化苯和滴滴涕施用一年之后仍存在明显毒害作用。

林丹，即γ-六氯环己烷，俗称六六六。2017年10月27日，世界卫生组织国际癌症研究机构公布的致癌物清单初步整理参考，林丹在一类致癌物清单中，六氯环己烷在2B类致癌物清单中。林丹对昆虫有触杀、熏杀和胃毒作用。六氯化苯对酸稳定，在碱性溶液中或锌、铁、锡等存在下易分解，长期受潮或日晒会失效。本品对环境有危害作用，有毒性。

其他实验显示，六氯化苯、艾氏剂、林丹、七氯和DDD，都会阻碍固氮菌在豆科植物根部形成维系其生长必需的节瘤。真菌与高等植物根系之间奇妙而有益的关系因此遭到严重破坏。

大自然得以生生不息，靠的是各物种数量间的微妙平衡，一旦平衡被打破，问题往往非常棘手。杀虫剂造成土壤中某些物种数量减少时，必然会造成另一些物种数量激增，打乱既有的摄食关系。这些变化很容易改变土壤的新陈代谢活动，影响土壤的生产力。这些变化也可能意味着一度受到控制的潜在有害生物体很可能会失控，继而发展成灾害。

关于土壤中的杀虫剂，我们尤其需要记住，杀虫剂在土壤中残留时间很长，并非短短几个月，动辄就是若干年。施用艾氏剂4年后，土壤中仍然能够发现少量艾氏剂残留物和大量艾氏剂转化成的狄氏剂。施用毒杀芬灭杀白蚁10年后，沙土中仍有大量药物残留。

毒杀芬，乳白色或琥珀色蜡样固体（纯品为无色结晶），具有萜（tiē）类气味。不溶于水，易溶于有机溶剂。本品有和樟脑一样的兴奋作用，是造成全身抽搐的毒物。对皮肤有刺激作用，有因采隔天喷过本品的植物引起中毒的报告，另有儿童误服致死的报道。毒杀芬本身在常温下不挥发，多因食物污染或经皮肤侵入引起中毒，于数小时后突然出现间歇性强直性痉挛或休克，常以恶心、呕吐为先兆。严重者痉挛间歇逐渐缩短，终因窒息而死亡。恢复者常遗留神经衰弱及健忘症。皮肤接触时，可出现皮炎、局部红肿或生成脓疮。2017年10月27日，世界卫生组织国际癌症研究机构公布的致癌物清单初步整理参考，毒杀芬在2B类致癌物清单中。

六氯化苯在土壤中的残留时间至少有 11 年，七氯及其衍生物环氧七氯残留时间至少有9年,施用氯丹12年后残留量仍高达原使用量的15%。

最初看似适量的杀虫剂，使用数年后在土壤中的残留量，很可能会累积达到惊人的地步。氯代烃残留性强、残留时间长，每一次施药都是对前一次药物效用的叠加，因此，"一英亩土地喷施一磅滴滴涕不会造成危害"的老套说法，显然毫无意义。检测发现，每公顷马铃薯田滴滴涕残留量为 16.8 千克，每公顷玉米田残留量为 21.7 千克，每公顷蔓越莓湿地残留量则高达 38.8 千克。苹果园土壤中残留量最高，其滴滴涕累积速度与每年施用量同步增长。单个季度内，苹果园喷药超过四次，每公顷土地中滴滴涕残留量就会高达 33~56 千克。

如此经年累月重复施药，苹果园树间土壤中的农药残留量为每公顷 29~76.5 千克，树下土壤中的农药残留量高达 127 千克。

砷是造成土壤永久污染的典型罪魁。20 世纪 40 年代中期起，人们改用有机合成杀虫剂取代含砷喷剂防治烟草病虫害。然而，1932 年至 1952 年间，美国生产的烟草中砷含量却增加了 300%以上。后来的研究发现，砷含量增加到过去的 600%。砷毒理学权威专家亨利·S.萨特利博士认为，有机杀虫剂取代含砷喷剂后，烟草作物中的砷含量却持续增加，这是因为烟草种植园土壤中含有大量剧毒而又不容易溶解的砷酸铅。这种砷酸铅会持续释放可溶性砷。萨特利博士说，烟草种植园的大部分土壤都遭受着 "累积的几乎永久性的毒污染"。没有使用过含砷杀虫剂的地中海东部国家，所产的烟草中就不存在砷含量增加的现象。

我们因此面临着另一个问题。我们不能仅仅关注土壤里发生着什么，还必须关注受污染土壤中吸收了多少杀虫剂，关注有多少杀虫剂残留进入植物组织。这主要取决于土壤类型、农作物种类和杀虫剂属性及浓度。较之其他类型土壤，有机物质含量高的土壤释放毒素少。与其他被研究的农作物相比，胡萝卜吸收杀虫剂残留量更高。如果施用农药林丹，胡萝卜中的林丹浓度远超土壤中的林丹残留。将来，人们种植某种作物之前，必须先检测土壤中杀虫剂的含量。否则，即使不施用农药，作物也可能从土壤中吸收过量杀虫剂，使其达不到上市售卖的安全标准。

这类土壤污染，给至少一家领先的婴儿食品制造商带来了无尽的麻烦。这家制造商拒绝购买任何使用过有毒杀虫剂的水果或蔬菜。罪魁祸首是六氯化苯。植物根系和块茎吸收六氯化苯后，会产生霉变味道。

加利福尼亚州有一块农田，两年前使用过六氯化苯，所产甘薯被发现含有六氯化苯农药残留，因此不能用于加工生产。

有一年，这家食品制造商与南加州地区签订甘薯供应合同，结果发现大部分农田都遭六氯化苯污染。公司被迫从自由市场购买生产所需甘薯，因此造成巨大经济损失。

过去这些年，很多州生产的各类水果、蔬菜，都因无法用于加工生产遭弃置。

花生的问题最令人头疼。

在南部的几个州，花生常常和棉花轮换种植。棉花种植过程中会大量使用六氯化苯。棉花田里后茬轮作的花生会吸收大量杀虫剂。实际上，仅摄入微量六氯化苯，就能令花生产生霉腐味。六氯化苯渗透到果壳中很难清除。食品加工过程不仅不能去除霉腐味，有时反而会加重这种怪味道。去除六氯化苯残留的唯一办法是，拒绝一切施用过六氯化苯或遭六氯化苯污染土壤中生长的农作物。

土壤中的农药残留，有时会直接威胁农作物——只要土壤被杀虫剂污染，这种威胁就一直存在。一些杀虫剂会对豆类、小麦、大麦或黑麦等敏感作物造成伤害，阻碍根系生长或抑制幼苗发育。华盛顿州和爱达荷州啤酒花种植者的经历就是个很好的例子。

1955年春天，由于危害啤酒花根部的象鼻虫泛滥，人们采取大规模灭杀措施。经农业专家和杀虫剂生产厂商建议，人们选择喷施七氯。用药不到一年，喷射过七氯的地方，啤酒花植株开始枯萎死去，没有喷施农药的地方则不存在这一问题。施药和设施药的地方，结果泾渭分明。人们不得不花大价钱在山上重新栽种啤酒花，没料到新种植的啤酒花次年又死掉了。4年后，土壤中仍然含有七氯残留。科学家对此束手无策，既无法预测毒性还会持续多久，也不知道何种措施能够改善受污染土壤的状况。1959年3月，联邦农业部意识到不能在啤酒花田中施用七氯，废止曾经发布的施用建议，但一切都为时太晚。当时，不少啤酒花种植者纷纷诉诸法庭寻求经济赔偿。

只要人们继续使用杀虫剂，顽固的农药残留就会持续在土壤中积存，人类注定会遭遇麻烦。1960 年，锡拉丘兹大学举办土壤生态学研讨会，会上不少专家便得出了如上结论。专家们总结指出，人类使用化学药品与辐射等强效手段，却对其知之甚少，因此造成了危害。人类的一些不当举措，很可能导致土壤生产力的毁灭，致使土壤中节肢动物大行其道。

第六章

地球的绿色斗篷

水、土壤和绿色植物构成的世界，共同滋养着地球上的动物。若非植物利用太阳能量生产出必需的食物，人类就无法生存。

科学家非常尊重地球上的植物，从高大的参天大树到附着在岩石上的地衣。地衣是植物界一个庞大的家族，共有 25 000 多种，它是植物界中很特殊的一类植物，是藻类和菌类两种植物的共生体。真菌从周围环境吸收水和无机盐给藻类使用，含有叶绿素的藻类能借光合作用制造养料，供真菌生长需要，两者可谓相得益彰。大自然的生物链契合得多么巧妙。

由于这种巧妙的结构，地衣具有特殊的化学特性和生理习性，因而对于各种自然条件有着顽强的适应能力。千万年来，它们常常是生存竞争中的优胜者。对于生活环境，它们似乎毫不讲究。从潮汐涨落的地方到百花不能立脚的裸岩绝壁，从古老的荒漠到严寒的两极，到处可见到它们的踪迹。甚至在玻璃铁器、搪瓷和纺织品上，它们都可以落脚生根，因此人们称赞地衣是植物界的拓荒者。

地衣还有一个特点，那就是在不良的环境下，往往停止生长，处于休眠状态，待到条件好转时才恢复生长，所以它们的生长速度十分缓慢，以致不能用月日计算。一位美国植物学家曾对地衣的生长情况进行过追踪测试，发现有些地衣的直径，9 年仅仅增长 2 厘米。

这些绿色植物装扮着我们的星球，构成了环球的绿色图案。绿色植物经历了悠久的年代，繁衍成无数的种类，遍布在地球的每一个角落。

一位古植物学家感慨地说，欧亚大陆在开发前，一只松鼠能够穿越整个大陆，而不需要从树上下来。

这话一点也不夸张。这位科学家是从地球植被的规律性分布角度来说的，他的意思再明白不过了：地球的植被不是孤立的这一块那一块，而是块块相联结、层层相关照的。从高原到平原，从平原到盆地，从盆地到沼泽，从沼泽到湖海，到处都是具有规律性分布的绿色世界。

科学家告诉我们，同地壳的其他因素有规律可循一样，地球上的植被分布也是严格按照一定的规律分布的。

由于气候，特别是热量、水分条件在地球上具有从赤道向两极逐渐递变的明显地带性，因此植被的分布也具有沿着纬线方向延伸的特点，科学家把植被的这种分布规律称为"地带性"或"纬度地带性"规律。这种规律以赤道附近的热带雨林、北半球的寒带苔原和寒温带的针叶林表现得最为典型。它们都呈现明显的带状，并大致与纬线平行。我们如果有机会可以看看地球植物学家的世界林区分布图，就会看到"纬度地带性"规律：把北美大陆和欧亚大陆对照来看，它们虽然有大洋相隔，可是他们中部的植被排列却是一样的，那就是从北向南依次出现苔原、针叶林、落叶阔叶林、草原和荒漠。

"纬度地带性"由于受地形、海陆位置以及某些气候因素的影响，在很多地区会被干扰和破坏，特别在中纬度地区表现得明显。比如欧亚大陆东部，由于受太平洋季风的影响，从沿海向内陆依次出现森林、森林草原、草原和荒漠。这样看来，上述植被带并不与纬线平行，而更接近于经线方向。科学家把这种分布规律称为"经度地带线"或"区域地带性"。

需要说明的是，这些局部的变更是由大自然的干扰和破坏造成的，它们是地球植被发展的规律造成的，即中国人常常说到的"天意"。假如人类添加进自己的主观色彩背离"天意"，去干扰和破坏地球的植被规律，植被坏境情况就大不一样了。

现代人很少会记住这一事实。我们对植物的态度非常狭隘，一旦知道某种植物有直接用途，就会大肆培植；如果出于某种原因觉得某类植物不合需要或无关紧要，就会立即将其灭除。除了各种对人畜有毒的植物和妨碍粮食作物生长的植物外，很多植物遭灭除，仅仅由于人类狭隘地认为它们长错了时间或地方。也有一些植物遭到灭除，仅仅因为碰巧跟人类想要除掉的植物生长在一起。

地球上的植物是生命之网的组成部分。在这个网络中，植物与地球、植物与植物以及植物与动物之间都有着密切而又重要的关联。有的时候，我们别无选择，只能打破这些关联。但做此决定时，我们一定要深思熟虑，要充分了解我们的行为在遥远的未来可能产生的后果。然而，当今除草剂行业势头强劲，销量激增，人们滥用除草剂，其中丝毫看不出人类的谨慎和思虑。

我们在美国西部蒿（hāo）属植物地带改造的事件中，能够明显看出人类在改造大自然方面考虑得不周全。人们大规模清除三齿蒿，想要将那里改成牧场。那片土地及其自然环境历史的研究价值，是大自然中各种力量相互作用的最佳生态典范，它像是一本在我们面前打开的书，通过阅读可以了解土地的历史以及保持土地本源面貌的缘由。然而，我们却没有阅读这本书。

三齿蒿，常绿灌木，高 30~300 厘米，常有浓烈的挥发性香气。分布在整个北美洲西部的山间、草原及草甸地区，生长在干旱和半干旱、荒漠或半荒漠地区的灌木或半灌木的环境中。

生长着三齿蒿的西部高原与山脉斜坡，是由几百万年前落基山系的巨大隆起所形成。那里气候异常恶劣：冬季十分漫长，暴风雪从山上席卷而来，地面积雪不化，夏季高温少雨，土壤干旱严重，劲风造成植物叶尖上水分匮缺。

在朔风横扫的高原生态演化进程中，植物物种若想存活，必定要经历漫长的挫折与调适。无数植物物种被自然淘汰，最终具备对抗所有恶劣环境条件的三齿蒿得以幸存下来。三齿蒿这种低矮灌木能够扎根于山坡和高原，灰绿色的小叶子能锁住水分对抗劲风。广袤的西部高原成为三齿蒿的生长之地绝非偶然，这是大自然长期考验的结果。

此地生活的动物也不例外，与植物一样经受过自然的考验。在漫漫生态演变中，两种动物跟三齿蒿一样完全适应了自然环境，得以生存下来。一种是优雅、敏捷的哺乳动物叉角羚，另一种是号称"西部高原之王"的艾草松鸡。

叉角羚，在角的中部角鞘有向前伸的分枝，故名。植食。奔跑速度非常快，最高时速达 80 千米。一次跳跃可达 3.5~6 米。善游泳。夏季组成 50~100 头左右的小群活动，冬季则集结成上千只的大群。为寻找食物和水源，一年中常进行几次迁移。性机警，视觉敏锐，能看到数千米外的物体。遇险时，臀部的白色毛能立起，向同伴告警。分布于北美洲。

艾草松鸡，是北美洲最大的松鸡。在海拔 1 500~2 200 米之间，具有大小不等的林间空地的高原草地栖息。早晨和黄昏常在较大的林间空地、林缘及阳坡草丛或灌丛中活动，在地面觅食，以三齿蒿、昆虫和其他植物为食物。

三齿蒿和艾草松鸡似乎天生相互依存，两者生长范围高度吻合。随着三齿蒿面积缩减，艾草松鸡数量也大大减少。对艾草松鸡而言，三齿蒿就是它的整个世界。艾草松鸡在山脚下低矮的三齿蒿上筑巢遮护幼鸟，在高处枝叶繁茂的三齿蒿间嬉戏、栖息。三齿蒿是艾草松鸡一年四季的主要食物来源。当然艾草松鸡对三齿蒿也有影响，雄性艾草松鸡在复杂的求偶仪式中，会刨松三齿蒿四周的土壤，有利于三齿蒿附近草类生长。

叉角羚同样适应了三齿蒿。叉角羚是高原地带主要的哺乳动物，每年冬天第一场雪到来之前，会从夏天生活的高山地区迁移到海拔较低的地带。三齿蒿就成了它们过冬的食物来源。此时，其他植物叶子已经落光，只有三齿蒿茎秆上，依然挂满芳香馥郁、略带苦味的绿色叶子。三齿蒿的叶子富含蛋白质、脂肪和其他有益矿物质。尽管三齿蒿上落满积雪，但顶端仍然露在外面。叉角羚用它锋利的前蹄刨两下就能够将积雪刨开。艾草松鸡同样靠三齿蒿过冬，它们会到被风吹走积雪的裸露岩架上寻找三齿蒿，也会跟在叉角羚后面找到那些被刨开积雪的三齿蒿。

三齿蒿为食草动物提供了过冬的生存保障，黑尾鹿经常以它为食。它是冬季牧场牲畜的生存关键。一年中有大半的时间，羊群以三齿蒿叶为主要草料，三齿蒿提供的能量超过了干苜蓿草。

条件恶劣的高原地带，开紫花的三齿蒿、敏捷的叉角羚和艾草松鸡，形成一个完美的自然生态系统。

可眼下呢，已然今非昔比，至少在那些人类企图进行改良的大片土地上，情况发生了变化。

土地管理机构为了满足牧场主的贪婪欲求，打着改良的旗号，将大片土地改造成牧羊场。土地改良意味着这里将被改造为草场，只有牧草，没有三齿蒿。人们要在天然适合三齿蒿与其他草类混生的地方根除三齿蒿，将其改造为纯粹的草场。人们似乎不会去问，此地开发草场是否能够持久？是否能够达到预期的目标？当然大自然的答案是否定的，那里年度降水量少，不能提供优质牧草所需的降水，仅能适宜三齿蒿下的多年生禾草成活。

然而根除三齿蒿的计划已推行数年，因为此事能够为草籽行业和收割机、播种机行业提供巨大市场空间，多家政府机构积极参与，工业部门也推波助澜。化学药品行业成为该计划的最新主力军，每年都有千百万公顷三齿蒿丛被喷施除草农药。

结果如何？目前根除三齿蒿改种牧草的最终结果，很大程度上只能靠推测。很多熟谙土地属性的人说，牧场与三齿蒿混生比单独种植效果好，因为三齿蒿能够帮助锁住土壤中的水分。

即便该项目暂时取得了预期效果，但这个地方密切相连的生命之网已经遭到破坏。叉角羚羊和艾草松鸡将与三齿蒿一同消失，黑尾鹿会因此受到影响。随着野生动植物的毁灭，土地会变得更加贫瘠，甚至连改良土地预计的受益方，即牧场牲畜也会受到牵连。无论夏天的草地多么肥美，没有了三齿蒿、多年生禾草和其他野生植物，暴风雪天气中的羊群也只能挨饿。

这些都只是初期的、显而易见的后果。另一种后果，这与人们对大自然实行的应急之策有关：快速根除三齿蒿的农药，同时也灭除了其他很多植物。威廉·O.道格拉斯法官在其新作《我的荒野：卡塔丁峰以西》中讲述了美国林务局对怀俄明州布里杰国家森林造成的骇人生态破坏。迫于牧民扩张畜牧用地的要求，林务局向 4000 公顷三齿蒿喷施农

药，三齿蒿被如愿清除，但同时遭受厄运的，还有那些蜿蜒穿过平原的
小河畔生长着的垂柳。碧绿的垂柳滋养着很多生命：驼鹿在柳林间生活，
柳树对于驼鹿的重要性堪比三齿蒿之于叉角羚羊；河狸也曾生活在林间，
它们以柳树为食，啃断柳树枝干在溪上筑坝，将小溪分隔成一个个小水
塘。山涧中生长的鳟鱼一般不超过 1.8 米长，在小水塘中，则长得异常
肥美，可以重达 2 千克。水塘也吸引了很多水鸟。柳树和林间生活的河
狸，使得该地区成为绝佳的娱乐休闲区，吸引人们纷纷前来。

　　然而，随着林务局推行"改良"计划，农药灭除了三齿蒿，同时也
令柳树遭殃。1959 年，喷施农药的当年，道格拉斯法官到过此地，看到
枯萎垂死的柳树，大为震惊，将之描述为"不可思议的浩劫"。驼鹿的
情况怎么样？河狸和它们筑建的小水塘情况怎么样？一年之后，道格拉
斯法官回到那片浩劫之地寻求答案。驼鹿与河狸已经杳无踪迹。没有河
狸的精心维护，堤坝已经毁掉了，塘水干涸了，肥美的鳟鱼也销声匿迹
了，小溪流经过炎热、光秃而无遮拦的地区见不到任何生物的影子，这
里的生命世界被彻底破坏了。

　　除了 160 多万公顷牧场每年被喷施农药外，大面积其他各类型土地
也将要接受除草治理。比如公共事业公司管辖的一块面积比整个新英格
兰地区还大的地方（20 多万平方千米），其大部分区域定期接受灌木丛
管控治理。美国西南部对 30 多万平方千米牧豆树进行除灌整治，对大
面积木材生产基地实施空中喷施农药，想要从耐药性强的针叶林中清除
阔叶木。从 1949 到 1959 年的十年间，使用除草剂的农田面积翻了一番，
达到 21.448 3 万平方千米。如今，私家草坪、公园和高尔夫球场接受除
草剂整治的面积加在一起，必定是个天文数字。

　　化学除草剂是一种颇有噱头的新把戏，效果非同凡响，其威力能够
令使用者产生一种凌驾于自然之上的优越感。而除草剂潜在的隐性后果
往往遭到忽视，被简单定性为毫无根据的悲观主义臆断。"农业工程师"
大肆鼓吹"化学耕种"，声称能用喷枪取代犁铧（huá）。成千上万个村
镇的官员对农药推销员、药品经销商的热切说辞深信不疑。这些人吹嘘
说能够轻松解决路边的灌木丛问题，而且花费不多，他们最大的噱头是
喷施农药比用割草机清除灌木花费更低。也许官方的数据表里整整齐齐

地显示着这样的数字。然而，真正的成本不能仅以美元计算，其他各种损失也应计算在内。大规模化学农药广告会产生巨额费用，而农药对环境及各种生物所造成的长期破坏也无法估量。

遍及各地的商会历来看重游客评价，我们不妨也以此为例。曾经美丽的道路两旁被化学农药破坏殆尽，蕨类植物、野花、鲜花浆果点缀的灌木丛变成一片黯淡、枯萎的地方。为此，愤怒的抗议声不断高涨。

一位新英格兰妇女给当地报纸写信投诉说："我们现在把道路两旁弄得肮脏、晦暗、毫无生机。我们花大把的钱宣传这里的美景，然而，游客们想要看到的绝不是这幅景象。"

1960年夏天，来自美国许多州的自然资源保护主义者聚集在缅因州一座静谧的小岛上，聆听全美奥杜邦协会会长米利森特·托德·宾汉姆的演讲。

全美奥杜邦协会，成立于1905年，是世界上历史最悠久的非营利性民间环保组织之一。它的命名是为纪念美国鸟类学家、博物学家和画家约翰·詹姆斯·奥杜邦。学会在美国各地都设有分支机构，这些机构经常组织观鸟等与野生动物保护有关的野外活动。

当天的主题围绕如何保护自然景观，保护从微生物到人类交织构成的复杂生命之网。然而，参会人员在交谈中却个个义愤填膺，谈话内容始终绕不开沿途所见的环境破坏现象。曾几何时，这里的道路两旁叶木常青，长满月桂、香蕨木、赤杨和越橘。现在只剩下一片深褐色的荒凉景象。一位与会者如此描述此次缅因州会议之旅："会议归来……缅因州道路两旁的凄凉萧索令我愤怒。那里的公路两旁曾经长满野花和漂亮的灌木，现在绵延数里，只剩下满目疮痍，如此景象令游客兴味索然，因此造成的信誉损失，缅因州承担得起吗？"

在全国轰轰烈烈开展的道路灌木清理运动中，缅因州不过是其中一例。然而，对我们这些深爱缅因州自然风光的人来说，此事确实令人难过。

康涅狄格州植物园研究专家称，清除美丽的本地灌木和野花，对道路两旁简直是场灾难。

杜鹃的彩色多如锦缎，

白白的山月桂小巧的伞，

蓝莹莹的浆果蓝莓的树，

高山的越橘就是不怕寒。

五福花的英蒾稠密密，

四照花的红果秋满山。

香蕨木的绿鞭弯也直，

矮棠棣（dī）的百花香又甜。

北美冬青喜庆的红果红艳艳，

美国稠李密密的花丛绿油油。

红黑紫黄的野酸梅点缀雏菊，

黑心金光菊让山野黄灿灿。

野胡萝卜花白在旷野，

秋麒麟草点缀基督的教堂。

秋紫菀花开像太阳，

家乡的田园路边，

就是美妙的神的天堂。

美妙的民谣，现在成了令人遗憾的历史，再没有人有什么激情去哼唱了。因为——

在化学药品的威力下，杜鹃、山月桂、蓝莓、越橘、英蒾、四照花、香蕨木、矮棠棣、北美冬青、美国稠李和野酸梅纷纷枯死。那些点缀其间的雏菊、黑心金光菊、野胡萝卜花、秋麒麟草、秋紫菀同样难逃厄运。

农药喷施不仅规划不善，还存在滥用的情况。

在新英格兰南部的一座小镇，承包商在完成喷施作业后，径直将箱体里剩余农药倾倒在未获准施洒农药的林地路旁。结果，道路两旁金黄、淡紫交相辉映的秋日美景不复存在。从前，人们来这里就是为了一睹麒麟草和紫菀花绽放时的迷人景色。

在另一座新英格兰小镇，有位承包商未经公路管理部门许可，私自更改农药喷施规范,擅自将路边植物喷施高度由 1.2 米改为 2.4 米,在树体上留下一道极宽的棕褐色瘢痕。

马萨诸塞州的一位小镇官员,从热情兜售的农药经销商手上买了除草剂,却不知道其中含砷。路旁喷施农药的直接后果之一就是,12 头奶牛砷中毒死亡。

1957 年,奥特福德镇实行路旁喷施除草剂,导致康涅狄格州植物生态保护区的树木严重损毁。没有直接喷施到农药的大型树木也遭到破坏。虽然正值春季万物勃发时节,橡树树叶却开始卷曲、枯萎,随后生出的新树枝长速惊人,压弯了树干。过了半年,原先的大树枝全部枯死,其他树枝的叶子全部落光,只剩下一派扭曲、衰败的景象。

我们知道,一条景色优美的道路,路旁往往长着一大片赤杨、荚蒾、香蕨木和刺柏,每个季节都开满鲜艳的花朵,秋季挂满一串串宝石般的果实。路上没有太多车辆,也没有什么急转弯或岔路口,灌木丛不会遮挡司机的视线。

自从工人开始在这里进行农药施洒作业,曾经美丽的道路变得让人避之唯恐不及。科技的介入,令人们目力所及触目惊心。不过,偶尔也有疏漏情况:由于有些地方官员并没有下决心改造自然,或对农药喷施推行不力,反而意外留下一些美丽的绿洲。然而,在这些"绿洲"的衬托下,遭摧残的路旁景象更加令人无法忍受。每当我在这些侥幸逃脱农药摧残的地方,看到摇曳的白花苜蓿、成片的紫色野豌豆和火红的百合花,我总会精神为之一振。

对那些售卖和使用化学农药的人而言,这些植物都属于"杂草"。我曾在如今定期召开的某杂草防控会议的论文集中读到一篇关于"除草哲学"的奇谈怪论。该文作者认为,仅凭"与杂草混生"这一理由,就应该清除那些"有益的植物"。他说,那些抱怨除掉路边野花的人,令他想起反对活体解剖的动物权利激进分子,"如果按他们那套行为判定的话,流浪狗的生命要比儿童的生命更神圣"。

在这篇高论的作者看来,毫无疑问,我们很多人都有严重性格扭曲的嫌疑。我们喜欢野豌豆、苜蓿草与百合花精致而短暂的美丽,却不能接受犹如被火炙烤过的路旁景象,不能接受灌木丛的枯黄焦萎,不能接受曾经傲然挺立的欧洲蕨如今低垂、蔫奄。我们这些人似乎太过愚钝，能够忍受"杂草"丛生，却不为人类战胜邪恶的大自然、彻底清除杂草而感到欢欣鼓舞。

道格拉斯法官谈到，他曾经出席过一次联邦农业工作会议，讨论居民反对施洒农药灭除三齿蒿的计划。与会者认为，一位老太太竟然因为野花遭毁坏而反对这个计划，简直滑稽透顶。

"牧场工人有权寻找牧场，伐木工人有权寻找树木，而寻找天香百合和虎皮百合，难道不也是她的权利吗？"这位富有同情心而又具有远见卓识的法官反驳道，"原野的美学价值是人类的遗产，就像山脉中的金矿、铜矿和山上的树木一样。"

当然，保护路边植被的愿望，并不仅仅出于审美考虑。在自然界中，自然植被有其存在的价值与必要性。乡村道路两旁和田间地头的灌木丛，是鸟类觅食、栖息和营巢的地方，也是很多小动物的家园。东部各州路旁大约生长着 70 种典型灌木和藤本植物，其中 65 种是野生动物的重要食物来源。

这些灌木也是野蜂和其他授粉昆虫的栖息地。人类非常依赖这些野生传粉昆虫，但很多时候，人类却意识不到这一点，甚至连农民都很少意识到野蜂的价值，经常参与到对其的灭杀行动中。不少农作物和野生植物部分或完全依赖当地授粉昆虫传播花粉，好几百种野蜂参与农作物的授粉过程：仅光顾苜蓿花的野蜂就有 100 种。如果没有昆虫传播花粉，在未开垦土地上保持土壤、滋养土壤的绝大部分植物都会灭绝，进而对整个地区的生态造成深远影响。森林和牧场中的多种牧草、灌木和乔木依赖本地昆虫进行繁殖，而这些牧草、灌木和乔木又是野生动物和牲畜的主要食物来源。现在无覆盖耕种和用农药灭除灌木、杂草的做法，正在夺走授粉昆虫最后的家园，从而切断生命与生命之间的密切关联。

我们知道这些昆虫对农业和自然景观十分重要，应该以礼相待，而不是对它们的家园进行肆意破坏。蜜蜂和野蜂依赖秋麒麟草、芥菜、蒲公英等所谓的"杂草"为幼蜂提供食物。苜蓿开花前，野豌豆为蜜蜂提供必要的食物，帮它们挨过早春时节。秋天，蜜蜂和野蜂完全依靠秋麒麟草储备能量，准备过冬。大自然的时序非常精确，有一种野蜂能够不早不晚恰好出现在柳树开花的那一天。明白这些事理的人不在少数，然而下令对大自然大规模施用化学农药的人也不在少数。

那些自以为懂得固定栖息地对野生动物保护价值的人表现得如何？他们中不少人认为除草剂比杀虫剂毒性弱，对野生动物无害，他们甚至断言除草剂不会造成危害，但是大量除草剂洒向森林、田野、湿地和牧场，会给野生动物栖息地造成显著变化，甚至永久性破坏。从长远来看，破坏野生动物的家园和食物，可能比直接杀戮造成的危害更大。

用化学农药彻底清除道路及公路两旁植被的做法，在两个方面极具讽刺意味。大量使用农药不仅没有解决问题，反而使问题更加严重。事实证明，地毯式喷施除草剂并不能永久控制路旁灌木丛，需要每年重复喷施。更具讽刺意味的是，尽管现在有一种非常妥善的精确喷施法，能够长期防控，且多数情况下无须重复施用，人们却依然固守地毯式喷施法。

治理道路和公路两旁灌木丛的目标，并非要彻底铲除青草之外的一切植被，而是要清除最终长势过高、可能遮挡司机视线或干扰公路布缆的植被。通常而言，清除的对象主要是乔木和高大灌木。大部分灌木并不高，不会造成安全隐患，蕨类植物和野花当然更不会造成隐患。

"精确喷施法"是弗兰克·艾格勒博士担任美国自然历史博物馆公路坡边灌丛防治建议委员会主任时提出的。由于大部分灌木具有抵御乔木入侵的天性，"精确喷施法"便利用了大自然的这一内在稳定特征。相对而言，草地更容易被乔木树苗入侵。精确喷施并不是为了在道路坡边培植青草，而是通过清除高大的木本植物来保护其他植物。精确喷施只需一次就能够达到预期效果，对耐药性非常强的某些植物或需要追加一次。这样一来，灌木能够得到很好的防控，乔木也不会卷头重来。效果最好、花费最少的防控做法不是化学农药，而是其他植物。

该方法的使用效果已在美国东部部分地区进行了测试。结果显示，只要处理得当，受测地区植被就能够形成稳定状态，至少 20 年内不需要重复喷药。喷施工作通常由工人背负喷雾器徒步完成，以进行准确作业，也可以把压缩机泵和待喷施药物安装在卡车底盘上完成，但绝不是地毯式喷施。喷施的对象，只是那些必须清除的乔木和高大灌木，环境的完整性因此得以保护，宝贵的野生动物栖息地不会遭受厄运，灌木、蕨类和野花的美好世界也不会被破坏。

很多地方已经开始采用"精确喷施法"进行植物防控管理，但多数情况下，根深蒂固的行为模式很难改变，地毯式喷施长盛不衰，不仅持续花费纳税人的巨额费用，也持续对生态网络造成破坏。当然地毯式喷施法继续盛行，只是因为大多数人不了解真相，一旦纳税人知道有一种方法可以 20 多年喷施一次无须每年付费，他们肯定会抗议并要求改换喷施方法。

精准喷施法优点非常多，其中之一是能够将用药量控制到最小，无须漫天喷撒，只要对乔木根部进行有针对地喷施，对野生动物的危害也因此被降到最低。

使用最广泛的除草剂是 2，4-D、2，4，5-T 以及相关的化合物。这些农药是否有毒尚存在争议。在自家草坪上喷施 2，4-D 除草剂并有过药剂接触的人，有些患上严重神经炎，有些甚至造成瘫痪。尽管这些案例并不常见，一些权威专家还是建议人们谨慎使用此类药物。使用 2，4-D 除草剂，可能还会引发其他一些隐性危害。实验显示，2，4-D 除草剂能够干扰细胞内呼吸的基本生理过程，能够像 X 射线一样对染色体造成破坏。最新研究表明，即使是远低于致死剂量，2，4-D 除草剂和其他一些除草剂都可能危害鸟类繁殖。

理解"染色体"，可不能望文生义，简单地把它理解为美术方面的事情。

染色体是细胞核中载有遗传信息的物质，在显微镜下呈圆柱状或杆状，主要由 DNA 和蛋白质组成，在细胞发生有丝分裂时期容易被碱性染料（例如甲紫和醋酸洋红）着色，因此而得名。

1953 年 4 月，《自然》杂志刊登了美国的沃森和英国的克里克在英国剑桥大学合作的研究成果：DNA 双螺旋结构的分子模型，被誉为 20 世纪以来生物学方面最伟大的发现。

1956 年，美籍华裔遗传学家蒋有兴首次发现人的体细胞的染色体数目为 46 条，标志着人类细胞遗传学新的开端。46 条染色体按其大小、形态配成 23 对,第一对到第二十二对叫作常染色体,为男女共有,第二十三对是一对性染色体,雄性个体细胞的性染色体对为 XY;雌性则为 XX。

破坏染色体,危害鸟类繁殖!这不是断子绝孙的危险举动吗?

除了直接的毒性作用,有些除草剂还会造成奇怪的间接危害。人们发现一些动物,无论是野生食草动物还是牲畜,会被某些施药植物吸引。奇怪的是,这些植物原先并非它们的天然食物,如果施用的是砷类剧毒除草剂,这些动物对施药植物的强烈欲望,必定会导致灾难性后果。要是碰上食物自身含毒或长有芒刺,即便毒性弱的除草剂也会造成致命后果。

举个例子,牧场里的含毒杂草在喷药后突然对牲畜产生强烈吸引,而没能抵抗住诱惑的牲畜食用毒草后死亡。兽医药文献集中有很多类似的案例:猪吃了喷过药的苍耳染上重病,羔羊吃了喷过药的水飞蓟发病,蜜蜂采食喷药芥菜花中毒。野樱桃叶子本身有剧毒,喷过 2,4-D 除草剂后,对牛产生致命吸引力。显然植物在喷药后因为枯萎而改变了形态,从而对牲畜有了吸引力。狗舌草的情况与此相同,除非在冬末春初饲料匮乏时,牲畜通常会避食这些植物,然而喷施 2,4-D 除草剂后,牲畜会一反常态,热衷吃狗舌草。

诱发牲畜行为异常的原因,可能是化学药品造成植物代谢改变。

代谢,是生物体内所发生的用于维持生命的一系列有序的化学反应的总称。这些反应进程使得生物体能够生长和繁殖,保持它们的结构以及对外界环境做出反应。代谢通常分为两类:分解代谢可以对大的分子进行分解以获得能量(如细胞呼吸);合成代谢则可以利用能量来合成细胞中的各个组分,如蛋白质和核酸等。代谢可以被认为是生物体不断进行物质和能量交换的过程,一旦物质和能量的交换停止,生物体的结构和系统就会解体。那么,一旦植物的代谢发生改变,植物的本性特征也就变得面目全非了。

喷药处理后,植物体内糖含量显著增高,因此对很多动物具有更大吸引力。

2,4-D 除草剂的另一个奇怪作用,对牲畜、野生动物和人类都会造成重大危害。

大约10年前的实验表明，喷施过2，4-D除草剂的玉米和甜菜硝酸盐含量急剧增高。人们因此怀疑高粱、向日葵、紫鸭跖草、蔓生藜草、苋菜和荨麻等也会发生类似情况。牲畜对其中某些植物通常兴趣并不大，可一旦喷施过2，4-D除草剂，它们就会吃得津津有味。一些农业专家说，许多牲畜死亡，都能够追溯到施过农药的杂草。

反刍（chú）动物首当其冲。

反刍动物是偶蹄目中的一个亚目。反刍是指进食一段时间后，将在胃中半消化的食物返回嘴里再次咀嚼，反刍动物就是有反刍这种消化方式的动物，通常是一些食草动物，因为植物的纤维是比较难消化的。反刍动物采食一般比较匆忙，特别是粗饲料，大部分未经充分咀嚼就吞咽进入瘤胃，经过瘤胃浸泡和软化一段时间后，食物经逆呕重新回到口腔，经过再咀嚼，再次混入唾液并再吞咽进入瘤胃。除骆驼和骆马以外，反刍动物都没有上门牙，而是在相应的位置上长着坚硬的齿龈，用来支撑下门牙要撕咬的东西。进食时，反刍动物粗略咀嚼后咽下食物（主要是草木和小树枝），然后躺着或坐着将食物重新返回口中细嚼一遍。

就反刍动物的特殊生理机能而言，硝酸盐含量增高会造成严重问题。大部分反刍动物的消化系统都非常复杂，包括由四个腔室构成的复胃。纤维素的消化通过其中一个腔室的瘤胃微生物运动完成。

瘤胃微生物是共生在牛、羊、鹿和骆驼等反刍动物瘤胃中的细菌和原生动物等微生物的总称。瘤胃微生物除有细菌和原生动物外，还能见到酵母样微生物和噬菌体。数量极多。反刍动物可为它们提供纤维素等有机养料、无机养料和水分，并创造合适的温度和厌氧环境，而瘤胃微生物则可帮助反刍动物消化纤维素和合成大量菌体蛋白，最后进入皱胃（真胃）时，它们便被全部消化，又成为反刍动物的主要养料。

一旦反刍动物食用硝酸盐含量异常高的植物，其瘤胃的微生物就会对硝酸盐起作用，将之转化为剧毒亚硝酸盐。

亚硝酸盐，一类无机化合物的总称。主要指亚硝酸钠，亚硝酸钠为白色至淡黄色粉末或颗粒，味微咸，易溶于水。外观及滋味都与食盐相似，由亚硝酸盐引起食物中毒的概率较高。亚硝酸盐能将血液中正常携氧的低铁血红蛋白氧化成高铁血红蛋白，因而失去携氧能力而引起组织缺氧。成人摄入 0.2~0.5 克的亚硝酸盐即可引起中毒，3 克导致死亡。

2017 年 10 月 27 日，世界卫生组织国际癌症研究机构公布的致癌物清单初步整理参考，在导致内源性亚硝化条件下摄入的硝酸盐或亚硝酸盐在 2A 类致癌物清单中。

硝酸盐转化为剧毒亚硝酸盐后，进而引发后续一系列致命变化：亚硝酸盐作用于血色素，产生一种褐色物质，这种物质会将氧气禁锢其中，使之无法通过肺传送到身体的各个组织，不用几个小时就会造成牲畜缺氧死亡。这样一来，牲畜食用喷施 2，4-D 除草剂的植物后死亡就有了合理解释。反刍类野生动物鹿、羚羊、绵羊和山羊等，也面临同样的危险。

造成硝酸盐含量增高的原因有很多种，比如异常干燥的天气。但是，2，4-D 除草剂销量和用量的飙升不容忽视。威斯康星大学农业实验站非常重视这一点，认为能够证实 1957 年发布的警示"2，4-D 除草剂清除的植物中可能含有大量硝酸盐"。除草剂造成植物硝酸盐增高，不仅会给动物造成危害，同样也会危及人类。这就是为什么最近接连发生了奇怪的"粮库死亡"事件。含有大量硝酸盐的玉米、燕麦或高粱入库贮存后，释放出有毒的一氧化氮气体，给进入粮库作业的人，造成致命危险。只要吸入几口这样的气体，就会导致吸入性肺炎。明尼苏达大学医学院研究的系列类似病例中，全部患者中仅有一例侥幸存活下来。

卓越的荷兰科学家 C.J.布雷吉总结除草剂使用情况时说："这一次人类对自然界的做法，仍然像大象闯进瓷器店那样莽撞、粗鲁。我认为人类太过于想当然，甚至不懂如何区分庄稼中哪些是有害杂草，哪些是有益杂草。"

人们很少问及杂草与土壤之间是何种关系，即便从狭隘的利己主义角度去看，杂草也可能会对土壤有用。我们知道，土壤和生长其间的动植物相互依存，相互滋养。诚然，杂草会吸取土壤中的养分，但也可能会为土壤提供保护。最近，荷兰某市的几家公园提供了很好的例证。公园里的玫瑰培植出了问题，土壤取样显示其中存在大量线虫，荷兰植物保护局的科学家并未推荐喷施化学药剂或进行土壤治理，反而推荐人们间作金盏花，这些无疑会被纯化论者视作"杂草"的金盏花的根部能够分泌一种杀死土壤线虫的物质，人们采纳了这一建议。为了进行对比观察，人们选择其中一些玫瑰花圃间作金盏花，结果令人惊奇，间作金盏花的玫瑰长势喜人，对照组的玫瑰花却蔫耷枯萎。现在很多地方用种植金盏花的办法防治土壤线虫。

人类也许尚未发现，很多被无情清除的植物，都对维持土壤健康有好处。通常被蔑称作杂草的自然植物群落，一个重要功能就是用作土壤质量评价指标，包括其物理指标、化学指标和生物学指标。当然，喷施过化学除草剂的土壤中不会有该项指标数据。

那些动辄采用喷施农药解决问题的人，忽略了另一件具有重要科学意义的事情：人类需要保护自然植物群落。我们需要将之作为参照，衡量人类活动对大自然的改变。我们需要自然植物群落，作为昆虫和其他微生物的栖居地，以保持其原始种群。

可怕的是，森林的生态环境保护，还压根没有进入人类的神经系统。

森林被誉为地球的肺，它是地球上造氧能力最强的绿地。地球上的生物赖以生存的氧，有很大一部分是森林制造出来的。据初步统计，全球森林每年大约能使 550 亿吨二氧化碳变成木材，同时释放出 400 多亿吨氧气，除了大气，森林便是二氧化碳的第二大储藏库。森林除了是地球物种的基因库、生物的乐园、人类食物和木材来源的基地外，它还是物质和能量的交换站，是地球气候的调节器。森林可以有效地涵养水源和保持水土，具备显著的防风固沙功效。它每年要吸收大约 250 亿吨水与相应的二氧化碳合成有机物，而通过森林蒸腾的水量就更大。森林通过光合作用而固定的太阳能量占整个生物圈总量的一半左右。森林在保护环境和调节地球气候中，占据着举足轻重的地位，破坏森林会引起地球气候异常。

过去人们总认为地球上的动植物分布是由降水量和日照量等气候因

素来决定的，也就是说动植物分布受气候影响，而动植物的分布特别是森林的分布，不能影响气候。现在人们已经从惨痛的事实中发现，气候与动植物分布是建立在一种动态平衡基础上的统一体，两者相互影响，哪一方出了问题，另外一方也会受到牵连。某一地方的森林一旦受到破坏，影响的不仅仅是这一地区的气候与环境，还影响了整个地球的气候与环境。例如西非的森林破坏，不仅给撒哈拉地区带来严重的影响，还会给西非以外的其他地区带来很大的影响。比如，它会使欧洲大陆和中国沿海地区的夏天降水量明显减少，日本的降水量大大增加。

曾有科学家建议，赶在昆虫、螨虫等基因结构进一步改变前，建立专属"园区"，对它们进行保护。

不少专家警示，持续使用除草剂会造成不易显现却影响深远的植被变化。2，4-D 除草剂在灭除阔叶植物的同时，会导致草类因失去竞争对手而疯狂生长，有些草已经泛滥成需要防控的"杂草"，引发新一轮杂草清除问题。最近一期关注农作物问题的杂志提到过此类怪现象："随着2，4-D除草剂的广泛使用，阔叶杂草被根除，禾本科杂草日益成为玉米和大豆产量的威胁。"

花粉症的主要病原豚草，能够非常生动地说明人类企图控制自然，却反而自食苦果的行为。

豚草是一年生草本植物，再生力极强。茎、节、枝、根都可长出不定根，扦插压条后能形成新的植株，经铲除、切割后剩下的地上残条部分，仍可迅速地重发新枝。侵入裸地后一年即可成为优势种。其极强的生命力，可以遮盖和压抑土生植物，造成原有生态系统的破坏，农业减产，消耗土地中的水分和营养，造成农业损失惨重；豚草的蔓延蚕食了大片土地，造成农作物撂荒，对生态环境造成较大威胁。

豚草花粉是引起人体一系列过敏性变态症状——花粉症的主要病原。空气中豚草花粉粒每立方米有40~50粒，人群就能感染花粉症（秋季花粉症）。患者的临床表现为眼、耳、鼻奇痒，阵发性喷嚏，流鼻涕，头痛和疲劳；有的胸闷、憋气、咳嗽、呼吸困难。年久失治的还可并发肺气肿、肺心病，甚至死亡。豚草植株和花粉还可使某些人患过敏性皮炎，全身起"风疱"。

在美国每年花粉症患者达 1 460 万人。加拿大也有 80 万人。苏联克拉斯诺尔达地区，在豚草花期约有七分之一的人因患花粉症无法劳动。因此，豚草被定义为国际检疫杂草、公害杂草。有关专家告诫，由于中国人口基数大，尽管患花粉症的人只有 10%，但如果不趁豚草泛滥之初尽快清除，将来患病人数绝不亚于欧美。

可是，我们将事情做绝了。

人们以防控豚草为名，向道路两旁喷施几千升的化学农药。然而不幸的是，地毯式喷施不仅没有减少豚草，反而令其生长得更加繁茂。豚草是一年生草本植物，需要开阔的地方才能出苗，因此防控豚草最好的办法，就是保护其周围灌木、蕨类植物和其他多年生植物茂密生长。频繁喷施农药，使得保护性植被遭到清除，反而为豚草出苗提供了良好的空间。此外，空气中的豚草花粉含量也很可能与路旁豚草无关，而是来自城市废地和休耕农田里的豚草。

秋熟旱作物地恶性杂草马唐草，发生数量、分布范围在旱地杂草中均居首位，以作物生长的前中期危害为主。

专用除草剂销量激增，是这种错误杂草防治做法的又一例证，比起每年喷施马唐草除草剂，有一种花费更少效果更好的办法，那就是制造一种竞争环境，令马唐草在竞争中失去存活优势。马唐草只能在长势不好的草坪成活，这是其特性而非植物疾病。马唐草需要比较大的出苗空间，保持土壤肥沃，促使其他草类苗壮生长，就能够对马唐草产生较好的遏制作用。

郊区居民置这些基本事实于不顾，只会听从那些受农药生产厂商蛊惑的苗圃工人的建议，每年在自家草坪使用大量除草剂灭除马唐草。很多化学药剂含有汞、砷和氯丹等有毒物质，但商品名称上却不会有任何成分属性标识。参照推荐剂量使用，会造成草坪上大量农药残留。比如有一种农药，如果参照使用指南喷施，就相当于每公顷草坪投放 67.5 千克氯丹，如果替换施用另一种农药，就相当于每公顷草坪投放 197 千克。

因此造成的鸟类死亡数量令人扼腕，这些草坪对人类的毒害可想而知。

对道路和公路坡地植被进行精确喷施获得的成功，给了人们的希望。农田、森林和牧场等植被防治项目，可以采取同样可靠的生态防治方法。生态防治不应当以毁灭某一植物为目的，而应当具有生物群落的治理观念。

不少可靠事例显示了人类在植被防控方面的能力。在遏制不想要的植物方面，生物防治取得了显著成果。如今困扰人类的许多问题，大自然都曾碰到过，且往往能用自己的方式妥善解决，人类如果能够在这方面观察自然、模仿自然，也一定能够取得成功。

加利福尼亚州克拉马斯草问题是这方面的典型案例。克拉马斯草（贯叶金丝桃），又叫山羊草、圣约翰草，原生地为欧洲。随着早期欧洲西迁移民进入美洲大陆，1793 年首次出现在美国宾夕法尼亚州兰开斯特市附近，1900 年传至加利福尼亚州克拉马斯河附近，并因此得名。1929年，克拉马斯草蔓延约 400 平方千米牧场，到 1952 年约有 1 万平方千米牧场遭到克拉马斯草的入侵。

克拉马斯草不像三齿蒿等本地杂草，不仅当地生态链中没有它的位置，也没有动物或其他植物需要它，相反凡是出现了这种草的地方，牲畜食用后就会"长满疥疮，口腔糜烂，没有生气"。克拉马斯草入侵的土地价格因此下跌。

克拉马斯草在欧洲从来没有造成过问题，因为伴随该植物生长着很多种昆虫。这些昆虫大量食用克拉马斯草，从而遏制其泛滥成灾。尤其是来自法国南部的两种豌豆大小的金属色甲虫，简直与克拉马斯草相伴相生，完全以之为食，靠其繁殖后代。

1944 年，这两种甲虫被首次运到美国，开北美洲利用昆虫进行生物防治之先河，具有重要的历史意义。到了 1948 年，两种甲虫得到大量繁殖与扩散，无须继续从国外进口。人们首先从原生地收集甲虫，再以每年上百万只的数量将其投放出去，促成甲虫扩散。在较小区域内甲虫会自行扩散，只要某地的克拉马斯草已灭绝，它们就能精确地找到新领地。甲虫有效地遏制克拉马斯草之后，人们需要的牧草得以繁茂生长起来。

1959 年完成的一项历时 10 年的调查报告显示，通过甲虫进行生物防治，使克拉马斯草锐减至最初的 1%，结果"远远超出最乐观的预期"。甲虫的大量繁殖不会给人类造成危害，人类也需要保持一定数量的甲虫，以免克拉马斯草再次卷土重来。

澳大利亚也有着花费较少却非常成功的杂草防治案例。

在澳大利亚布尔纳格城的广场上，有一座奇怪的纪念碑，纪念碑上塑有一条大毛虫。

人们为什么要为纪念毛虫而建立纪念碑呢？这里有一个关于生态平衡的历史事件。

澳大利亚大陆面积约为 769 万平方千米，是世界最小的大陆，由于它早在 7 500 万年前的中生代末期，就与世界其他大陆失去联系，孤悬在太平洋西南部，因而形成了生物原始、种类贫乏的古老动物区系。在哺乳动物方面，除澳洲犬、蝙蝠和老鼠是后来从外地迁入的之外，便没有其他真兽亚纲的高级哺乳类，有的只是鸭嘴兽、针鼹等原兽亚纲和袋鼠等后兽亚纲的动物。

在澳大利亚，人们由于生物引种得到极大的好处，例如引入的小麦和羊牛，发展成为小麦输出国和世界最大的羊毛产地，但也因为引种而带来了一次又一次的生态危机。

早期的殖民者都有将动植物携带到新国家的惯例。1787 年，一位名叫亚瑟·菲利普的船长，携带多种仙人掌抵达澳大利亚，试图用其饲养可作染料的胭脂虫。一些仙人掌从他的院子里扩散出去，到 1925 年，约有 20 种仙人掌在野外生长。在这片新土地上，不受自然控制的仙人掌扩张速度惊人，最终占据了约 24 万平方千米土地。其中一半以上的土地上，仙人掌、仙人球生长繁密，导致土地丧失了使用价值。

1920 年，一批澳大利亚昆虫学家前往南、北美洲，研究当地仙人掌的昆虫天敌。特别研究了阿根廷的仙人掌没有成为灾祸的原因，是由于那里有专门吃仙人掌的加布克拉斯毛虫，经过对数种昆虫的反复实验，1930 年，30 亿只阿根廷飞蛾卵被投放到澳大利亚。七年后，最后一片长势繁密的仙人掌地区被清理，一度不宜居住的地方又可以供人们居住、放牧了。昆虫防治的花费为每英亩不到 1 便士。相反，早期效果不尽人意的化学农药控制花费却高达每英亩 10 英镑。

这两个案例均表明，除治人们不想要的植物，最行之有效的办法，也许应当关注植食性昆虫的作用。这些昆虫在食草动物中也许最为挑剔，但它们高度专一的摄食习性完全可以为人类所用。

然而牧场管理科学却基本忽视了这一可能性。

他们还忽视了细菌可以除草这个事实。

不少庄稼得病是微生物侵害的缘故，倘若能在真菌、放线菌、细菌等微生物中找到只引起杂草得病的种类，让它们去对付杂草，那该有多好呀。这就是以菌除草。比如放线菌，是一群革兰阳性细菌。放线菌因菌落呈放线状而得名。放线菌在自然界分布广泛，主要以孢子或菌丝状态存在于土壤、空气和水中，尤其是含水量低、有机物丰富、呈中性或微碱性的土壤中数量最多。放线菌只是形态上的分类，属于细菌界放线菌门。土壤特有的泥腥味，主要是放线菌的代谢产物所致。

大豆田里的恶性杂草菟丝子是有名的"吸血鬼"，它们自己不能进行光合作用，专门靠寄生在豆类植株上过日子，而且扩展蔓延的速度非常快。据观察，每个生长点一昼夜能生长 10 厘米左右，它的丝状菌有强烈的再生能力，折断了的茎段，只要存着一个生长点，就能"东山再起"，发育成一株新的菟丝子。菟丝子可以使大豆减产 10%~20%，严重时甚至会使成片大豆颗粒无收。

1963 年，中国山东省农业科研部门的科技人员在大豆菟丝子上发现了一种病害。这是由一种无毛炭疽病菌引起的。"冤家路窄"，这种真菌不危害大豆和其他植物，却专找菟丝子的麻烦。技术人员将这种真菌分离出来并进行培养，再把它们喷到健康的菟丝子上，使之迅速得病死亡。一般采用这种真菌进行防治，效果可以达到 85% 以上，人们把这种真菌制剂命名为"鲁保一号"。

"鲁保一号"真菌的真丝会穿透菟丝子的表皮，吸收其体内营养。真丝不仅生长迅速，还会分泌大量的毒素，破坏菟丝子细胞，使之枯萎死亡。

真菌治杂草还有一例。墨西哥有一种牧场菊科杂草，一度曾在夏威夷泛滥成灾。它侵入并占领了牧场的土地，使牛无草可吃，为此，美国于 1974 年从牙买加引进一种小白尾孢属的真菌，让它们扑灭杂草，结果第二年就获得了成功。现在这种真菌已开始工业化生产供除草之用。

在美国南部地区的稻田中，常有一种豆科杂草。科学家在本国的阿肯色地区发现一种炭疽菌加以培养，用于防治这种杂草，效果比有的化学除草剂还好，除草效果达 90% 以上。这就使当地因这种杂草所造成的损失，由每年 550 万美元下降到 280 万美元。

清除杂草只是农业生产上的一种保护措施，并不是要把所有的绿色植物都清除掉。绿色植物是我们地球的斗篷，我们还得认真地去养护它们。

让我们站在更高的角度，来看待保护好地球的斗篷——植物的重大意义。高瞻远瞩的科学家这样告诉我们：人类的未来，将是植物能源大放异彩的时代。

当今世界消耗的主要能源煤、石油、天然气、页岩油、沥青砂和铀，都是一次性能源，大自然生成它们需要几十亿年。而现代世界只需用三个世纪就会把它们耗掉。

国际能源专家告诫，西方工业国家的人均耗能，在 21 世纪已经超过了合理的限度。假如所有国家人均耗能都像美国、加拿大和瑞典那样高，那么世界的能源也许早就枯竭了。

太阳是一个取之不尽、用之不竭的能源宝库，它每秒投射到地面的能量，相当于 550 万吨煤燃烧释放的能量。不难想象，人类将以空前壮阔的规模，日臻完美的手段，在各个领域和日常生活中充分利用太阳能。科学家们预言，在 21 世纪的能源构成中，太阳能发电将占重要地位。

然而，有的科学家把眼光转向了绿色植物。

他们认为，绿色植物的光合作用将太阳能转化为化学能，是固定利用太阳能的最佳手段。植物能源是未来最洁净和廉价的能源，开发植物能源是一种充分利用自然力、最经得起岁月考验的战略抉择。科学家们证明，叶绿体的构造和机制，类似于人们经过艰辛努力终于发明的太阳能电池的微观结构原理。线粒体的构造与机制，类似于人们发明的燃料电池的微观结构原理。叶绿体、绿色植物的光合作用乃是地球上植物和动物包括人类生存的主要能源。

煤炭是远古的森林，石油是远古的生物，都是绿色植物光合作用直接、间接的产物。目前估算，地球上的植物每年通过捕获和储存太阳能制造出约 1 100 吨纤维素和难以计数的糖分子和木质素，人们可以利用植物的光合作用，把太阳能转化为电能，这比制造日光捕集器便宜得多。通过微生物和酶的分解以及热化学处理，就可以充分利用其热能、营养物质和矿物成分，产生气体和液体燃料。这是植物能源将在未来世界中成为人类主要能源的科学方法。

从植物提炼乙醇、甲醇等液体燃料，将在开发植物能源中占主要地位。植物能源在未来有着重要地位，据此，世界一些国家都在广泛研究植物能源的开发利用。有的科学家满怀激情地称颂，植物能源之花将盛开在世界的每一个角落，给人们带来希望、光明和幸福。未来，将是植物能源大放异彩的时代。

第七章

全无必要的清剿

人类在朝着征服大自然的既定目标前进的过程中，造成过令人痛心的巨大破坏，不仅破坏了人类自身居住的地球，也危害到了与之共享地球家园的其他生物。过去的几个世纪，见证了多次恶性事件：灭绝性屠杀西部平原野牛，疯狂捕杀鸟类用于商业买卖，灭绝性猎杀白鹭以获取羽毛。如今，凡此种种之外，人类愈发变本加厉，向土壤中肆意喷施各类杀虫剂，直接造成鸟类、哺乳动物、鱼类和几乎所有野生动物死亡。

在企图主宰世界的理念指导下，没有什么能够阻挡人类的喷雾枪。在消灭昆虫的征战中，人类毫不在乎那些意外遭牵连的受害者。如果知更鸟、野鸡、浣熊、猫或者牲畜碰巧与目标昆虫栖居在一起而遭受农药喷施，谁也不应该抗议。

在古老的东方中国，有一则古老的成语故事，叫作"城门失火，殃及池鱼"。

南北朝时期，北方的东魏有一员大将，叫侯景，坐镇河南，拥有十万军队。因为与大丞相高欢之子高澄不和，在东魏武定五年（547 年）背叛东魏，投降西魏。高澄派韩轨讨伐侯景，侯景担心与西魏的联系被切断，又投降南方的梁朝。

梁朝许多大臣认为侯景反复无常，不能接受他的投降，损害和东魏的友好关系。但是 84 岁的梁武帝却相信这是统一国家的预兆，接受侯景投降，封他为河南王。

这年八月，梁武帝派萧渊明率领军队讨伐东魏。九月，萧渊明的军队逼近彭城（今江苏徐州）。十一月，高澄派高岳和慕容绍宗率军救援彭城，派杜弼担任救援大军的军司。慕容绍宗用诱敌之计，引诱萧渊明深入追击，然后以伏兵夹击，活捉萧渊明，梁军伤亡逃走的有几万人。

大胜之后，军司杜弼写了一篇给梁朝的檄文。文中说："东魏皇帝和大丞相有心平息战争，所以多年和南朝通和。现在侯景生了叛逆之心，先投靠西魏，后来又说尽好话投靠梁朝，企图容身。而梁朝君臣竟然幸灾乐祸，忘了道义，结交奸人，断绝了与邻邦的友好关系。侯景这样的卑鄙小人，一有机会还会兴风作浪。"

杜弼在檄文里举例子说："但恐楚国亡猿，祸延林木，城门失火，殃及池鱼。"意思是提醒梁朝君臣：怕只怕楚国的猴子逃亡，灾祸延及林中树木；宋国城门失火，连累池中鱼儿遭殃。将来会使长江淮河流域、荆州扬州一带的官员、百姓无辜地遭受战争之苦。

正如杜弼文中所说的一样，第二年八月，侯景发动叛乱，造成梁朝多年政局动荡，使人民遭受战乱的苦患。

那些受害者是"意外"遭牵连的，可是，主管者明明知道会"伤及池鱼"，却还是要一意孤行。

如今那些为受害野生动物主持公道的人左右为难，一方面环保人士和野生动物学家断言，杀虫剂对野生动物造成了严重危害，有些危害甚至是灾难性的。另一方面，虫害防控部门断然否认杀虫剂造成的危害，声称即便有危害，也算不上太严重，我们到底应该接受哪一方的观点呢？

证人资质的可靠性至关紧要。

野生动物学家因为致力于野外研究，最有资格发表农药防控是否对野生动物造成伤害的言论。昆虫学家受其专业的限制，往往不具备这样的资格。昆虫学家一则没有受过专业野外训练，再则心理上也不愿意承认昆虫防治项目造成了不良副作用。然而，联邦政府和各州昆虫防治专家，当然还有杀虫剂生产商，却义正词严地驳回了野生动物学家的报告，声称并没有发现昆虫防控造成野生动物伤亡的证据。

据《圣经·路加福音》记载，有一个人从耶路撒冷下耶利哥去，落在强盗手中，强盗剥去他的衣裳，把他打得半死丢在路旁。一个祭司经过看见后，径直从另一边走开；又有一个利未人来到这地方，看见遭难的人照样从另一边走开。唯有一个撒玛利亚人经过时，动了慈心，上前用油和酒倒在遭难人的伤处，包扎之后和他骑上自己的牲口，带到店里去照应。法律至上的祭司和利未人所忽视的爱心，反而是被一个"信仰与血统都不纯"的撒玛利亚人做到了。

他们像《圣经》故事里的祭司和利未人那样，选择见危不救、视而不见。即使我们可以宽容一些，认为他们的否认是因为专家和有利益冲突的人目光短浅，那也不意味着我们应该将它们视为有资质的证人。

要形成我们自己的判断，最好的方式是调查一些大型昆虫防治项目，向熟悉野生动物习性且不偏袒化学农药的观察者请教，当农药像雨水一般倾泻而下，野生动物世界究竟发生了哪些变化。

对于鸟类观察者、在自家花园赏鸟为乐的郊区居民、捕猎者、垂钓者以及荒野探险者来说，任何伤害野生动物的行为，哪怕持续时间仅一年，也剥夺了他们享受大自然的合法权利。这个诉求非常正当。尽管有时候喷施过一次农药后，某些鸟类、哺乳动物和鱼类能够自行恢复，但已造成的巨大伤害却是一个不争的事实。

事实上，动物种群自行恢复的可能性并不大。人们一般都会重复施药。能够令野生动物有自行恢复机会的一次性喷施极为罕见。喷药的结果通常是毒化环境，形成致命的陷阱，不仅造成原生动物死亡，也使后来迁入该地的动物难逃厄运。喷药面积越大，危害越严重。广泛喷施之下不会存在安全绿洲。

中国人耳熟能详的"覆巢之下安有完卵"的成语典故，正好能回答那些奇谈怪论。孔融被逮捕，朝廷内外非常惊恐。当时孔融的两个儿子大的九岁，小的八岁。两个儿子仍然在玩琢钉游戏，一点惶恐的样子都没有。孔融对使者说："罪责可以仅限于自己一身，两个儿子可以保全性命吗？"他的儿子从容地进言说："父亲难道见过倾覆的鸟巢下面还有完整不碎的鸟蛋吗？"不一会儿逮捕他们的差役果然也到了。

过去十年间，昆虫防治项目轰轰烈烈，喷施农药的土地高达数百万公顷，私人和公共用地上农药喷施的面积持续飙升。美国野生动物伤亡记录不断增加。我们一起来看一看这些昆虫防治项目，看看究竟发生了什么。

1959年秋季，密歇根东南部，包括底特律各郊县在内的约1万公顷土地，接受了全覆盖式艾氏剂（毒性最大的氯代烃农药之一）空中喷施。

该项目由密歇根州农业部门与美国农业部联合实施，据称意图防控日本金龟子。

是的，日本金龟子是一种对植物的根、茎、叶、花和果实都有破坏力的害虫。大约在1916年，它被引进到新泽西州，不久便遍布东密西西比河的众多流域。在美国，它是种危害性不小的害虫。但是，在它的原生地日本，天敌的存在控制了它的数量。

采取如此猛烈而危险的清剿行动，并无太大必要。密歇根州最负盛名、最有学识的博物学家奥尔特·尼克尔对该行动持反对意见。尼克尔毕生致力于田野研究，每年夏天都在密歇根南部待上很长一段时间。他说："30多年来，根据我的认知经验，底特律市日本金龟子数量很少，几十年来从未出现过明显增长势头。除了政府设于底特律的捕虫器中见到过几只，迄今我还没在别的什么地方看到过日本金龟子……我从未获得过任何有关金龟子数量增多带来危害的信息。"

密歇根州官方机构仅仅通报说，拟对"出现"日本金龟子的区域实施空中喷撒农药。尽管缺乏正当理由，这个由州政府提供人力与监管计划，由联邦政府提供设施与后备人手，由社区提供杀虫剂的联合项目依旧如火如荼地开展起来。

日本金龟子是一种被意外引入美国的昆虫。

1916年，人们在新泽西州里弗顿镇附近苗圃中发现一些闪着金属光泽的绿色甲虫。起初人们并不认识这种昆虫，后来确认是来自日本主岛的常见昆虫。很显然，他们是在1912年国会施行《植物检疫法》之前，随着进口苗木入境美国的。

进入美国后，由于气温和降雨都很适宜，日本金龟子在密西西比河以东的很多州快速传播，每年都会向新领地扩张。在日本金龟子入侵较早的东部地区，人们尝试开展自然防控，有不少记录显示，实施自然防控的地区，金龟子数量被控制在相对较低的水平。

尽管东部地区已经有了合理的金龟子防控经验，处于金龟子迁入边缘地带的中西部地区，却不吝啬动用毒性最大的农药，对这种危害较小的昆虫实施灭绝性清剿。这一针对金龟子的清剿行动及农药喷施方式，使得大量居民、牲畜和所有野生动物都暴露在剧毒农药之下。结果，日本金龟子防治项目不仅导致大量动物死亡，也无可争辩地给人类招致危险。密歇根州、肯塔基州、爱荷华州、印第安纳州、伊利诺伊州和密苏里州等很多地区，都以防控日本金龟子为由，实施了空中喷撒农药。

密歇根州是最早实施大规模空中农药喷撒防控日本金龟子的州之一。这个州之所以选择剧毒化学农药艾氏剂，并非因为该药适用于日本金龟子防控，而仅仅是为了省钱。艾氏剂在可用农药中，价格最低廉。尽管州政府在官方媒体发布会上承认艾氏剂"有毒"，却也暗示说在人口密集地区使用艾氏剂不会对人类造成危害。

有人问："我应该采取什么防护措施？"官方答复说："什么措施都不用。"

后来当地媒体援引美国联邦航空局一位官员的话"空中喷施非常安全"，来自底特律公园与休闲娱乐部门的一位代表也言之凿凿："艾氏剂对动植物和人类都没有危害。"只能说，这些官员既没有读过美国公共卫生署、美国鱼类和野生动植物管理局已经出版、随手可得的艾氏剂毒性分析报告，也没有查阅过艾氏剂含剧毒的其他相关文献。

根据密歇根州害虫防治法律，州政府喷施农药可以无须通知或获得私人土地所有者同意。因此无数架飞机开始在底特律地区开展低空作业，焦虑的民众打爆了市政府和美国联邦航空局的电话。《底特律新闻报》称，警方在一个小时接了将近800通电话之后，恳请广播电视和报纸出面向"民众解释他们所看到的情况，告诉他们农药喷施安全无害"。联邦航空局安全官员向公众保证"飞机经过严格监控"，有"低空作业授权"。为安抚民众的恐慌情绪，他甚至错误地告诉大家飞机有紧急阀装置，一旦发生危急情况，可以瞬间将所有农药倾泻出去。万幸，"瞬间将所有农药倾泻出去"的情况并没有发生。然而，飞机低空作业时，杀虫剂颗粒撒到日本金龟子身上，同时也撒落到人们身上。大量“据称无害”的毒药落在外出购物和工作的人身上，落在午餐时间放学的孩子们身上。家庭主妇将门廊和人行道上的小颗粒扫在一起，据说“看起来像雪一样”。后来，密歇根州奥杜邦协会指出：“屋顶木瓦缝隙里、屋檐沟槽中、树皮和树枝裂缝中，撒满数以百万计比针尖还小的艾氏剂白色颗粒……一旦雨雪降临，每一处小水洼都足以造成死亡。”

空中农药喷施后没几天，位于底特律的奥杜邦协会就不断接到报告鸟类死亡情况的电话。协会秘书安·博伊斯女士说：

“星期天上午，我接到一位妇女打来的电话，说她从教堂回家的路上看到很多死亡或者濒临死亡的鸟，数量惊人。这说明人们开始对空中喷施的后果产生担忧。该地区于星期四喷施过农药。那位妇女在电话里说已经看不到一只飞鸟，还说她家后院发现了至少 12 只死鸟，她的邻居还发现了死松鼠。”博伊斯女士那天还接到过其他电话，报告“大量死鸟，一只活的也没有……院子里设有饲食器的人说，根本就没有鸟前来觅食”。人们捡来的那些濒死的鸟，集体呈现出典型的杀虫剂中毒症状，颤抖、无力飞行、瘫痪和惊厥。

受到直接危害的动物，并非只有鸟类。

一位当地兽医报告说，他的诊所里挤满了带猫狗来看病的人。猫天性喜欢一丝不苟地梳理毛发、舔舐爪子，似乎病情最严重。猫和狗表现出的主要症状是严重腹泻、呕吐和抽搐。兽医唯一能给的建议就是尽量不让宠物到户外去，一旦去了户外，回家后要立刻清洗爪子。就连蔬菜水果上的氯代烃都无法清洗，估计这个防护措施也起不了什么作用。

尽管底特律地区卫生专员坚称鸟类死亡一定是“其他药剂”所为，人类接触艾氏剂后出现的咽喉和胸部疼痛一定也是由“其他原因”造成，当地卫生部门还是源源不断地接到投诉。一位卓越的底特律内科医生曾在一个小时内被请去为四位病人诊治，他们都在观看飞机作业时接触到艾氏剂。四例病人症状相仿：恶心、呕吐、发冷、发热、浑身疲倦，伴有咳嗽。

因各地用农药防控日本金龟子呼声高涨，底特律地区的情形在其他很多地方反复上演。人们在伊利诺伊州南岛市捡到上千只死亡或濒死的

寂静的春天

鸟。从给鸟腿系识别环的人那里得来的数据显示，80%的鸣禽惨遭毒害。1959 年，伊利诺伊州乔里埃特市约 1200 公顷土地接受七氯喷施，当地户外运动俱乐部报告说，接受过农药喷施的地区，鸟类"彻底绝迹"。随时可见大量死掉的兔子、麝鼠、负鼠和鱼。当地一所学校收集了那些被杀虫剂毒死的鸟，用于开展科研研究。

为了打造一个没有日本金龟子的世界，没有哪个地方比伊利诺伊州东部的谢尔顿市和易诺奎县周边地区付出的代价更惨重。

1954 年，美国农业部联合伊利诺伊州农业署，沿着日本金龟子入侵该州的路线，开展清剿行动。他们满怀希望也很有信心借助广泛喷施农药剿灭入侵害虫。人们在当年开展了第一次"清剿行动"，向 567 公顷土地实施艾氏剂空中喷撒，次年又对另外 1052 公顷土地进行了类似作业，当时认为灭杀任务圆满完成。谁料到，此后需要喷施农药的面积越来越大，截至 1961 年底，农药喷施面积已达 53000 公顷。项目实施最初几年，野生动物和家畜严重伤亡的情况已经十分明显。即便如此，在并未同美国鱼类及野生动物管理局或者伊利诺伊州狩猎管理部门协商的情况下，农药喷施行动仍在继续。

然而，1960 年春天，美国联邦农业部官员却在国会委员会上，反对一项要求提前协商的议案。他们委婉地宣布合作与协商是"常有的事"，没必要为此专立议案。这些官员不认为"华盛顿层面"曾经有过不合作的情况。他们在这次听证会上明确表示，不愿意和各州渔业和狩猎管理部门协商。

农药治理资金源源不断，然而，伊利诺伊州自然历史调查所那些想要测定化学农药对野生动物伤害的生物学家们，却严重缺少经费。1954 年，用于聘任野外调查助手的经费仅为 1 100 美元，1955 年这项经费为零。生物学家克服种种严重困难，收集到大量证据，为人们呈现出一幅野生动物遭受空前毁灭的悲惨图景，而且这种毁灭在项目实施之初已经十分明显。

食虫鸟类中毒情况不仅与所用杀虫剂有关，也与杀虫剂喷施方式有关。

谢尔顿市早期治理项目中，每公顷土地喷施 3.4 千克艾氏剂。想要了解该药对鸟类产生的危害，只需要记住，在实验室里对鹌鹑所做的实验显示，艾氏剂毒性为滴滴涕的 50 倍。因此，谢尔顿市每公顷土地上喷施的农药，大概相当于 169 千克滴滴涕！这个数字还只是最小值，因为人们会在农田边界和角落处重复补喷农药。

化学农药渗入土壤后，中毒的金龟子幼虫从土里钻出，爬到土壤表面继续存活一段时间，能够对食虫鸟类产生吸引。喷施农药两周后，土壤表面出现大量中毒死亡和濒死的昆虫。不难预料，此种情形对鸟类数量产生的影响。褐弯嘴嘲鸫（dōng）、八哥、草地鹨（liù）、鹩哥、野鸡几乎绝迹。有生物学家报告称，知更鸟"几乎绝种"。一场小雨过后，人们发现了大量被毒死的蚯蚓，知更鸟极有可能吞食这些蚯蚓。对其他鸟类来说情况也是如此，在剧毒农药的邪恶作用下，曾经有益的雨水变成了死亡之水。喷施农药几天后，在积水坑里喝过水、洗过澡的鸟，显然都没能逃脱死亡的厄运。

那些幸存下来的鸟也可能失去了繁育能力。尽管在喷施过农药的地方仍然能看见一些鸟巢，仅少数巢中有鸟蛋，没有一处鸟巢里孵出过幼鸟。

在哺乳动物中，地松鼠已经灭绝，尸体呈中毒暴毙状。喷药地区还出现了死去的麝鼠，田里有不少死兔子。这里曾经随处可见的狐松鼠，喷施农药后也已经影踪全无。

清剿日本金龟子行动开始后，谢尔顿市的农场几乎找不到猫的踪影。第一次狄氏剂喷施行动后，农场里 90% 的猫中毒死亡。其他地方有过类似的恶性记录，这里原本可以避免此类情况。猫对所有杀虫剂，特别是狄氏剂极为敏感。世界卫生组织在爪哇西部开展的抗疟运动中，曾出现过多起猫中毒死亡报道。爪哇中部猫的死亡数量巨大，导致售价因此翻倍。与此类似，世界卫生组织在委内瑞拉抗击疟疾，也有报道称药物喷施造成猫的数量锐减，使其因此变成了珍稀动物。

在谢尔顿市抗击日本金龟子的战役中，遭受厄运的远不止野生动物和家养宠物，对若干羊群和牛群的观察显示，牲畜同样受到毒药和死亡的威胁。自然历史调查所的报告中有如下描述：

羊群经过在 5 月 6 日喷施过狄氏剂的田野，沿着一条砂石路来到对面未施过农药、长着早熟禾的小牧场。很显然，一些农药粉尘已越过沙石路，飘落到草地上，羊群几乎立刻出现中毒症状……不愿意吃草，焦躁不安，沿着牧场栅栏走来走去，显然想寻找出口……羊群赶也赶不动，咩咩直叫，站在那里耷拉着脑袋。最后，牧羊人想尽办法才把它们弄出牧场……羊群重度嗜水，在流经牧场的溪流中发现了两头死羊。其余的羊赶了好多次才上岸，费了很大的劲儿，才把其中几头羊从溪水中拽开。最后又死了三头羊，其余的羊慢慢恢复。

这是发生在 1955 年底的事情。尽管随后几年化学农药战一直在持续，但研究经费已经完全断流。自然历史调查所每年递交伊利诺伊州立法机构的经费预算中，都列入了野生动物与杀虫剂研究专项经费，但总是最先遭到砍除。直到 1960 年，才弄到一点可怜的经费支付野外调研活动助手的薪水，而这位助手一个人需要承担四个人的工作量。

从 1955 年研究中断，到 1960 年生物学家重新启动研究，野生动物遭荼毒的情形几乎没有任何改观，然而人们所使用的化学农药，却从狄氏剂升级到了毒性更强的艾氏剂。鹌鹑实验证明，艾氏剂毒性为滴滴涕的 100~300 倍。该地区生活的每一种哺乳动物都受到不同程度的伤害，鸟类情况尤为严重。多诺万镇的鹩哥、八哥、褐弯嘴嘲鸫和知更鸟已经灭绝。在其他地方，上述两类与其他多种鸟类数量锐减，打野鸡的猎人，最能感受到清剿日本金龟子行动造成的后果。在喷施过农药的地区，野鸡窝数量减少了大约一半，每窝孵出的小野鸡数量也减少了，前些年这里曾是打野鸡的绝佳之地，如今打不到野鸡，自然也就没有人再来了。

大规模的农药喷施行动，让野生兽类和鸟类伤亡惨重，其隐性的巨大灾难并不为人所知。巨大的伤亡，在有些地区彻底切断了动物之间互助合作和鸟兽之间互惠互利、相依为命的生物循环链。

动物会互助合作吗？会的。

一位野生动物学家曾亲眼看见一只鳏（jiān）鸟是如何照顾一只受伤的老鳏鸟的。它把食物一直送到老鳏鸟的喉咙里，因为那只羽毛斑白的老鳏鸟的下喙几乎齐根断了，无法觅食。野生鸟兽的近亲中，这种同甘共苦、合作互助的现象，绝非仅此一例。

中南美洲的长鼻浣熊联群结队荡过森林树梢，猎取小动物，它们最喜欢吃栖息在树上的一种蜥蜴。可是在树梢上捉蜥蜴不是那么容易的，因此，它们就兵分两路：一路爬到树枝上，把打瞌睡的蜥蜴赶下来，蜥蜴一落地，马上就会被地面上布阵的另一路浣熊捉到。它们配合得十分默契。

美洲大白鹈鹕的捕鱼技术最能说明动物天生的团结能力。鹈鹕群从天而降，在近岸水面上布成半圆形的包围阵。然后仿佛一声令下，鹈鹕开始涉水向岸边进发。他们并排前进，喙刚好露出水面，活像个活动的渔网。它们不时地用翅膀拍水，把小鱼赶到岸边，范围越来越小。这种巧妙的配合行动，终于将鱼群困在岸边浅水中，成了全体鹈鹕的一顿美餐。如果不是集体同心合力，任何单独行动都不会有如此大的收获。

一只土狼在草原上竭尽全力地向前跑，速度可达每小时 56 千米。但是，一只长耳兔跑起来的速度能接近每小时 72.5 千米。土狼追捕野兔，有时采用接力法来弥补本身速度的不足。第一只土狼追到体力不支时，就把野兔沿着对角线追向一个隐蔽的地方。第二只土狼突然跳出来继续追赶。这一次是沿着另一个对角线向相反的方向追。第一只土狼则趁机抄近路，慢慢跑到前面去，等到充分休息后，再接力追兔。两只狼这样轮流合作，等到野兔筋疲力尽时，就变成了土狼的腹中之物。这样的集体合作在同类生物之间并不罕见。

许多野生动物在大量喷施农药当中丧失了性命，幸存下来的伙伴呢，它们还到哪去找合作者？它们的生存大打折扣了。

同一种类动物成群地生活在一起，团结协作，共同御敌的现象很常见。其实，不只是同类动物，就是不同的动物——如鸟和兽之间，也有这种互惠互利、相依为命的现象。

在东非热带草原上生活的犀牛，其背上常落一种犀牛鸟，不断在犀牛皮肤褶皱的薄嫩部分啄食扁虱，或在犀牛伤口中啄食寄生虫，一旦出现险情，犀牛鸟就会鸣叫，给犀牛报警，犀牛马上逃跑。这是很多教科书当中所出现过的生动画面，我们并不陌生。

再看响蜜䴕与食蜜獾之间合作的例子。在纳米布沙漠，响蜜䴕发现一窝土蜂后，就在食蜜獾头顶上空叫个不停，然后向前飞一程，边飞边叫，食蜜獾则跑在后面。原来这是响蜜䴕在引导食蜜獾去蜂巢。响蜜䴕把食蜜獾引到蜂巢后，又在蜂巢上空飞叫一会儿，然后便落在旁边的树枝上，观看食蜜獾的行动。食蜜獾向土丘上的蜂巢突击几次，每次用嘴扯下一片蜂巢，直到把整个蜂巢扯出。食蜜獾浑身长着又密又厚的毛，不怕蜂蜇扎，等食蜜獾饱食一餐蜂蜜后，响蜜䴕才飞下来，啄食一些蜂蜡和蜂的幼虫。响蜜䴕的嗉囊有许多共生菌，可将蜂蜡分解成脂肪，供其吸收利用。

还有云雀和旱獭同穴居住，相依为命，互惠互利。云雀利用旱獭建的窝来筑巢栖身、繁殖，而旱獭则利用云雀当报警伙伴。鸟兽合作，共生共存。如今这条和谐的链条被残酷的农药喷施截断了，它们还怎么能共生？还怎么能互惠互利、相依为命呢？

打着清剿日本金龟子旗号的这场战斗，对自然环境造成了巨大的破坏。然而，易洛魁县 10 万多公顷土地，历时八年的日本金龟子防控经验显示，喷施农药只能产生暂时性抑制效果，日本金龟子的西进运动一直未曾中断。这项治理行动声势浩大，却收效甚微，造成的野生动物死伤总数可能永远不为人知。伊利诺伊州生物学家估测的结果只是一个最小值。如果项目研究经费充足，对全部农药喷施范围进行调查统计，结果应该更加骇人听闻。在实施日本金龟子防治的八年时间内，生物学田野研究拨款仅为 6 000 美元。然而，联邦政府在此期间用于防控工作的经费却高达 375 000 美元，而州政府也投入了数千美元经费。因此，在整个日本金龟子防控项目中，用于研究的经费不足全部费用的 2%。

中西部地区怀着极大的恐慌情绪，开展日本金龟子清剿战，俨然日本金龟子西进造成的威胁，必须不惜一切代价进行阻击。然而，事实并非如此，在这些遭受化学农药毒害的地方，人们如果知道日本金龟子进入美国的早期历史，肯定不会默许肆意喷施农药的剿杀行径。

东部各州十分幸运，遭受日本金龟子侵袭之时，合成杀虫剂尚未问世。人们不仅成功对抗了虫灾，而且所采取的防控措施，没有给其他生物造成危害。与底特律地区和谢尔顿市的大面积农药喷施相比，东部地区就像什么事情都没有发生过。东部采取了有效防控措施，包括发挥自然调控作用，它在效果持久性和环境安全方面具有多重优势。

日本金龟子最初进入美国的十几年间，由于失去本土植物钳制得以迅速繁殖。但是到了 1945 年，日本金龟子在扩张所达地区没有构成危害，其数量减少，主要得益于人们从远东地区引进了寄生昆虫并建立了对其致命的病原微生物（也就是能入侵宿主引起感染的微生物，有细菌、真菌、病毒等。它们能产生致病物质，造成宿主感染）。

从 1920 年到 1933 年，经过对日本金龟子原生地的不懈调研，科学家将大约 34 种肉食性或寄生性昆虫输入美国，以开展自然控制，其中有 5 种昆虫在美国东部顺利存活下来。效果最好，而且分布范围最广的是一种来自韩国和中国的寄生黄蜂——春臀钩土蜂，也称作春黑小土蜂。雌蜂在土壤中找到日本金龟子幼虫后，会向幼虫体内注射有毒液体，令其麻痹，并将自己的一枚卵产生在幼虫表皮下面。幼蜂孵出后，以麻痹的日本金龟子幼虫为食，进而将其消灭。在大约 25 年时间里，通过州政府与联邦机构的项目合作，东部有 14 个州引入春臀钩土蜂并广泛养殖。昆虫学家普遍认为，这些春臀钩土蜂对防控日本金龟子起到了重要作用。

一种细菌性疾病，发挥了更加重要的作用，能够对包括日本金龟子在内的整个鞘翅目昆虫产生影响。这种细菌非常特殊，不会攻击其他类型的昆虫，对蚯蚓、恒温动物和植物无害（它是一种芽孢。芽孢又称内生孢子，是细菌休眠体。芽孢含水量极低，抗逆性强，能经受高温、紫外线、电离辐射以及多种化学物质灭杀等）。这种病原菌芽孢生长在土壤中，日本金龟子幼虫吞食后，其血液里的病原菌芽孢会快速繁殖，致使幼虫身体变成异常的乳白色，因此该病俗称"乳白病"或"乳样病"。

1933 年，人们在新泽西州首先发现乳样病，到 1938 年，该病在日本金龟子较早侵袭的地区已十分普遍。1939 年，人们发起一项旨在加速乳样病传播的防控计划，在找不到人工培养基中培养这种病原菌的方法的情况下，科学家发现了一种令人满意的替代方法：将感染病原菌的日本金龟子幼虫碾碎、晾干，与白土粉混合。混合标准为每克白土粉中含有 1 亿个病原菌芽孢。从 1939 年到 1953 年，东部 14 州约 380 平方千米土地接受了联邦机构与州政府的联合防控治理，隶属联邦政府的其他土地也接受了治理。还有一大片土地接受了私人机构或个人的防控治理。1945年，乳样病蔓延到康涅狄格州、纽约州、新泽西州、特拉华州以及马里兰州等日本金龟子活动区域。在一些实验地区，日本金龟子幼虫染病率高达94%。1953年，政府停止乳样病芽孢杆菌扩散项目，将该项目转交由私人实验室负责，继续为个人、园艺俱乐部、市民协会以及其他对日本金龟子防控感兴趣的人提供服务。

实施过该防控项目的东部地区，目前已经实现了对日本金龟子的良好生态防控。芽孢杆菌能够在土壤中存活多年，因此可以说形成了永久防控效能，通过自然介质持续扩散，防控效果日益增强。

既然东部在防控日本金龟子方面取得了显著成绩，为何伊利诺伊州以及中西部各州没有借鉴同样的方法，反而发动了如此疯狂的农药剿灭战？

有人说，乳样病芽孢接种防控"过于昂贵"。然而20世纪40年代东部14州却没有人这么认为。"过于昂贵"的结论是通过何种计算方式得来的？绝对不是通过对谢尔顿市药物喷施所造成的全面破坏进行评估的计算方式。"过于昂贵"论者忽略了一个事实：乳样病芽孢杆菌接种仅需一次，没有任何后续追加成本。

还有人说，乳样病芽孢杆菌不适用于日本金龟子活动范围的边缘地带，因为它们只能在日本金龟子幼虫密集的土壤中存活。与其他很多支持农药喷施的论调一样，这一说辞同样值得怀疑。导致乳样病的病原菌能够感染至少其他40种甲虫，这些甲虫分布均非常广泛。即便在日本金龟子数量极少甚至不存在的地方，这种病原菌也能够造成乳样病传播。此外，由于芽孢杆菌能够在土壤中存活很长时间，即使在尚未有日本金龟子幼虫出现的区域，例如目前日本金龟子分布的边缘地带，也可以引入芽孢杆菌，伺机等待可能到来的日本金龟子侵袭。

毫无疑问，那些想要短期看到防控效果的人，不管花费多大代价，都会坚持使用化学农药灭杀日本金龟子；那些顺从社会趋势而不墨守成规的人，因为化学防控需要持续、反复投入经费，也会坚持使用化学农药灭杀日本金龟子。

相反，那些想要得到圆满结果而等待一两个季度的人，则会选用乳样病芽孢杆菌。随着时间的推移，在持久防控日本金龟子方面，他们取得的效果不会减弱，反而会增强。

美国农业部伊利诺伊州皮奥里亚实验室正在进行广泛研究，力图研发培育乳样病芽孢杆菌的人工培养基。如果研发成功，将极大降低成本，有利于该防控技术的广泛推行。经过几年的努力，也有不少成功的报道，一旦实现全面的技术突破，我们在抗击日本金龟子时，也许能够重拾在中西部灭杀浩劫中丧失的理性与洞察力。

伊利诺伊州东部农药喷施所引发的不仅是科学论题，更是一个道德论题。是否哪一种文明能够对其他生命发动无情战争，却既不毁灭自己也不丧失被尊为文明人的资格？

这些杀虫剂并不具备选择能力，不会专门针对我们想要除掉的物种。人们选用这些农药，仅仅是因为它们具有致命毒性。因此，接触过农药的所有动物都会中毒，从主人心爱的小猫、农民的耕牛、田间的兔子到空中飞翔的角百灵。这些动物对人类没有任何危害。事实上正是这些动物及其同类的存在，才使得人类的生活丰富多彩。然而，人类回报给它们的却是突然而至的恐怖的死亡。谢尔顿市一位科学观察员对一只濒死的草地鹨有过如下的描述：

它侧躺着，尽管肌肉失去协调能力，不能飞翔，也不能站立，却死命扑棱着翅膀，爪子努力地想要抓握着什么，嘴巴张得大大的，呼吸十分困难。

更可怜的是那些死状凄惨的地松鼠：死时形状非常典型，背部弓起，前肢紧紧蜷缩在胸前……头颈竭力向外伸，嘴巴里含着泥巴，说明死前曾咬过地面。

默许这样一场生灵涂炭的行动，作为人类，我们当中有谁能够免遭拷问？

第八章

鸟儿不再歌唱

蓝蓝的天上白云飘，白云下面有绿树梢，树梢上站着可爱的小鸟，小鸟的歌唱让我们的生活不再单调。

在大自然中，每当听到鸟儿的引吭高歌，人们就感到心情舒畅，人们的生活乐趣就增添了不少，别有一番风味。人类借助语言能够表达彼此的思想感情，鸟儿的歌唱在鸟类的生活中也是不可少的。

鸟的种类很多，歌唱的"曲谱"不一样，声音也不一样。有的能唱出婉转悦耳的声音。有的歌唱虽然简短，但音调轻松而活泼。也有的歌唱特别单调而枯燥，没有一点情感，但人们还是原谅了——总比寂寞要好呀。圆润而优美的歌唱，在鸟类中以鸣禽类最多。

鸟儿唱歌可以分为两种不同情况。一种叫鸟啭，多半在繁殖期间开始，这种现象都表现在雄鸟身上；另一种叫叙鸣，就是日常自娱地歌唱。

不论鸟的鸣叫简短或者复杂，好听或者不好听，都是长期适应自然环境的结果，也是一种生理现象，这对鸟类的生活有着重大意义。

有的鸣叫是一种婚期的行为。到这个时候，鸟儿就换上了鲜艳的羽毛，叫声比其他任何时候都频繁，而且更显得悠扬动听。

例如百灵鸟和云雀，它们每年3月初从南方迁回西北、东北和北方的草原，开始了一年一度的歌唱。

百灵鸟是鸟纲雀形目百灵属的总称。是草原的代表性鸟类，属于小型鸣禽，往往边飞边鸣，由于飞得很高，人们往往只闻其声，不见其踪。百灵鸟生活于干旱山地、荒漠、草地或岩石上，非繁殖期多结群生活，常作短距离低飞或奔跑，取食昆虫和草籽。由于叫声清脆，"小百灵"也成为声音甜美好听的代名词。颜色丰富多彩，有红色、蓝色等等。

云雀，小型鸣禽，体形及羽色略似麻雀，雄性和雌性的相貌相似。以植物种子、昆虫等为食，常集群活动；繁殖期雄鸟鸣啭洪亮动听，是鸣禽中少数能在飞行中歌唱的鸟类之一。求偶炫耀地飞行，能"悬停"于空中；在地面以草茎、根编碗状巢，每窝产卵 3~5 枚，孵化期 10~12 天。生活在草原、荒漠、半荒漠等地。云雀是丹麦、法国的国鸟。

4 月初是它们的配偶期，这是它们歌唱的高潮阶段。雄性百灵鸟边唱歌边舞蹈，活动高度竟有百米以上。它在高空舞蹈数圈后，迅速下降重返原地，并且和雌鸟进行交尾。在整个繁殖期间，歌唱是很少停止的。但在，生殖结束以后，它们的歌唱就暂时中断了。从这里我们不难看出，鸟类的歌唱是围绕繁殖活动而开展的。

有的鸣叫是保护和防御反应。当鸟群在茂密的大森林里寻找食物，或者在夜晚迁徙的时候，鸣叫可以保持个体间的联系。比如大雁在春天北飞、秋天南返的迁徙过程中，若碰到风和雨，我们常常听到失群孤雁的鸣叫，这是和主群取得联系的信号。

鸟儿的鸣叫可以警戒敌人的攻击，达到自卫的目的，或者以鸣叫引诱猎物，以利于个体生存的需要。如大雁夜晚栖息的时候，听到有兽类袭击或者有可疑的声音，便立刻鸣叫，以示警诫。又比如家鹅看家，当有生人跨门而入的时候，它不仅鸣叫，而且还伸长脖子进行攻击。

鸣叫也是鸟类求食的信号，主要指的是幼鸟。当老鸟长时间不喂幼鸟食物的时候，由于饥饿的刺激，也能引起鸣叫。如住在屋檐下的小家燕、小麻雀，时常叫个不停，等老鸟飞回喂食以后，就立刻安静下来了。

雨后初晴，我们走出户外。放眼望去，这时整个天空几乎就是鸟的专属了。无数鸟儿仿佛在那欣赏雨后的景色，上下翻飞，来回逡巡，展翅盘旋，比翼飞翔，显得特别活跃。

真的是鸟儿在纵情欣赏这大好风光吗？不，它们是在搜索食物。它们不仅要一饱自己的肚子，还要带回巢去喂养贪食的雏鸟。它们在捕食的过程中歌唱着，展现给我们的是一派生机勃勃。

可惜，现在美国越来越多的地方，春天没有鸟儿飞来报春。曾经充满鸟儿欢唱的清晨变得异常安静。随着鸟声鸣唱的骤然消失，它们赋予这个世界的美妙色彩和无穷乐趣也随之消失。这些变化，倏然而至，没有任何征兆，尚未遭受影响的地方人们浑然未觉。

1958年，伊利诺伊州欣斯代尔镇的一位绝望的家庭主妇给美国自然历史博物馆鸟类馆名誉馆长、世界著名鸟类学家罗伯特·库什曼·莫菲写了一封信：

几年来，人们一直向村里的榆树喷药。六年前我们刚搬来的时候，这里有各种各样的鸟儿。我搭了一个喂鸟架，每年冬天，北美红雀、山雀、绒毛鸟和五子雀成群结队地前来觅食。到了夏天，北美红雀和山雀还会带着幼鸟前来。

喷施了几年滴滴涕之后，知更鸟和椋（liáng）鸟在镇上几乎没了踪迹。我的喂鸟架上已经整整两年没见到山雀了。今年，红雀也没了影子。在邻近地方营巢安居的鸟儿似乎只剩下一对鸽子和一窝猫鹊了。

孩子们在学校里学过，知道联邦法律禁止捕杀鸟类，因此我很难向他们解释这些鸟都被人们杀死了。孩子们问我：“鸟儿还会回来吗？”我无言以对。榆树正接连死去，鸟儿也不断遭受厄运，政府是否正在采取措施？有什么措施可以采取？我能做些什么吗？

为了消灭火蚁，联邦政府采取大规模农药喷施计划。一年后，亚拉巴马州一位妇女写道：

在过去的半个多世纪，我们这里素称“鸟天堂”。去年7月我们还在感叹：“今年来这里的鸟比往年还要多。”然而到了8月中旬，鸟一下子全都不见了。我习惯于每天早起照顾我心爱的母马，它产下了一匹小母马。然而，如今起床后却再也听不到一声鸟叫，简直太可怕了。人类对这个无比完美的世界做了什么？五个月后，终于飞来了一只冠蓝鸦和一只鹪鹩。

在她信中提到的那个秋天，美国南部地区发布了一些报告，情况非常严峻。全美奥杜邦协会和美国鱼类及野生动植物管理局，每季度联合发布的《野外观察》中，提到了这一令人震惊的现象，密西西比州、路易斯安那州和亚拉巴马州的"不少地方鸟类已彻底绝迹"。《野外观察》发布的报告均出自经验丰富的鸟类观察者，他们有多年实地观测经验，对所在地区鸟类生活习性无比熟悉。

其中一位观察者报告说，那年秋天她开车行驶在密西西比州南部地区，"很长一段距离都见不到一只鸟"。

路易斯安那州首府巴吞鲁尔的另外一位观察者说，她放在室外喂鸟架里的饲料"一连几个星期"都没有动过。往年这个时候，她家院子里灌木上的果子早已被鸟吃光了，今年果子依然挂满枝头。

还有一位观察者报告说，家里大落地窗前"以往经常聚集着四五十只北美红雀和其他鸟类，放眼望去一片火红，现在却连一两只都很难见到"。

西弗吉尼亚大学的莫里斯·布鲁克斯教授专攻阿巴拉契亚地区鸟类研究，他说西弗吉尼亚地区鸟类数量锐减，"速度令人难以置信"。

下面的事件可看作是鸟类的典型厄运。有几种鸟儿已经遭此厄运。所有鸟都面临着这种威胁。这是一则关于知更鸟的故事。

知更鸟，是一种小型鸣禽，分布于欧洲、亚洲西部和非洲北部。英国的知更鸟常会飞到园丁身边找虫子吃，至于它在欧洲大陆的近亲，比起它来便要野性得多了。英国人无论到哪儿定居，心里总怀念着知更鸟，因而把一些外表大致相仿，其实种属迥异的鸟类，也称为知更鸟。于是就出现了印度"知更"、北美"知更"和澳洲"知更"。在亚洲、欧洲和北美洲都有分布。如有这种知更鸟飞来就预告春天来临了。知更鸟不仅羽毛美丽，叫声也动人，因此很受人欢迎。又因为它常常在果园内外筑巢，主要吃昆虫和其他可能危害作物的虫类，所以农夫也很称许。

对千百万美国人来说，知更鸟可谓家喻户晓。知更鸟的到来，意味着寒冬已经过去，媒体会争相报道知更鸟飞来的消息，人们在茶余饭后也会对此津津乐道。随着候鸟回迁，丛林染上一抹新绿，成千上万美国人会在第一丝曙光中，聆听到知更鸟的黎明大合唱。然而，如今一切都变了，人们甚至不确定知更鸟是否还会回来。

写知更鸟的诗人哭了。他就是英国著名剧作家、小说家、童话作家和儿童诗人艾伦·亚历山大·米尔恩。在他的儿童诗集《当我们还很小的时候》之《跳》里，他曾经用笔与可爱的知更鸟说过悄悄话呢："有只知更鸟去了，跳呀，跳呀，跳呀，跳呀，跳。无论如何我要告诉它：走路别这么跳呀跳。它说，它不能停止跳，如果它停止跳，它就什么地方也去不了。可爱的知更鸟，那就啥地方也去不了……这就是为啥它走路，总是跳呀，跳呀，跳呀，跳呀，跳。"

美国传奇诗人艾米莉·狄金森生前在她的诗《知更鸟》里还和这小精灵亲密过呢：

那一尾知更鸟，清晨嘲哳（zhāo zhā）吵闹，急切而简明地报告，三月份快来到。那一尾知更鸟，以天真的啁啾，过了晌午她还在叫：四月份才开头。那一尾知更鸟，在巢里不吱声，她认为最好的是家，以及尊严、安定。

好多的知更鸟现在已经"不吱声"了。可怜啊，不是在它"尊严、安定"的家里。

知更鸟的生死存亡，当然包括其他很多鸟类的生死存亡，似乎都跟被称作"美国榆"的榆树的命运紧密联系在一起。从大西洋沿岸到落基山脉，榆树是成千上万座美国城镇历史的见证者，浓密的树荫装点着城市、街道乡村广场和大学校园。突然之间，所有榆树都染上了一种严重疾病，不少专家认为，所有拯救榆树的努力最终都是徒劳的。失去这些榆树固然令人痛心，但是，如果在救治榆树的徒劳中置大量鸟类于死地，我们面临的损失将更加惨重。可叹，我们目前正面临着这样的威胁。

1930 年前后，装饰板材行业从欧洲进口榆树段，将真菌性疾病"荷兰榆树病"带到了美国。

真菌侵入榆树导管系统后，芽孢通过榆树汁液循环扩散，分泌出有毒物质，加之对榆树导管系统的破坏，导致枝干枯萎，树木死亡。这种疾病通过树皮甲虫在染病树木和健康树木之间传播。树皮甲虫在死亡的树皮下挖洞，洞穴里满是病原菌芽孢，芽孢附着在树皮甲虫身上，甲虫飞到哪里，疾病就传播到哪里。因此，控制榆树病原菌，很大程度上取决于对树皮甲虫的防控。于是，美国很多地方，尤其是榆树分布较广的中西部地区和新英格兰地区，大规模喷施杀虫剂已经成为常规工作。

大规模喷施杀虫剂，会对鸟类尤其是知更鸟带来什么影响？这个问题最先由两位鸟类研究学者——密歇根州立大学乔治·华莱士教授和他的研究生约翰·梅纳给出了明确答案。

1954年，梅纳先生开始攻读博士学位，他将跟知更鸟数量有关的研究选为自己的课题。该研究课题纯属巧合，当时还没有谁怀疑这种鸟会面临危险。然而，他的研究刚刚开始，情况就发生了变化，发生的事情不仅改变了他的研究性质，实际上还剥夺了他的研究对象。

1954年，密歇根州立大学针对荷兰榆树病尝试在校园内进行小范围农药喷施。次年，密歇根州立大学所在地东兰辛市也加入到这一行动中，校园喷药范围扩大，加之当地正在防控舞毒蛾和蚊虫，化学农药像暴雨一样倾泻而下。

1954年，校园实行小范围农药喷施后，似乎一切如常。第二年春天，迁徙的知更鸟跟往常一样飞回校园，像汤姆林森散文名篇《失去的森林》中的蓝铃草一样，这些知更鸟返回熟悉的领地，"没料到会发生不测"。然而，很快一切都变了。校园里开始出现死亡或濒死的知更鸟，以往觅食和栖息的地方，如今却见不到几只鸟，没有几个鸟巢，也没有几只幼鸟。接下来的几个春天依旧是这样的情形。喷施杀虫剂的区域变成了死亡陷阱，每一批飞回的知更鸟不到一个星期就会死光。随后，新的知更鸟飞来，结果也注定会死掉，死前抽搐不已，痛苦万状。

华莱士教授说："对大多数春天来这里安家落户的知更鸟来说，校园成了它们的葬身之地。"但究竟是什么原因造成了这样的后果？一开始，他怀疑知更鸟患上了神经系统疾病。但他很快发现，尽管使用杀虫剂的人信誓旦旦地保证杀虫剂"不会对鸟类造成危害"，知更鸟却的确死于杀虫剂中毒，它们表现出的症状非常典型：身体失去平衡能力，接着抽搐不已，继而陷入昏厥直至死亡。

若干事实表明，知更鸟并非死于直接农药中毒，而是因为食用蚯蚓造成间接中毒。在一个研究项目中，工作人员因疏忽误用校园里的蚯蚓喂食实验小龙虾，导致所有的小龙虾立刻死亡。实验室笼子里的一条蛇，食用蚯蚓后抽搐不已。春天，蚯蚓是知更鸟的主要食物。

伊利诺伊自然历史调查所的罗伊·巴克博士，很快揭开了知更鸟死亡之谜的关键一环。巴克博士在 1958 年出版的著作中，理清了一系列错综复杂的关系，证明知更鸟的死亡跟榆树有关，将这两者联系在一起的媒介便是蚯蚓。每年春天，人们会向榆树喷施杀虫剂，通常剂量为每 15 米高树身喷 0.9~2.3 千克滴滴涕，这就意味着在榆树相对密集的地方，每公顷喷 26 千克滴滴涕。7 月份往往会再喷一次，浓度大约减半。威力十足的喷雾器射出药柱，将高大的榆树通体喷遍，不仅树皮甲虫顿时毙命，授粉昆虫、捕食性蜘蛛和甲虫等其他昆虫也全部在劫难逃。农药在树叶和枝干表层形成一层雨水冲刷不掉的毒膜。到了秋天，地面堆积的落叶腐烂下渗到土壤中。在此过程中，蚯蚓发挥了介质作用。蚯蚓喜欢食用榆树叶，在食用树叶的过程中，蚯蚓摄入杀虫剂，这些药物在蚯蚓体内蓄积，浓度不断增加。巴克博士在蚯蚓的消化道、血管、神经和体壁中均发现了滴滴涕残留。毫无疑问，有些蚯蚓会中毒死亡，而幸存下来的蚯蚓则会成为毒素的"生物放大器"。春天，知更鸟飞来后，这个循环中就增加了一环。11 条大蚯蚓体内所含的滴滴涕足以毒死一只知更鸟。一只知更鸟每天食用的蚯蚓数，远远不止这个量，它在几分钟内就会吃掉 10~12 条蚯蚓。

并非所有的知更鸟都摄入了致死剂量的农药残留，还有一个后果也会像夺命农药一样导致知更鸟灭绝。被研究的知更鸟乃至当地所有的动物，都难逃不育的阴影，现在，密歇根州立大学 75 公顷校园中，每年春天只有 20~30 只知更鸟，而喷施杀虫剂之前，校园内至少有 370 只成年知更鸟。1954 年，梅纳观察的每一处知更鸟鸟巢都有鸟蛋。要是没有喷施农药的话，到 1957 年 6 月底，至少应该有 370 只幼鸟在校园内觅食，而梅纳却只发现了一只幼鸟。一年之后，即 1958 年，华莱士教授说："今年春夏两个季节，我在校园内没有看到过一只知更鸟，而且我也没有听谁说见到过。"

没有幼鸟出生的部分原因，可能是营巢繁育完成之前，一对知更鸟中的一只或者两只就死了。然而，华莱士教授的重要发现，却指向一个更残酷的真相：鸟类的繁殖能力遭到毁坏。1960 年，华莱士教授在国会委员会上报告说：

"我们发现知更鸟和其他鸟类完成营巢却没能产蛋，而即便产了鸟蛋，也伏窝了，却孵不出幼鸟。我们观察到，有一只知更鸟锲而不舍地伏窝 21 天，结果也没有能够孵出幼鸟。而正常的伏窝仅需 13 天……我们分析发现，处于繁殖期的鸟类的睾丸和卵巢里，都存有高浓度滴滴涕……十只雄鸟睾丸中的滴滴涕含量为 $30 \times 10^{-6} \sim 109 \times 10^{-6}$，两只雌鸟卵泡中滴滴涕含量分别为 151×10^{-6} 和 211×10^{-6}。"

不久，其他地区陆续发布研究结果，情况同样令人担忧。威斯康星大学约瑟夫·希基教授和他的学生，对比研究了喷施杀虫剂和未喷施杀虫剂的地区后，发现喷药地区的知更鸟死亡率为 86%~88%。为了研究榆树喷施杀虫剂导致的知更鸟死亡数量，1956 年，位于密歇根州布隆菲尔德山的克兰布鲁克科学研究所，要求人们将所有疑似滴滴涕中毒死亡的鸟类送到研究所进行化验分析。人们的回应大大超出预期，不到几个星期，研究所内长期闲置的设备全部开始超负荷工作，不得不拒收很多实验样本。到 1959 年，仅这一地区就上交或报告了 1 000 只中毒死亡的鸟。尽管知更鸟占比最大（一位女士给研究所打电话，称自家草坪里正躺着 12 只死去的知更鸟），该研究所收到的样本中还有其他 63 种鸟类。

当然知更鸟只是榆树喷施杀虫剂造成的破坏性链条中的一环，而且榆树喷药计划仅仅是为数众多的农药喷施项目中的一个。约有 90 种鸟类死亡，数量都很大，其中不乏郊区居民和业余自然爱好者熟知的一些种类。在一些喷施过杀虫剂的城镇，营巢繁育的鸟类数量总体下降了 90%，正如我们接下来了解到的那样，从在地面树梢和树皮上觅食的鸟类到肉食猛禽的各种鸟都受到了影响。

我们完全有理由相信，以蚯蚓或其他土壤微生物为主要食物的所有鸟类和哺乳动物都像知更鸟一样，遭受到死亡的威胁。蚯蚓是 45 种鸟类的部分食物来源，这其中就包括丘鹬（yù）。丘鹬在南方地区过冬，但那里最近喷施了大量七氯。目前已有两项针对丘鹬的重要研究发现：其一是新布朗士威丘鹬繁殖基地幼鸟数量大大减少；其二是丘鹬成鸟体内含有大量滴滴涕和七氯残留。

还有一些报告说，另有 20 多种地面觅食的鸟类大量死亡，这些报告令人惴惴不安。这些鸟类主要食用的蠕虫、蚂蚁、蛆虫或其他土壤微生物内都含有毒素。这些大量死亡的鸟中，包括声音最婉转动听的三种鸫鸟：橄榄背鸫、黄褐森鸫和隐夜鸫。在森林落叶中窸窸窣窣觅食的"北美歌雀"——哥带鹀和白喉带鹀这两种鸟，也遭到榆树救治项目的戕害。

哺乳动物也被直接或间接地卷进这一连锁反应链中。蚯蚓是浣熊的一种重要食物，负鼠在春秋季节也会食用蚯蚓。地鼠和鼩鼱鼠这类在地下生活的哺乳动物也大量捕食蚯蚓，继而将毒素传给它们的天敌鸣角鸮（xiāo）和仓鸮等。春天下过暴雨后，威斯康星州有人捡到几只濒死的鸣角鸮，很可能是因为食用蚯蚓中毒。人们还发现老鹰和猫头鹰（包括美洲雕鸮、鸣角鸮、赤肩鵟（kuáng）、雀鹰和泽鹰等）出现抽搐症状，这可能是由于它们捕食的鸟类、鼠类肝脏和其他脏器中积蓄了大量的毒素，因此导致继发性中毒。

受榆树喷施杀虫剂危害的，不单是地面觅食的鸟类及其捕食者。在喷施杀虫剂比较严重的地区，所有在树梢、树叶上捕食昆虫的鸟类也都销声匿迹。这些森林中的精灵包括红冠鹟莺、金冠鹟莺、小食虫、鸣禽等各类会唱歌的鸟。每年春天，这些鸟成群飞来，为林间增添了绚丽的色彩。1956 年，春天来得比往年晚一些，杀虫剂喷施的时间因此延后了，正巧赶上大群鸣禽迁徙飞来，结果是几乎所有飞翔的鸟都死了。在威斯康星州的白鱼湾地区，往年至少能看到上千只黄腰白喉林莺。1958年，榆树喷施杀虫剂后，鸟类观察者仅仅发现了两只黄腰白喉林莺。如果把其他地区的鸟类死亡情况算在一起，数量就更为庞大了。死亡的鸣禽中包括形体优美、深受人们喜爱的各种鸟类：黑白森莺、黄林莺、纹胸林莺、栗颊林莺、五月婉转鸣唱橙顶灶莺、双翅一抹火红的黑斑林莺、加拿大林莺和黑喉绿林莺，等等。这些在树梢觅食的精灵，或因食用有毒昆虫中毒死亡，或者昆虫遭到猎杀后，因食物短缺饿死。

食物短缺也严重危及空中飞舞的燕子，它们像鲱鱼在大海中觅食浮游生物一样，努力在空中捕食飞虫。为此威斯康星州一位自然学家报告说，燕子的受害情况十分严重，人人都在抱怨，跟四五年前相比，燕子数量少了很多，四年前空中到处飞舞的燕子，现在却几乎看不到，导致这种情况的原因可能是喷药使得昆虫数量减少，也可能是因为燕子食用中毒昆虫导致死亡。

这位观察者还提到其他鸟类的情况："另一种明显减少的鸟类是东菲比霸鹟（wēng）。且不说小霸鹟几乎绝迹，就连体格壮硕的普通东菲比霸鹟也没有了。我今年春天见到过一只，去年春天也仅见到过一只。威斯康星州其他猎鸟者纷纷抱怨。我以前投喂过五六对北美红雀，现在连一只也没有了。从前每年都会有鸱鹩、知更鸟、猫鹊和鸣角鸮来我们家花园里营巢，今年连一只也没有。夏天的清晨再也听不到鸟儿的歌唱，只剩下一些害鸟、鸽子、椋鸟和家麻雀，太悲惨了，简直让人无法忍受！"

秋天，人们对榆树进行休眠期喷药，药物渗入树皮缝隙，这大概是山雀、五子雀、凤头山雀、啄木鸟和褐旋木雀数量急剧减少的主要原因。1957 年冬天，华莱士教授多年来头一回发现，自家喂鸟架上见不到山雀和五子雀的踪影。他后来发现的三只五子雀还原出一个悲惨的因果过程：一只五子雀正在榆树上觅食，另一只奄奄一息，表现出典型的滴滴涕中毒症状，第三只已经死亡，后来发现那只濒死的五子雀体内滴滴涕含量达 226×10^{-6}。

这些鸟类的进食习惯，不仅使它们容易受到杀虫剂的危害，也使得死亡数量特别巨大。例如，白胸五子雀和褐旋木雀的夏季食物，主要是各种危害树木的昆虫虫卵、幼虫和成虫，山雀近四分之三的食物来源于各个生长阶段的昆虫。A.C.本特的不朽巨著《北美鸟类生活史》中记载了山雀的进食习性："一群山雀刚刚落在树上，每只鸟都开始仔细搜索藏在树皮、树枝和树干上的微小食物，诸如蜘蛛卵、茧或其他休眠昆虫。"

许多科学研究已经证明，在各种情况下，鸟类对昆虫数量都起着关键性作用。比如控制恩格曼云杉甲虫主要靠啄木鸟，它可以将甲虫数量大大减少。啄木鸟在控制苹果蠹蛾方面发挥着重要作用，山雀和其他冬季鸟类，则可以保护果园免受尺蛾幼虫的危害。

然而自然界的这种自然调控，已经不会出现在化学药品风行的当今时代。喷施杀虫剂不仅剿除了昆虫，也杀死了他们的主要天敌鸟类。一旦昆虫卷土重来，这种情况通常会发生，我们却完全没有可以对其进行遏制的鸟类了。正如威斯康星州密尔沃基公共博物馆鸟类馆馆长欧文·J.格罗姆投给《密尔沃基日报》的稿件中所写："昆虫的最大天敌是其他捕食性昆虫、鸟类和一些小型哺乳动物，但是滴滴涕不加区分地将它们全部杀死，而遭戕害的对象甚至包括大自然的卫士……我们难道要以进步的名义，自食残忍猎杀昆虫之恶果？只图一时安逸的残忍杀灭，最终注定会失败。榆树被毁灭、大自然的卫士鸟类被捕杀绝迹，新的害虫继续侵害其他树种，我们该如何应对？"

格罗姆先生说，在威斯康星州实施农药喷施的这些年，报告鸟类死亡的电话和来信络绎不绝，询问过后总会发现，出现鸟类死亡情况的地方，往往刚刚喷施过农药。

美国中西部地区大多数研究机构，如密歇根州的克兰布鲁克科学研究所、伊利诺伊州的自然历史调查所和威斯康星大学的鸟类学家和生态环境保护学家，都有过与格罗姆先生相似的经历。浏览一下各地报纸的"读者来信"专栏就会发现，几乎所有喷施过农药的地方，民众都对此举义愤不已，他们比那些下令喷施农药的官员更清楚农药的危害，以及农药喷施的不合理。

"我真担心，用不了多久，这些美丽的鸟儿都会死在我们的后院。"密尔沃基的一位妇女写道，"这些鸟儿太可怜了，简直令人心碎，而且令人失望和愤怒的是，喷施农药显然达不到这场屠戮希冀达到的目的……请你们仔细想想吧，不保护鸟类，能够保护树木吗？在自然界，树木和鸟类不是相互依存的吗？难道就找不到保持自然平衡却不毁灭自然的方法吗？"

其他读者来信说，尽管榆树是遮阴美化的好树木，可也不是传说中的尊崇的"圣牛"，为了保护它们，非得对其他生灵大开杀戒。"我一直很喜欢榆树，榆树就像我们的地标一样，"另一位威斯康星州妇女来信写道，"但是，我们还要许多其他种类的树木……我们也要保护鸟类。谁能想象，没有知更鸟鸣唱的春天，生活会变得多么无趣，多么可怕？"

对公众来说，这似乎是个非黑即白的简单选择：我们应该保护鸟类还是保护榆树？实际问题并没有那么简单。化学农药防控领域充满讽刺，如果我们继续沿着现在的道路走下去，到最后我们可能会同时失去鸟类和树木。通过喷药拯救榆树的危险幻想，只会让一个又一个的地方陷入巨额开支的泥沼，却不会产生预期的持续效果。康涅狄格州的格林尼治连续十年喷施农药。有一年，干旱为甲虫提供了有利的繁殖条件，榆树死亡率陡然上升了 10 倍。1951 年，伊利诺伊大学所在的厄巴纳市首次出现荷兰榆树病。1953 年，政府开始喷施农药。到 1959 年，尽管已经连续喷了六年的农药，校园里 86%的榆树仍然未能保住，其中半数以上的榆树死于荷兰榆树病。

俄亥俄州托雷多市发生的类似事件，引起林业部负责人约瑟夫·斯维尼的重视，他开始认真核查农药喷施造成的后果。该市从 1953 年开始喷施农药，一直持续到 1959 年，斯维尼先生发现，在相关"专家、权威"建议喷施农药的六年后，全市范围的槭绵蜡蚧危害反而比之前更严重。他决定亲自检查荷兰榆树病的施药结果。研究发现令他震惊：

"托雷多市得到控制的地区，是那些将染病或有虫卵寄生的树木迅速移除的地区，而喷施农药的地区情况已经完全失控，在一些没有对荷兰榆树病采取任何措施的乡村地区，疾病传染的速度反而没有城市快，这也说明杀虫剂将害虫的天敌一并杀死了。

"我们正在放弃对荷兰榆树病进行农药喷施，如此一来，我会跟那些支持美国农业部主张的人产生分歧，但我会用事实对他们进行有力的回击。"

我们很难理解，为什么最近才被荷兰榆树病波及的中西部城镇，竟然不预先调查其他地区在该问题上取得的长足经验，贸然采取耗资巨大的农药喷施计划。比如，纽约州在持续控制荷兰榆树病方面，经验就非常丰富。据说，在 1930 年前后，带病榆木正是通过纽约港入境美国，如今，纽约州在荷兰榆树病防控方面成绩卓著。然而，这个成绩并非通过喷施农药得来。实际上，纽约州农业推广部门从不建议通过喷药进行防控。

那么，纽约州是通过何种方式取得如此卓越的成效呢？从最初控制荷兰榆树病至今，该州一直采取严格的防疫措施，那就是迅速移除并毁掉生病或感染的树木。最初的控制效果不尽如人意，因为刚开始人们并不知道，不仅应该毁掉染病的榆树，也应该同时毁掉那些可能有树皮甲虫产卵的榆树。人们砍伐受到感染的榆树，劈成木材储存起来，如果来年开春前没有烧掉，就会滋生出大量携带病原菌的树皮甲虫。而传播荷兰榆树病的罪魁祸首正是 4 月末到 5 月结束冬眠出来觅食的成熟甲虫。

纽约州昆虫学家在经验中摸索，学会识别那些存在甲虫繁殖且容易传播疾病的树木。集中处理这些危险树木，不仅取得良好的控制效果，而且将防治成本控制在合理区间内。到1950年，纽约市55 000株榆树中，荷兰榆树病发病率降低到0.2%。1942年，纽约州韦斯切斯特县启动疾病防疫计划。在其后14年中，榆树年损失率仅为0.2%。布法罗市185 000株榆树通过防卫计划取得非常好的控制效果，最近几年榆树年损失率仅为0.3%。换句话说，按照这样的损失速度，布法罗市的榆树要300年时间才会消失。

纽约州中部锡拉丘兹市的情况尤其引人瞩目。1957年以前，该市并没有采取实质性的应对措施。1951年至1956年间，锡拉丘兹市损失接近3 000棵榆树。之后，纽约州立大学林学院霍华德·米勒广泛动员民众移除所有染病榆树和可能携带病原菌的榆木，如今榆树年损失率降到1%以下。

纽约州专家特别强调，荷兰榆树病防控方法的经济性。纽约州立农学院的J.G.马特西说："大多数情况下，相对可能达到的防控效果，实际费用非常少。""如果疾病造成树枝枯死或断裂，为了避免造成财产损失或人员伤亡，需要把树枝砍掉。如果烧火用的柴堆中带有病原菌，那么赶在开春前将木柴烧完，要么将树皮剥掉，要么将木材存放在干燥地方。大城市里大部分死掉的树木，最终都需要清理，所以对染上荷兰榆树病死亡或濒死的榆树来说，立刻砍除所花费的钱，不会比后来需要的花费多。"

只要防疫措施科学、理性，人们面对荷兰榆树病并非完全束手无策，尽管目前还没有发现将其彻底根除的有效方法，然而一旦将防疫措施落实到位，就能够把疾病控制在合理范围内，无须动用无效且给鸟类造成毁灭性灾难的手段。树木育种技术也可以提供解决之道，实验表明，科研人员有望培育出能够抵抗荷兰榆树病的杂交榆树品种，欧洲榆树具有高抗病性，华盛顿地区已经大量种植这种欧洲榆树，即便在本地榆树发病率很高的时候，这些欧洲榆树也能够安然无恙（yàng）。

在榆树死亡率高的地区，我们迫切需要通过实施育苗和造林项目来补种苗木。尽管补种项目包括抗病性高的欧洲榆树，但增加树种多样性，对于防止未来疫情导致整个地区树木悉数遭劫非常重要。健康的动植物群落的关键在于英国生态学家查尔斯·艾尔顿所言的"生物多样性保护"。目前发生的一切,很大程度上跟过去上百年来的生物单一化有关。二三十年前,并没有人知道在大片区域内种植单一树木将会导致灾难性的后果。因此,很多城镇的大街两旁和公园里全部栽种了榆树。如今榆树死了,鸟也跟着死了。

另一种美国鸟类与知更鸟境况相似,似乎也濒临绝迹。那就是美国国家的象征:白头海雕。

白头海雕,又称为美洲雕。是大型猛禽,成年海雕体长可达1米,翼展2米多。眼、嘴和脚为淡黄色,头、颈和尾部的羽毛为白色,身体其他部位的羽毛为暗褐色,十分雄壮美丽。主要栖息在海岸、湖沼和河流附近,以大马哈鱼、鳟鱼等大型鱼类和野鸭、海鸥等水鸟以及生活在水边的小型哺乳动物等为食,飞行能力很强。上喙边端具弧形垂突,适于撕裂猎物吞食;基部具蜡膜或须状羽;翅强健,翅宽圆而钝,扇翅及翱翔飞行,扇翅节奏较隼(sǔn)慢;跗跖部大多相对较长,约等于胫部长度,是北美洲特有物种。1782年6月20日,美国国会通过决议立法,选定白头海雕为美国国鸟。

过去十年,白头海雕的数量正以惊人的速度锐减。事实表明,白头海雕的生存环境出了问题,导致其防御能力遭到破坏,虽然具体原因尚无定论,但有证据显示杀虫剂难辞其咎。

在北美洲,研究人员最关注的是美国佛罗里达西海岸从坦帕到迈尔斯堡沿线营巢繁育的白头海雕。从1939年至1949年,温尼伯市退休银行家查尔斯·布罗利因为曾给1 000余只白头海雕幼鸟戴上环志,在鸟类学界名声大振。在他之前,历史上仅有166只白头海雕戴过环志。布罗利先生在冬季幼鸟飞离巢穴前,给它们戴上环志。后来,人们对这些带环志的白头海雕进行研究,发现出生在佛罗里达的白头海雕能够沿着海岸往北进入加拿大,最远甚至到达爱德华王子岛。此前,人们原本以为这些白头海雕不迁徙。每年秋季,这些白头海雕返回南方,宾夕法尼亚州东部的霍克山因此成了著名的白头海雕迁徙观测地。

给白头海雕戴环志的头几年,布罗利先生从事研究工作的海岸地区,通常能发现 125 处包含幼鸟的巢。每年约有 150 只白头海雕幼鸟被戴上环志。1947 年,白头海雕幼鸟的数量开始减少,有些巢里没有鸟蛋,有些巢里虽然有鸟蛋,却孵不出幼鸟。1952 年至 1957 年,约 80% 的巢没有孵出幼鸟。1957 年,仅 43 处巢里还有白头海雕。7 处巢里孵出 8 只幼鸟,23 处巢里有鸟蛋却孵不出幼鸟,13 处巢仅仅是成年白头海雕进食场所,根本就没有鸟蛋。1958 年,布罗利先生沿着海岸驱车 170 多千米才发现并标记了 1 只白头海雕。1957 年,他在 43 处巢中发现过白头海雕成鸟,而一年后仅 10 处巢中有成鸟。

1959 年布罗利先生去世,这项有价值的持续观测工作从此中断。佛罗里达州奥杜邦协会以及新泽西州和宾夕法尼亚州提供的报告证明,任由目前的情况发展下去,美国恐怕需要另寻国家象征。

霍克山禁猎区管理员莫里斯·布农的报告特别引人关注。

霍克山位于宾夕法尼亚州的东南部,景色秀丽,阿巴拉契亚山脉东部山脊在此地形成最后一道屏障,阻住吹向沿海平原的西方风。西风遇到山脉会偏斜向上吹,这里秋天的大部分时间会有一股连续的上升气流,因此巨翅鹰和白头海雕可以毫不费力地乘风翱翔,南迁时通常可以长途飞行。霍克山不仅是山脊交会处,鸟类的空中迁徙路线也在此处交会,因此,北方各地飞来的鸟必经这一迁徙要道。

作为霍克山禁猎区负责人,莫里斯·布农在任职的 20 多年来,观察和记录的鹰比任何一个美国人都多。白头海雕的迁徙高峰出现在每年 8 月底 9 月初。通常认为,这些白头海雕是在北方度夏后返回家乡佛罗里达。据悉,每年深秋初冬时节,一些体形较大的北方种类也会经过这里飞往别处。设立禁猎区的头几年,也就是 1935 年到 1939 年,观测到的白头海雕,40% 鸟龄在一岁左右,这个通过它们的深色羽毛很容易识别出来,但是最近一些年来,这样的未成年白头海雕变得十分稀少。在 1955 年至 1959 年幼鸟只占总数的 20%,而在 1957 年,每 32 只成年白头海雕中仅有 1 只幼鸟。

霍克山的观察结果与其他地方的发现相互印证,其中一份报告来自伊利诺伊州的自然资源委员会的官员埃尔顿·弗克斯,内容为白头海雕飞来密西西比河和伊利诺伊河越冬的情况。弗克斯在报告中说，最近，也就是1958年统计的59只白头海雕中，仅有一只幼鸟。世界唯一的白头海雕专属保护区，萨斯奎哈纳河上的蒙特·约翰逊岛上也发现了白头海雕濒临灭绝的情况。尽管该岛距离康诺文格大坝上游仅12千米，距离兰开斯特县河滨不足0.8千米，岛上却保持着原始风貌。自1934年起，兰开斯特县鸟类学家、保护区负责人赫伯特·贝克先生坚持观察岛上的一处巢。1935年至1947年间，该巢伏窝情况非常规律，而且都非常成功。从1947年开始，尽管仍然有成年白头海雕出现在巢中，并产下鸟蛋，却孵不出幼鸟。

蒙特·约翰逊岛与佛罗里达州出现的情况一样：巢里仍有成年白头海雕出现，也会生蛋，却很少或者孵不出幼鸟。能解释这些现象的原因似乎只有一个，那就是某种环境因素导致这些白头海雕生殖能力下降。现在，几乎没有幼鸟出生，白头海雕家族难以为继。

很多人工仿真环境实验证明，其他鸟类也遭遇同样的情形。其中最著名的是美国鱼类及野生动物管理局詹姆斯·德威特博士完成的实验。德威特就各种杀虫剂对鹌鹑和野鸡的影响进行了一系列经典实验。研究结果发现，滴滴涕或相关化学农药接触，也许不会对成年鸟类造成肉眼可见的伤害，却会严重影响其生殖能力。具体影响方式可能有很多种，但最终结果都一样。打个比方，将滴滴涕添加到繁育期的鹌鹑食物中，鹌鹑仍然能够产蛋或产蛋情况如常。但是，这些产出的蛋很少能够孵化出幼鸟。"很多胚胎在孕育之初似乎发育正常，一到孵化阶段就会死掉。"德威特博士说，即使孵化成功，半数以上的雏鸟也活不过5天。在野鸡与鹌鹑的其他实验中，常年喂食含杀虫剂食物的野鸡和鹌鹑，无论如何都产不出蛋。加州大学罗伯特·拉德博士和理查德·吉纳利博士报告中有同样的发现。野鸡吃了含狄氏剂的食物后，"产蛋数量显著减少，幼鸟成活率非常低。"这些研究者发现，蛋黄中积存的狄氏剂，在伏窝期和雏鸟出生后被逐渐吸收，从而给幼鸟造成缓慢却足以致命的危害。

华莱士教授与研究生理查德·伯纳德的最新研究结果为上述结论提供了有力的佐证。他们在密歇根州立大学校园中的知更鸟体内发现了高浓度的滴滴涕残留。受测雄鸟的睾丸，雌鸟发育中的卵泡、卵巢、已经发育好尚未生出的蛋、输卵管，遗弃在鸟巢中未孵化的蛋、鸟蛋胚胎和孵出后死亡的雏鸟体内，全部都发现了毒素残留。

这些重要的研究表明，鸟类一旦接触过杀虫剂，就会对下一代造成危害。鸟蛋和为胚胎发育提供营养的蛋黄中贮存的毒素是致死的真正原因。这就解释了为什么德威特实验中那么多幼鸟在胚胎中或出生几天后死亡。

科学家很难对白头海雕开展类似的实验室研究，但佛罗里达州、新泽西州和其他一些地方已经开展了相关野外研究，希望找到造成大量白头海雕不育的原因。而其中的大量间接证据都指向杀虫剂。在一些盛产鱼类的地区，鱼在白头海雕的食谱中占有很大的比例。在阿拉斯加约占65%，在切萨皮克湾地区约占 52%。毫无疑问，布罗利先生长期研究的那些白头海雕都主要以鱼类为食，自 1945 年开始，人们反复向布罗利先生研究的这片沿海地带喷施滴滴涕乳剂。这种农药喷施的主要目标是盐沼蚊。蚊子生长的沼泽和海岸地区，正是白头海雕觅食的区域。喷药导致大量鱼蟹死亡。实验分析显示，死亡的鱼类、蟹类机体组织中的滴滴涕浓度高达 46×10^{-6}。正如加州清水湖的鸊鷉那样，因为吃了湖里的鱼，体内积蓄了高浓度杀虫剂残留，这些白头海雕体内组织中自然也贮存了高浓度的滴滴涕。跟鸊鷉、野鸡、鹌鹑和知更鸟一样，白头海雕繁殖能力不断下降，最终将无法维系该种群的繁衍。

当今世界，各地纷纷传来鸟类濒临灭绝的消息。各地报告具体细节不尽相同，但主题却完全一致：野生动植物因杀虫剂的使用而死亡。例如在法国，人们使用含砷除草剂喷施葡萄藤后，数百只小鸟和灰山鹑死亡；在鸟类数目繁多的比利时，周围农田喷施农药，导致曾经闻名遐迩的灰山鹑狩猎走投无路。

英国面临的主要问题似乎专业性非常高，与日趋增多的作物种子处理有关。拌种不是什么新鲜事，但早期拌种主要使用杀菌剂，似乎没有给鸟类造成过危害。大概从 1956 年开始，人们改变拌种处理方法，企图打造双重功效，在杀菌剂之外又增添了狄氏剂、艾氏剂或七氯，以防控土壤昆虫。自那以后，情况就变得糟糕起来。

1960 年春天，英国野生动植物管理部门，包括英国鸟类学基金会、英国皇家鸟类保护协会和猎鸟协会，收到大量有关鸟类死亡的报告。"这个地方像一片刚刚结束战斗的战场，"诺福克一位农场主在报告中写道，"管家发现了无数鸟类的尸体，其中有大量小型鸟：苍头燕，金翅雀、红雀、篱雀，还有家麻雀……死了那么多鸟，真令人痛心。"一位猎场看守人写道："包衣剂处理过的玉米种子，毒死了猎场里所有的灰山鹑、部分野鸡和所有其他的鸟类，一共死了几百只鸟……我看守猎场一辈子，从来没见过这么凄惨的场面，看到一对对灰山鹑同时死去，真让人痛心。"

英国鸟类学基金会与英国皇家鸟类保护协会联合发出报告，描述了67 例鸟类死亡的情况——1960 年春天死亡的鸟类远不止这个数字。67例中，59 例死于种子包衣剂，8 例死于农药。

第二年，又出现新一轮鸟类中毒事件。英国下议院接到报告，仅诺福克郡一家农场就有 600 只鸟死亡，而北艾塞克斯郡一处农场死了 100只野鸡。人们很快发现，遭受影响的郡数量比 1960 年增加了。1960 年是 23 个郡，1961 年是 34 个郡。以农业为主的林肯郡遭受的危害程度最为严重，已报告有 1 万只鸟死亡。然而，北到安格斯，南到康沃尔，西起安格尔西岛，东至诺福克，英国所有农业地区无一幸免。

1961 年春天，鸟类死亡引发空前关注，英国下议院成立专门委员会负责调查这一事件。在农民、农场主、农业部代表以及野生动物有关的政府非政府部门代表中进行广泛取证。

有证人说："鸽子突然从天上掉下来死了。"还有证人说："在伦敦郊外开车，一两百千米都看不到一只红隼。"大自然保护协会官员则说："20 世纪以来，乃至我们所知道的任何时代，都没有发生过类似的事件，这是英国野生动物有史以来遭遇的最严重危机。"

对这些死亡鸟类进行化学分析的设备严重不足，而且整个英国也只有两位化学家能够进行这种分析。一位供职于政府部门，另一位受聘于英国皇家鸟类保护协会。证人们纷纷讲述，燃起熊熊大火焚烧鸟尸体的情况。尽管如此，人们还是成功收集到一些鸟类尸体，用于化学检验。受检鸟类尸体中仅一例不食植物种子的沙锥鸟体内没有发现杀虫剂残留。

除了鸟之外，狐狸也可能因为猎食中毒的老鼠或鸟类，间接受到危害。英国的兔子泛滥成灾，迫切需要其捕食天敌狐狸。然而，从 1959 年

11月到1960年4月，至少有1300多只狐狸非正常死亡。在雀鹰、红隼和其他被捕食的鸟类几乎完全消失的地区，狐狸死亡情况也最严重。这就表明，毒素沿着食物链从采食种子的动物传到肉食动物体内。濒死的狐狸跟其他氯代烃中毒动物表证一样，神志模糊地原地绕圈子，直至最后抽搐死亡。

完成这些听证之后，负责调查的委员会意识到，野生动物正面临着十万火急的威胁，因此向下议院提议："农业部长和苏格兰事务大臣应该立即下令，停止人们使用含狄氏剂、艾氏剂、七氯或具有相当毒性的化学药剂拌种。"该委员会同时提议强化管控措施，确保化学药剂在推向市场之前，经过充分的实验室和真实环境测试。值得强调的是，这一点是所有地方杀虫剂研究领域的巨大空白。化学农药制造商仅对实验室常见动物如老鼠、狗和豚鼠等进行实验，不会使用野生动物作为受试体，当然也就不会包括鸟类或者鱼类。实验通常在人为控制环境下开展。这些实验结果应用于真实环境中的野生动物肯定会产生偏差。

英国绝不是唯一需要保护鸟类免受拌种包衣剂危害的国家。美国加利福尼亚州和南部水稻种植地区，同样饱受该问题烦扰。多年以来，加利福尼亚州农民一直使用滴滴涕对稻种进行播种前的处理，以防止鲎（hòu）虫、龟虫危害秧苗。从前，稻田里聚集着大量水鸟和野鸡，深受狩猎爱好者青睐。然而过去十年，水稻种植地区频频传来鸟类数量减损的报告，特别是野鸡、野鸭和黑鹂死亡的报告。"野鸡病"成了尽人皆知的现象。一位观察者报告说，患病鸟类"嗜水，肢体麻痹，瘫痪在沟壑或者稻田里浑身颤抖"。这种病多发在春季稻田下种的时候，拌种使用的滴滴涕浓度是杀死成年野鸡所需剂量的许多倍。

几年以后，人们研制出毒性更强的杀虫剂，越发增加了化学药剂拌种的灾害风险。对野鸡来说，毒性超过滴滴涕100倍的艾氏剂被广泛用作包衣剂。得克萨斯州东部水稻种植区使用艾氏剂拌种，导致树鸭数量锐减。树鸭是生活在墨西哥湾沿岸的一种黄褐色鸭子，外形长得像雁。确实，有理由认为水稻种植者使用杀虫剂，想要同时达到减少黑鹂数量的功效，却给稻田里其他鸟类也造成了灾难性后果。

灭杀习惯也就是清除一切给我们带来烦恼或不便的生物的习惯，一且形成，鸟类就日益成为毒药的直接目标，而非仅仅意外受到牵连。为了"防控"对农民不利的鸟类的过度繁殖，从空中喷施对硫磷类剧毒农药的做法日益普遍。美国鱼类及野生动植物管理局表达了对这一问题的高度关切，声明"喷施对硫磷将会对人、家畜和野生动物构成潜在威胁"。例如 1959 年夏天，印第安纳州南部地区一些农民租用喷药飞机，向河滩地区喷施对硫磷。这片河滩上栖息着数千只在附近玉米田里觅食的黑鹂。其实，问题本来可以通过改种苞叶较长的玉米品种轻松解决，这样一来，黑鹂就吃不到玉米穗了。但这些农民却选择用飞机喷施剧毒农药来结束这些黑鹂的性命。

飞机喷药的结果，可能会让农民们心满意足，可是死亡清单上列有65 000 只红翅黑鹂和椋鸟。其他未发现未记录在案的野生动物，死亡情况不得而知。对硫磷具有普遍杀伤性，毒性不只是针对黑鹂。那些可能来河滩上活动的野兔、棕熊和负鼠，它们也许从未涉足过农民的玉米地，农民很可能也从不知道它们的存在，却毫无来由地被这些农民判了死刑。

这些化学药剂会对人类产生什么样的影响？在喷施同一种对硫磷农药的加州果园工人，接触到一个月前喷施农药的树叶后陷入昏迷，经过精心医疗救治才保住性命。印第安纳州还有人敢让家中的男孩去丛林、田野或河边玩耍嬉戏吗？如果还有的话，谁来防护这些有毒区域，阻止那些为了探索原始大自然而误入其间的孩子们？谁能守望并告诫无辜路人，远离那些所有植被都覆盖着一层薄膜的夺命田野？尽管潜在危害如此巨大，却没有人阻止农民对黑鹂发动这场全无必要的战争。

在所有事件中，人们都回避认真思考如下问题：是谁做出的这个决定，引发一系列连锁中毒反应，导致死亡范围不断扩大，仿佛将卵石扔进平静的湖面，而泛起层层涟漪？是谁在天平的一侧放上甲虫可能食用的树叶，而在另一侧放上一堆可怜的杂色羽毛？那可是因杀虫剂肆虐而惨死的鸟儿的残余物！是谁在没有广泛征求民众同意的情况下做出决定，认为没有昆虫的世界才是最完美的世界，纵然其间了无生机、再无鸟儿展翅飞翔？谁有权力做出这样的决定？做出这个决定的人，暂时被假以决策权，竟然如此罔顾民意。岂知对千百万民众而言，大自然的美丽与秩序具有深刻而不可替代的意义。

第九章

死亡之河

蔚蓝的大西洋深处，隐藏着无数通往海岸的路径，它们是鱼类的洄游之路。这些路径看不见、摸不着，却与来自陆地河流的水体相连。成千上万年来，每一条鲑（guī）鱼都会沿着熟悉的淡水路径，洄游到度过生命最初阶段的内陆河流。

鲑鱼是一种非常有名的溯河洄游鱼类，它在淡水江河上游的溪河中产卵，产后再回到海洋肥育。幼鱼在淡水中生活2~3年，然后下海，在海中生活一年或数年，直到性成熟时再回到原出生地产卵。例如大西洋鲑的产卵期虽是从9月至次年2月，但在一年内，差不多每月都有鱼群接近沿岸，并借助潮流的帮助，从河口上溯入河川。进入河口后游到上流，必须依靠自己的游泳能力，它们为了完成生殖任务而用的力气是非常强大的，为了飞越瀑布和堰坝等横在河流中的障碍物，必须用极强的游泳能力，以冲出水面，跳过障碍物。

1953年夏秋季节，加拿大东北部新布伦瑞克省米拉米奇河里的鲑鱼，从遥远的大西洋觅食地洄游到出生地。米拉米奇河上游溪流交汇，绿树掩映。每年秋天，鲑鱼将卵产在河床沙砾上，清凉澄澈的溪水欢快地流过。这片水域内成片的云杉、香脂冷杉、铁杉和松树等针叶林，为鲑鱼提供了适宜的产卵环境。

年复一年的鲑鱼洄游，使得米拉米奇河成为北美洲最佳鲑鱼产地之一。然而在1953年，米拉米奇河的鲑鱼洄游遭到了破坏。

那一年秋冬两季，雌鲑鱼将包裹着硬壳的巨大鲑鱼卵产在河床沙砾上预先挖好的浅槽中。正常情况下，鱼卵在寒冷的冬天缓慢发育，等到春天林中小溪冰雪消融时，鱼苗才开始孵化出来。一开始这些身长不足寸余的小鲑鱼藏在河床砾石之中，它们不需要进食，依靠硕大的卵黄囊提供营养。卵黄囊被吸收完了，幼鱼才开始到溪流中觅食小昆虫。

1954年春天，米拉米奇河里游弋着色彩斑斓的小鲑鱼，既有当年孵出的鲑鱼苗，也有一两岁大的幼鲑。它们贪婪地搜寻着溪水中千奇百怪的昆虫。

随着夏天的临近，一切都变了。

此前一年，加拿大政府出台了旨在保护森林免受云杉食心虫侵袭的农药喷施项目，米拉米奇河西北部林区被纳入了喷药计划之列。云杉食心虫是一种本地昆虫，能够对多种常青树木造成侵害。在加拿大东部，每隔35年会大规模暴发一次虫害。20世纪50年代初，云杉食心虫再次暴发，人们开始喷施滴滴涕进行灭杀，最初只是小范围施用，1953年骤然加大喷施力度。为保护制浆造纸行业的支柱香脂冷杉，喷施面积从之前的数千公顷扩大到数百万公顷。

香脂冷杉是松科冷杉属树种。香脂冷杉木材相对较软，缺乏耐震强度，但是具有良好的抗裂性，可以制成轻框架、人造板、柳条箱，也可以用于造纸等。香脂冷杉林是一些动物食物来源和栖息地，在冬季是麋鹿主要的食物来源，也是白尾鹿的主要活动区域。

1954年6月，飞机开始在米拉米奇河西北森林上方开展空中作业，喷出一团团乳白色烟雾。1.25千克溶于油溶液的滴滴涕从每公顷林地上空洒下，弥漫整个香脂冷杉林，一部分飘落到地面和溪流中。飞行员只想着完成被分配的任务，并没有尽力避开溪流，飞过溪流上空时，也没有试图关闭农药喷嘴。事实上，非常细微的空气振动都能造成喷施物快速飘散，即便飞行员采取积极回避措施，结果也不会有多大改变。

毫无疑问，喷药作业刚结束，就出现了可怕的迹象。没过两天，河流沿岸出现了大量已死和濒死的鱼，其中有不少幼鲑，死鱼中还有俗称"七彩鲑"的美洲红点鲑。道路两旁和树林中不断有鸟儿死去，河流一片死寂，喷药前河水里活跃着大量水生物，为鲑鱼、鳟鱼提供了美味佳肴。这些水生物中有生活在树叶、草梗和沙砾黏结起来的松散掩体中的石蛾幼虫，紧紧附着在湍流岩石上的石蝇幼虫，以及在浅滩或溪水漫过的岩石上缓缓移动、外形非常像蠕虫的黑蝇幼虫。然而，溪流中的昆虫现在悉数被滴滴涕杀死，幼鲑失去了食物来源。

在充斥死亡与毁灭的环境中，幼鲑很难幸免于难，事实上它们也的确无一幸免。到了 8 月，当年春天在河床里孵出的鲑鱼死个精光。一整年的繁育化为乌有。一两岁的幼鲑鱼情况稍微好一点。飞机喷施农药后，一岁龄幼鲑成活 1/6，两岁龄快要可以进入大海生活的鲑鱼死掉了 1/3。

自从 1950 年以来，加拿大渔业研究委员会始终致力于米拉米奇河西北流域的鲑鱼研究，上述事实因此才能够为世人所知。该委员会每年对河流中的鱼类数量进行一次普查。生物学家的统计内容包括洄游繁殖的成年鲑鱼数量、河流中各个年龄段的幼鲑数量、河流中鲑鱼和其他鱼类的正常数量。有了这些喷药之前的详尽数据，才有可能计算喷药造成的损失，精确程度远远超过其他任何地方。

调查结果不仅显示出幼鲑的死亡情况，还揭示了河流本身发生的严重变化。反复喷药已经彻底改变了河流的生态环境，鲑鱼和鳟鱼主要食用的水生昆虫已被消灭殆尽。即便只喷一次农药，大多数昆虫都需要很长时间，才能恢复到满足正常鲑鱼群食用的数量。所需时间不能按月来计算，往往需要数年。

蠓虫和黑蝇等形体较小的昆虫，数量恢复得相对较快。刚出生几个月的鲑鱼苗以它们为食，而两三岁龄鲑鱼主要以石蛾、石蝇与蜉蝣幼虫等为食，这些形体稍大的昆虫，数量恢复起来没有那么快。滴滴涕侵入河流的第二年，幼鲑除了偶尔找到较小的石蝇之外，很难找到其他食物。河里根本就没有较大的石蝇、蜉蝣或石蛾。为了确保鲑鱼的天然食物，加拿大人曾经尝试将石蛾幼虫和其他昆虫投放到水生物匮乏的米拉米奇河水域。当然，只要再次喷药，这些新投放的昆虫会再次遭到灭绝。

云杉食心虫数量不仅没能如愿减少，反而更加猖獗。因此 1955 年至 1957 年，新布伦瑞克省和魁北克省对多地进行了重新喷药，有些地方甚至喷了三次。1957 年，农药喷施面积接近 600 万公顷。喷药计划曾一度中止，但由于云杉食心虫数量再次反弹，导致 1960 年和 1961 年再度连续喷药。事实上，没有任何证据显示，喷药防控云杉食心虫仅是权宜之计。农药要喷上几年，香脂冷杉才不会因为脱叶而死亡，因此只要喷药还在继续，可怕的危害就会持续显示出来。为了将对鱼类的危害降到最低，加拿大林业部门官员听取渔业研究委员会的建议，将滴滴涕浓度从之前每公顷 0.56 千克降低到每公顷 0.28 千克。美国仍然采用每公顷 1.1 千克的高剂量标准。如今，经过几年喷药效果监控，加拿大鲑鱼死亡情况有所好转，但是只要喷药还在继续，就无法让热衷钓鲑鱼的爱好者释然。

到目前，一种非常不寻常的环境组合使得米拉米奇河西北流域免于预期的破坏，简直可以说是百年不遇的系列事件。了解这些事件及其背后的原因，具有重要的意义。

如我们所知，米拉米奇河西北流域，曾在 1954 年喷施过大量化学农药。之后，除了一小片狭长地区在 1956 年重复喷药外，整个上游地带没有再继续喷药。1954 年秋天的热带风暴，奇迹般地拯救了米拉米奇河里的鲑鱼。强热带风暴飓风"埃德娜"一路北上，给美国新英格兰地区和加拿大海岸造成大量降水，暴雨形成的洪流，裹挟着淡水流入大海，也使得异常多的鲑鱼得以洄游。因此，河床上出现了异常多的鱼卵。1955 年春天，在米拉米奇河西北流域孵化的小鲑鱼苗，遇上极为理想的生存环境。尽管前一年滴滴涕将河中的昆虫杀死了，但小鲑鱼苗的常规食物蠓虫和黑蝇等体形最小的昆虫，已经恢复到正常数量。那一年，鲑鱼苗的食物充足，加之前一年的农药杀死了年龄较大的鲑鱼，减少了它们的强势竞争对手，因此 1955 年出生的鲑鱼苗成长非常迅速，存活率也异常高。它们迅速完成内河生长阶段，提前进入大海。1959 年，这批鲑鱼中有许多洄游到米拉米奇河西北流域，在故乡的河床上产下大量鱼卵。

如果米拉米奇河西北流域鲑鱼洄游情况仍然较好，主要是因为那里仅喷过一年农药。该河流其他河段鲑鱼数量大幅下降，从中我们能够明显看出反复喷药的后果。

在所有喷过药的河段中，各种大小的幼鲑都很稀少，生物学家报告说，最小的鲑鱼鱼苗通常被"一举杀死"。1956 年和 1957 年，米拉米奇河西南流域喷施了农药，1959 年鲑鱼捕捞量达十年来最低。渔民们说，主要是洄游产卵的鲑鱼太少。米拉米奇河口取样处数据显示，1959年洄游鲑鱼数量仅为上一年度的 1/4。1959 年，整个米拉米奇河流域首次入海的两岁龄幼鲑仅 600 000 条。这个数字与前三年相比每年比前一年的 1/3 都少。

在此背景下，新布伦瑞克省鲑鱼产业的未来，取决于能否在森林虫害防治中找到替代滴滴涕的药物。

加拿大东部发生的情况并不特殊，其与众不同之处在于喷药林区范围广，收集的事实证据充足。美国缅因州也有云杉和香脂冷杉林，同样面临着防控森林虫害的问题。缅因州也有鲑鱼洄游——洄游数量虽然比从前大幅度减少，却也是生物学家和环保主义者付出艰辛得来的结果。他们在充斥工业污染和枯枝淤塞的河道中，挽救下鲑鱼栖息地。这里为了灭杀无处不在的云杉食心虫，也喷施过农药，但遭受农药危害的面积较小，而且也没有危及鲑鱼产卵的重要河段。然而，缅因州内陆渔业和狩猎管理部门在一个地方观察到的河鱼情况，却可能是个不祥的预兆。

"1958 年刚喷完药，"该管理部门报告说，"大戈达德河中就发现大量病死的吸口鱼。这些鱼表现出典型的滴滴涕中毒症状。它们到处乱游，浮出水面换气，同时伴有战栗和抽搐症状。喷药后头五天，两网捞上来668 条死掉的吸口鱼。小戈达德河、卡里河、艾尔德河和布莱克河中也发现大量死亡的鲦（tiáo）鱼和吸口鱼。人们经常能看到虚弱濒死的鱼顺着水流往下漂，一动也不动。喷药一个多星期后，人们还不时能见到垂死的盲鲑鱼，一动不动顺着水流漂往下游河段。"

多项研究结果已经证明，滴滴涕可能导致鱼类失明。1957 年，一位加拿大生物学家观察温哥华岛北部喷药结果后报告说，徒手就可以拿起原本非常凶猛的幼鳟，它们游得非常慢，也不试图挣扎逃脱。检查发现，它们的眼睛里蒙上一层不透明的白膜，导致视力受损甚至失明。加拿大渔业部门开展的实验发现，接触 3×10^{-6} 低浓度滴滴涕，没有致死的银鲑都出现了失明症状，眼球晶体混浊。

凡是有大片森林的地方，林区河流中生活的鱼类都面临着现代昆虫防控手段的威胁。美国最轰动的事件，要数 1955 年黄石国家公园及周边地区农药喷施造成的鱼类死亡。当年秋天，黄石河里出现大量死鱼，令垂钓者和蒙大拿州渔猎管理人员极为震惊。长约 145 千米的河段遭受严重危害，人们在一段 270 米长的河岸发现 600 条死鱼，其中包括褐鳟、白鲑和吸口鱼。鱼类的天然食物水生昆虫则全部死光了。

　　林业部门官员声称，他们严格遵循每公顷 1.1 千克滴滴涕的安全标准，然而喷药的实际结果足以证明，这一标准绝非安全。1956 年蒙大拿州渔业和狩猎部门和两家联邦政府机构——美国鱼类及野生动植物管理局和美国林业局——开展联合研究，蒙大拿州当年喷药面积达 36 万公顷，次年喷药面积为 32 万公顷。因此，生物学家不难找到开展研究的地区。

　　各地鱼类死亡的情形有着共同的表象：林区弥漫着滴滴涕的气味，水面上浮着一层油膜，鳟鱼死在河岸边。接受检验的所有鱼，不管是死掉的还是濒死的，体内都积存着滴滴涕。与加拿大东部情况一样，喷药导致的一大严重后果是饵料生物严重减少。在很多研究区域，水生昆虫与其他底栖动物群，数量已减少到正常数量的 10%。这些对鳟鱼生存而言至关重要的昆虫一旦遭到毁灭，需要很长时间才能恢复。喷药后的第二年夏末，仅少数水生昆虫得以恢复。一条曾经生活着大量底栖动物的河流中，如今几乎找不到任何昆虫，这条河流中捕鱼的数量也下降了 80%。

　　不是所有的鱼都会立即死亡。事实上，后期死去的鱼比喷药后立即死去的数量多得多。蒙大拿州生物学家发现，不少鱼在捕鱼季节结束后才死去，因此没有计入统计上报的鱼类死亡数据。他们开展研究的河流中死了很多秋季产卵的鱼，其中有褐鳟、美洲红点鲑和白鲑。这一发现并不奇怪，无论是鱼还是人，面对生理应力时都需要从蓄积的脂肪中摄取能量。这样一来，贮存在组织内的滴滴涕就会对机体造成致命危害。

　　至此我们已十分清楚，每公顷喷施 1.1 千克滴滴涕，会给生活在林区溪流中的鱼类带来严重危害。而且，因为没有能够有效地防控云杉食心虫，很多地区计划重复喷药。蒙大拿州渔业与狩猎管理部门坚决反对重复施药，声明"绝对不愿意为必要性和效果都令人怀疑的农药喷施项目牺牲该州的渔业资源"。然而该管理部门同时也宣布，将继续与美国林业局合作，以寻求危害最小的方案。

　　这样的合作真能拯救鱼类吗？在这一点上，英属哥伦比亚省最有发言权。该省黑头食心虫肆虐多年，林业部门官员担心，树叶再脱落一季，恐怕会造成大量树木死亡，于是决定在 1957 年采取防控措施。他们与关注鲑鱼洄游的渔猎部门进行过多次磋商。最终森林生物管理局同意，在不影响效果的前提下，尽最大努力调整喷药方案以减少对鱼类的危害。

尽管采取了预防措施，尽管付出了真诚努力，结果却是：至少有 4 条主要河道中的鲑鱼几乎 100% 被毒杀！

其中一条河流中的 40 000 条成年银鲑洄游产下的幼苗，几乎被悉数杀死。另有数千条幼年硬头鳟和其他鳟鱼也死了。银鲑洄游周期为 3 年，洄游的银鲑几乎都是同一个年龄段的。跟其他鲑鱼一样，银鲑具有极强的洄游本能，只会游回自己出生的那条河流，不会去其他河流，这就意味着三年一次的银鲑洄游将不复存在，除非通过人工繁殖或其他方法才能恢复具有重大经济意义的洄游。

其实我们拥有一些既能保护森林，又不会危害鱼类的解决办法。如果我们自认为只能将河流变成死亡之河，那将是对绝望和失败主义的屈从。我们必须广泛利用已知的替代办法，必须充分调动聪明才智与资源去发现新办法。有记录显示，天然寄生性生物控制食心虫的效果，远超农药喷施。我们要最大限度地利用自然控制法，或者也可以使用毒性较小的化学农药，又或者最好能够引进致使食心虫染病却不危及整个森林生态网的微生物。我们可以观察这些替代办法及其取得的成效。最重要的是应当明白，农药喷施既不是防治森林害虫的唯一办法，也不是最佳方案。

给鱼类造成危害的杀虫剂可以分为三类。第一类，如我们所知，是针对林区某一特殊问题的农药喷施，它已经影响到北方林区和河流中的鱼类。这一类农药主要是滴滴涕。第二类是大量可蔓延、可扩散的杀虫剂，危及美国各地流动或静止水域中生活的鲈鱼、太阳鱼、莓鲈、吸口鱼和其他许多鱼类。第三类几乎囊括目前农业使用的所有类型农药，其中只有异狄氏剂、毒杀芬、狄氏剂和七氯等少数主要农药容易辨识。此外，由于相关研究刚刚起步，我们必须充分考虑，照此情形发展下去将会是什么后果，对盐沼、海湾和河口处的鱼类又会产生何种危害？

新型有机杀虫剂的广泛使用，势必给鱼类造成严重危害。鱼类对现代杀虫剂的主要成分氯代烃极其敏感。将数百万吨有毒化学物质洒到地表,有毒物质自然会以各种方式进入陆地与海洋之间无休止的水循环中去。

有关鱼类的死亡报告层出不穷,其中有些报告中死亡率奇高。为此,美国公共卫生署成立了专门办公室,负责采集来自各州的报告,用来当作水污染的一项评估指标。

这个问题关涉着广大民众。美国约 2 500 万人将垂钓作为主要的休闲方式,另外有 1 500 万人偶尔钓鱼消遣。这些人每年在办理执照、购买钓鱼器具、小船、露营装备、汽油和住宿方面的花费高达 30 亿美元,剥夺他们的这一娱乐爱好,将会带来巨大的经济损失。商业捕捞也会蒙受经济损失。更重要的是,鱼类是人们的重要食物来源,内陆和沿海渔业包括深海捕捞,每年捕鱼量约为 136 万吨。然而,我们知道,侵入溪流、池塘、江河与海湾的杀虫剂,正在威胁着娱乐休闲和商业捕捞。

农药喷施造成的鱼类死亡事件屡见不鲜。加利福尼亚州喷施狄氏剂防控水稻潜叶蝇,结果导致约 6 万条垂钓鱼死亡,其中大多数为蓝鳃太阳鱼和其他太阳鱼品种。路易斯安那州的甘蔗田喷施异狄氏剂,仅 1960年就发生了 30 多起严重鱼类死亡事件。宾夕法尼亚州果园喷施异狄氏剂猎杀老鼠,结果造成大量鱼类死亡。美国西部高原喷施氯丹防控蝗虫,导致众多河流中的鱼类死亡。

美国南方地区为防控火蚁,向几百万公顷土地大肆喷施农药,范围之广无可匹敌。该项目主要喷施的农药是七氯,对鱼类的毒性略低于滴滴涕。狄氏剂也可以防控火蚁,众所周知,狄氏剂对所有水族生物的危害都非常大,但给鱼类造成最严重危害的是异狄氏剂和毒杀芬。

火蚁防控区的所有地方——无论是喷施了七氯还是狄氏剂——都出现了水族生物毁灭性死亡的情况。研究农药危害的生物学家报告摘录如下:得克萨斯州"尽管特意避开运河喷施,还是出现了大量水族生物死亡","鱼类死亡惨重,持续了三个多星期"。亚拉巴马州"喷药后没几天,威尔考克斯县绝大部分成年鱼类都死了","季节性水域和小支流水中的鱼完全绝迹"。

路易斯安那州的农民抱怨池塘养殖减产,在一段不足 500 米的运河岸边或漂或躺着 500 多条死鱼。在另一个教区,每隔 4 条活着的就可以找到 150 条死太阳鱼。还有五种鱼类被完全杀灭。

检测员在佛罗里达州农药喷施地区池塘的养殖鱼体内，发现了七氯存留，及其分解后产生的环氧七氯。这些鱼中有垂钓者最喜爱的太阳鱼和鲈鱼，它们常常出现在人们的餐桌上。然而，它们体内含有美国食品药品监督管理局认为对人类有剧毒的化学物质，极微小的剂量就能造成严重危害。

关于鱼类、青蛙和其他水生动物的死亡报告纷至沓来，美国致力于研究鱼类、爬行动物和两栖动物的权威性科学研究机构——鱼类学家和爬虫学家协会，在 1958 年通过一项决议，呼吁农业部及相关政府部门终止"空中喷施七氯、狄氏剂，以及相当毒性农药的行为，以免造成无法修复的损害"。该协会呼吁人们关注生活在美国东南部的丰富鱼类和其他生物，其中包括美国特有的世界珍稀物种。该协会发出警告，"其中很多动物仅分布在很小的区域，因此很容易导致彻底绝种"。

南方各州喷施农药灭杀棉花害虫，也造成了大量鱼类死亡。1950 年夏天，亚拉巴马州北部棉花产区遭受虫灾。此前，仅使用少量有机杀虫剂，就能够有效控制棉花象鼻虫。但是连续几个暖冬，导致 1950 年象鼻虫大暴发，因此在当地农药经销商的撺掇下，80%~95% 的农民开始使用杀虫剂，最受棉农欢迎的毒杀芬对鱼类具有毁灭性杀伤力。

1950 年的夏天暴雨频降。雨水将农药冲进河里，农民于是追施更多农药，当年平均每公顷棉田喷施了 70 千克毒杀芬。部分棉农用量高达每公顷 225 千克，一个棉农竟然丧心病狂地在每公顷农田中喷施 600 多千克毒杀芬。

后果不难预料，弗林特河发生的事情，能够非常典型地说明该地区的情况。流入惠勒水库前，弗林特河要在亚拉巴马州棉花产区穿流 80 千米。8 月 1 日弗林特河流域下了一场大暴雨，雨水落入地表径流和小溪，最终形成洪流奔入江河。弗林特河水位上涨了 15 厘米。第二天上午，人们发现随雨水冲入河流的显然还有其他东西。鱼在水面上漫无目的地游来游去，时不时有鱼跳上河岸，这些鱼很容易就能抓到。一个农民抓了几条鱼放养于泉水蓄积的水塘中，这几条鱼在池塘的净水中得以恢复。但河里一天到晚都漂浮着死鱼。这还只是个开始，每下一场雨都将更多杀虫剂冲进河里，河中也因此出现更多死鱼。8月10日的一场大雨，几乎将河里的鱼全部杀死。8月15日的降雨再度将毒药冲进河中，已经没有鱼可以被毒杀了，人们将金鱼装进笼子放入河中，这些金鱼不到一天就死了，因此获得了该化学药物致死的证据。

弗林特河被杀死的鱼中，有大量最受垂钓者喜爱的白莓鲈，人们还在弗林特河流入的惠勒水库中发现了大量死鲈鱼和死太阳鱼。这些水域中的鲤鱼、牛胭脂鱼、石首鱼、美洲真鰶（jì）和鲇鱼等各个品种，都被杀死殆尽。这些鱼并没有出现染病症状，仅仅在将要死的时候才出现异常，鳃上出现奇怪的深酒红色。

农场水产养殖池温暖而封闭，一旦附近地区喷施了杀虫剂，就会对鱼产生致命危害。多起例子证明，雨水和地表径流会将农药携带到水塘中。除了流入其中的含毒地表径流，有时执行喷药任务的飞机驾驶员在经过池塘上空时，也并不关闭农药喷嘴，导致药剂直接落入水塘。情况甚至无须如此复杂，正常的农业用药量，已经远远超过鱼类所能承受的浓度，通常每公顷池塘喷施量超过0.11千克，就会造成巨大的危害。换句话说，即使大量减少化学药剂的施用量，也改变不了致命的后果。农药一旦喷入池塘就很难清除掉，一个池塘因为不想要闪光鱼，采取滴滴涕喷施处理。虽然此后的池塘多次换水，药物残留依然存在，导致投放养殖的太阳鱼死亡率高达94%，显然滴滴涕已经滞留在池塘底部的淤泥中。

与现代杀虫剂刚问世的时候相比，现在的情况并没有明显好转。1961年，俄克拉荷马州野生动物保护局称，他们至少每周收到一份农场池塘和小湖泊鱼类死亡的报告，而且此类报告越来越多。多年以来，人们已经非常熟悉造成俄克拉荷马州鱼类死亡的流程了：向农作物喷施农药，下一场暴雨，毒药被冲进池塘。

池塘养殖是一些地方不可或缺的食物来源。在这些地方，如果不事先考虑杀虫剂对鱼类的危害，就贸然使用它，苦果会立即到来。例如，在津巴布韦，浅水塘中0.04×10^{-6}的滴滴涕造成了卡辅埃鲷（diāo）鱼（一种重要的食用鱼）鱼苗死亡。甚至剂量更小的其他杀虫剂，也会造成致命的危害。这种鱼所生活的浅水环境有利于蚊子滋生。灭杀控制蚊子，同时保护中部非洲重要的食物来源，这一问题处理得显然不尽如人意。

虱目鱼，俗称麻虱鱼、海草鱼、国圣鱼、塞目鱼等，是一种暖水性结群类鱼种，在印度洋和太平洋地区分布比较广泛，在中国主要产于南海和东海南部，近年来区域有所扩展。

菲律宾、中国、越南、泰国、印度尼西亚和印度的虱目鱼养殖，也面临着类似的难题。这些国家在近海浅水区养殖虱目鱼。成群的幼苗会突然出现在沿岸海水中，没有人知道它们从哪里来，渔民将它们舀起来，放入蓄养池中养大。对东南亚和印度几百万以大米为主食的人来说，这种鱼是非常重要的动物蛋白来源。因此，太平洋科学大会建议，国际社会采取联合行动寻找目前未知的虱目鱼产卵场地，以便开展大规模人工养殖。然而，农药喷施给目前的虱目鱼养殖造成了严重的损失。菲律宾为了消灭蚊子实施的空中喷药，给养殖户造成了惨痛的损失。有一处池塘中养殖的 12 万条虱目鱼，空中作业的飞机经过后，尽管养殖户在池塘中拼命灌水进行稀释，最后还是造成半数以上的虱目鱼死亡。

1961 年，得克萨斯州奥斯汀市科罗拉多河发生了近年来最触目惊心的鱼类死亡事件。1 月 15 日星期天拂晓，奥斯汀新城湖及下游 8 千米的科罗拉多湖水面上出现死鱼。前一天尚无人发现此情况，星期一有报告说，下游 80 千米河段发现死鱼。显然某种有毒物质正顺着河流向下游扩散。1 月 21 日，下游 160 千米拉格兰奇市附近河段发现死鱼。一个星期后，化学药剂造成奥斯汀以南 320 千米河段鱼类死亡。一月份最后一周，为防止有毒物质进入马塔哥达湾，人们关闭沿海航道，将河水引流至墨西哥湾。

与此同时，奥斯汀的调查人员闻到了类似氯丹和毒杀芬的气味。这种气味在一根雨水管道口处尤为强烈。雨水管道过去曾因排放工业废弃物造成过麻烦，得克萨斯州渔猎委员会沿通往湖泊的雨水管道口逆向追查，最终发现一家化工厂，所有排水管出口都散发着类似六氯化苯的气味。该化工厂主要生产滴滴涕、六氯化苯、氯丹、毒杀芬以及少量其他杀虫剂。该厂负责人承认，最近确实有杀虫剂粉末被暴雨冲进排水管道。最可怕的是，该负责人承认过去十年来，该厂通常采用这一操作方法处理杀虫剂溢出物与残留物。

经过进一步调查，渔业部门官员发现，其他工厂也存在雨水管道的排水（雨水或日常清洁用水）中带有杀虫剂残留的情况。然而，证据链的最后一环竟然是：在湖水和河水中发生鱼类死亡前几天，人们刚刚用数百万升的水，对整个雨水管道系统进行过高压冲刷清淤。这次冲刷，无疑将沙砾碎石中积存的杀虫剂冲了出来，带入湖泊与河流中，随后的化学检验证实了这一情况。

大量有毒物质沿科罗拉多河顺流而下，所到之处造成大量死亡。湖泊下游225千米以内河段中几乎所有的鱼都被杀死。人们用围网进行捕捞，试图确认是否有鱼类幸存，但围网里一条活鱼也没有。1.6千米长的河岸上，总计死亡鱼类27种，重量约达450千克。死鱼中有该河段主要垂钓鱼种斑点叉尾鲴，有蓝鲇鱼（学名长鳍真鮰）、平头鲇鱼、大头鱼、四种太阳鱼、闪光鱼、鲮鱼、曲口鱼、大嘴黑鲈、鲤鱼、鲱鱼、吸口鱼，还有鳝、雀鳝、鲤形亚口鱼、美洲真鰶和牛胭脂鱼。其中，有些鱼肯定是该河段的"元老"，看大小就知道在河中生存了很多年。很多平头鲇鱼重量超过11千克，据称当地居民还捡到过27千克重的。官方记录过一条重达38千克的蓝鲇鱼。

渔猎委员会预测，即便不发生进一步污染，河中的鱼群构成状况也要很多年才能有所恢复。一些本地特有的鱼种可能永远都无法恢复了。其他鱼种，只能借助于州政府大规模人工养殖实现数量复原。

奥斯汀鱼类死亡灾难的真相已经揭开，然而我们几乎可以肯定，此事远未结束。有毒河水向下游流了200多千米后，仍然能够杀死鱼类，一旦流入马塔戈达湾的牡蛎养殖场和虾场，后果不堪设想。所以，人们才会将携带毒素的河水引流到墨西哥湾。

别以为这仅仅是墨西哥湾的事情。

环境污染其中受害最严重的一定有海洋的份。条条江河通大海，陆地上的各种污染物可以通过多种途径进入大海，总体来说产生的各种废物，不论是扩散到大气中还是丢弃在陆地上，或者是排放到水中，由于风吹降雨，或者江河流淌，最后大半都进入海洋，使海洋成为人类的垃圾桶。

海洋污染破坏了海洋生物赖以生存的生态环境，不少海洋生物因此濒临灭绝，赤潮等污染时有发生，一些重金属甚至污染了人类赖以生存的盐，人类长期食用受污染的海盐，会对人体健康造成极大危害，显而易见，把海洋当作垃圾桶，到头来是破坏了环境，害了人类自己。

然而随着现代生活的不断发展，各种工业垃圾，特别是危害极大的核垃圾，除了数量巨大，还不容易处理，就地处理显然也不是办法，根据对垃圾残留放射性的估算，核垃圾的放射性蜕变到不致造成危害的程度，大约需要1万年之久，这迫使人们不得不想办法找一个与生物圈隔绝的场所，把这些危险的垃圾埋藏起来，找来找去，人们又把目光投向了海洋，投向了深海沟。说到核污染，提到墨西哥湾，我们再来看看美国佛罗里达州东南角比斯坎湾所发生的海水"中暑"事件。

是的，水也害怕"中暑"。

美国佛罗里达州东南角比斯坎湾，原本是一个美丽的地方，这里的潮水几百年来朝着西南方涨、向着东北方退，从来没有改变过，可是自从在这里建起一座原子能发电厂后，电厂每分钟排入海湾的2 000多立方米高温冷却水改变了这里的一切。电厂排出高温冷却水，60公顷的水域表层水温升高了5℃，排水口的水温更是达到了40℃的高温，水温升高的水域面积超过了900公顷。在水温升高的水域里，几乎找不到任何动植物，只有某些藻类还在苦苦挣扎，更可怕的是海水涨潮的方向也改变了，由原来的西南方转为东北方，跟退潮时一个样。

原来水跟人一样，害怕突然而来的热，近年来科学家们发现，当水温突然升高4℃或者更高，就会产生一种污染，这种污染源正引起各国科学家的高度重视，他们把这种污染叫作热污染。所谓热污染，是指大量的含热废水不断排入水体内，可以使水的温度升高，影响水质，危害水生物的生长，破坏生态平衡。

含热废水持续排入水体后，可使水域环境发生一系列化学、物理和生物学变化，化学反应速度随着温度的升高而加快，在0~40℃的范围内温度每升高10℃可使化学反应速度增加一倍，在这种情况下，往往会增强水中本来就有的一些有毒污染物如氢化物、重金属离子等的毒性，使它们对水中生物产生极大的危害，水温的升高会减少水里的含氧量，与此同时，当水温升高时，由于水内细菌分解有机物的能力增强，使得它们的需氧量也随着增加，进一步减少水中的含氧量，在这种情况下，一边是含氧量在减少，一边是需氧量在增加，供需矛盾达到一定程度后，造成水体的缺氧状态，没有了氧，或者严重缺氧无疑要了那些依赖氧气的水中生物的性命。

受热污染最深的恐怕就是可怜的鱼儿了，某些鱼类习惯了在较低的水温中生活，水温突然改变，就好比把一个人从冷水中突然丢进滚烫的开水中一样，导致大批鱼儿死亡，比如，当生长鲑鱼的河流遭受一定程度的热污染后，鲑鱼就会被鲈鱼和鲇鱼等暖水鱼种所取代，有些海鱼因为被高温海水阻拦，不能到达产卵的地方，急得像热锅上的蚂蚁，有的海鱼被水温的上升弄糊涂了，完全打乱了体内的生物钟，生活、产卵，全乱了套。

另外水温的升高还有利于细菌的繁殖，有可能使鱼类的发病率增高，水温的升高加剧了水体原有的富营养化作用，破坏了水体的生态环境。

海洋污染使海洋生物赖以生存的生态环境日趋恶化，致使许多海洋生物的生长和繁衍受到损害，不少海域的海洋生物濒临绝境，有的海洋生物已经灭绝，使海洋生态系统向着简单化方向退化。

例如，苏联的亚速海原是鱼类产卵的好场所，而今因饵料生物被严重污染，鱼类已经完全死绝。再比如，位于中国黄海中部的胶州湾潮间带，1963—1964 年时，海洋生物约 171 种，1974—1975 年降到只有 30 种，80 年代进一步降到只有 17 种了，20 年内竟有 154 种生物灭绝或者消失。

由于近海海水水质和底质的污染，改变了鱼、虾、贝类的生活环境，造成了渔场外移，滩涂荒废。当沿海水域受到污染时，浮游生物的营养元素如氧、磷、铁等被污染，浮游生物异常急剧地繁衍，使水色变赤。这就是赤潮。

赤潮，又称红潮，国际上也称其为"有害藻类"或"红色幽灵"。是在特定的环境条件下，海水中某些浮游植物、原生动物或细菌爆发性增殖或高度聚集而引起水体变色的一种有害生态现象。赤潮并不一定都是红色，主要类型包括淡水系统中的水华，海洋中的一般赤潮，近几年新定义的褐潮（抑食金球藻类），绿潮（浒苔类）等。赤潮，是海洋生态系统中的一种异常现象。它是由海藻家族中的赤潮藻在特定环境条件下爆发性地增殖造成的。海藻是一个庞大的家族，除了一些大型海藻外，很多都是非常微小的植物，有的是单细胞生物。根据引发赤潮的生物种类和数量的不同，海水有时也呈现黄、绿、褐色等不同颜色。

1962 年，东京湾内因"赤潮"渔场报废，损失了 700 多万美元。海洋的污染使污染物通过食物链在海洋生物体内积蓄并转嫁于人类。美国沿海水域中含有氰化物、酚、砷、汞、镉等化学物质及总量为 5.92×10^{16} 贝可勒尔的放射性物质，使 49 万公顷海滩上的贝类不能食用。在海面上随水漂流的石油层，最后向海岸侵袭，形成所谓的"黑潮"，使成千上万的海鸟被毒死，如在纽芬兰地区，两年中因此而损失的企鹅就有 25 万只。海洋的污染也使海盐遭到污染，某些重金属等污染物必然会以"杂质"形式混入食盐，而全世界食盐中海产食盐占食盐总产量的 1/3，长期食用受污染的海盐，必然会对人类健康造成损害。

现在我们可以回过头看看，对墨西哥湾的影响是什么？其他河流的流出情况又如何？它们携带的污染物或许同样致命？

目前我们对上述问题的回答，大部分只能靠猜测。但是，人们对杀虫剂造成河口、盐沼、海湾和其他沿海水体污染的关注日益增多。这些区域不仅要接纳排放的有毒河水，很多时候还会面临着灭杀蚊虫的直接药物喷施。

没有哪个地方能够像佛罗里达东海岸和印第安河沿岸地区那样，能够直观地显示出杀虫剂对盐沼、河口与邻近海湾地区的危害。1955 年春天，那里的圣露西县为消灭沙蝇幼虫，向 800 公顷左右的盐沼地喷施狄氏剂。药剂浓度为每公顷 1.1 千克有效成分。喷药给这片水域的生物造成灾难性的危害。佛罗里达州卫生委员会昆虫协会研究中心的科学家对喷药后果进行了调查。报告说，鱼类彻底死绝，岸边到处都是死鱼，从空中可以看到成群的鲨鱼游过来，吞食水中奄奄一息、一动不动的鱼。所有鱼类无一幸免。死鱼中有鲱鱼、锯盖鱼、银鲈和食蚊鱼。

整个沼泽地区（不含印第安河岸区），直接毙命的鱼类至少有 20~30 吨，约为 1 175 000 条，包括 30 多种鱼类（调查组 R.W.哈灵顿、W.L.比德林海尔报告）。

软体动物似乎没有受到狄氏剂影响，甲壳动物全部死亡。显然，所有水生蟹类都遭受严重危害。招潮蟹几乎全部被消灭，仅农药遗漏的小片沼泽中仍有暂时的幸存者。

体形较大的捕捞鱼和食用鱼死亡的速度最快……螃蟹摄食了垂死的鱼，第二天会死掉。水生螺接着吃死鱼。两周后，死鱼就一点也不剩了。

已故赫伯特·R.米尔斯博士在佛罗里达州对岸的坦帕湾，观察到的情形同样凄惨。全美奥杜邦协会在这一区域（包括威士忌湾在内）建立了一个海鸟禁猎区。具有讽刺意味的是，当地卫生部门喷药灭杀盐沼蚊之后，禁猎区变成了动物避难所。鱼类和蟹类再次成了主要受害者。小小美丽的甲壳动物招潮蟹，像牧场的牛群一样，结队在泥地上爬行，它们对化学农药完全没有防御能力。经过夏季和秋季的连续喷药后（有些区域喷药达 16 次之多），米尔斯博士在报告中总结道："这一次招潮蟹数量继续明显下降，10 月 12 日，根据当天的潮汐和天气状况，这片海滩上本来应该有 10 万只招潮蟹，实际见到的却不超过 100 只，还都是些非死即病的招潮蟹，颤颤巍巍、摇摇晃晃，几乎无法爬行，附近没有喷药的区域，则仍然活跃着大量的招潮蟹。"

招潮蟹在其所处的生态系统中发挥着极为重要、不可替代的作用，是很多动物的重要食物来源。海岸地区生活的浣熊以它们为主食，长嘴秧鸡等沼泽鸟、各类滨鸟，甚至迁徙来此的海鸟，都以招潮蟹为食。新泽西州一块盐沼地在喷施滴滴涕之后，几周内笑鸥数量就下降了 85%，根据推测可能是由于喷药后笑鸥无法找到足够的食物。沼泽里的招潮蟹还具有其他方面的重要作用。招潮蟹是一种食腐动物，它会到处挖洞，有助于沼泽地土壤的宽松和通气，它们还为渔民提供了大量饵料。

招潮蟹并非潮汐沼泽与河口地区唯一遭受杀虫剂威胁的动物，很多对人类更为重要的其他生物也遭受危害。切萨皮克湾与大西洋沿岸常见的蓝蟹（又称"青蟹"或"梭子蟹"），就是一个例子。这种螃蟹对杀虫剂十分敏感，每次潮汐沼泽区的溪流、沟渠和池塘喷药，都会导致大量蓝蟹死亡。有毒物质不仅造成本地螃蟹死亡，从海里迁徙过来的螃蟹也会被残留的毒素杀死。有时死亡也可能是二度中毒所导致的，比如印第安河附近沼泽地区食腐的螃蟹摄食濒死鱼类后中毒。杀虫剂对龙虾的影响，我们目前知之甚少。然而，龙虾与蓝蟹属于同族节肢动物，生理特征基本相同，估计会遭受同样的侵害。可供人类食用、具有直接经济效应的石蟹与其他甲壳动物同样难逃厄运。

海湾、海峡、河口与潮汐沼泽等近岸水体，构成了一个无比重要的生态单元。它们直接关系到许多鱼类、软体动物和甲壳动物的命运，一旦这些地方不再适合生存，这些海味将会永远从我们的餐桌上消失。

不仅如此，我们更加担忧墨西哥湾的洋流受到何等影响。

墨西哥湾，世界著名的海洋暖流之首，竟然遭遇到滚滚毒水的倾注，难道不是骇人听闻的事情吗？

全世界四大洋有几十条洋流，其中数墨西哥湾暖流最为著名。它赐予北美东部和西欧以丰沛的雨量，温暖的气候。

从非洲西海岸产生的大西洋南赤道流和北赤道流，浩浩荡荡越过大西洋，从东向西流向美洲。在正常状态下，赤道流碰到美洲大陆后，一部分应分别向南北分流，另一部分应各自流向赤道附近汇合后折返向东，成为赤道逆流。

但是，南大西洋的南赤道流，在遇到南美洲巴西大陆时，由于巴西海岸线呈西北东南走向，所以从正东流来的南赤道流就像水龙头把水斜射向一堵墙，绝大部分的水都要流向某一侧那样，大部分洋流会奋力越过赤道，与北赤道流汇合。汇合后一部分向北进入加勒比海，称加勒比洋流。之后又进入墨西哥湾。另一部分沿着安的列斯群岛北部海岸向北流去，称安的列斯暖流。当加勒比洋流出佛罗里达海峡后，即与安的列斯暖流汇合，然后沿北美洲东岸向东北浩浩荡荡流去，这就是赫赫有名的墨西哥湾暖流。

从以上墨西哥湾暖流成因来看，它基本上是由大西洋南北赤道流汇合而形成的，而其他海洋的暖流，一般只是某一支洋流的分流而已。对比之下，当然墨西哥湾暖流的规模就显得特别大了。它起点宽度为80千米，深 700 米，流速 2~3 米/秒，流量达 1 亿立方米/秒，竟然比北美洲第一大河密西西比河的流量大 1 800 倍。

墨西哥湾暖流到达北纬 40 度附近时，被盛行的西风吹送到西欧，成为北大西洋暖流。由于北大西洋刚好是东北西南走向，所以这条暖流真的是势如破竹、长驱直入到达北冰洋，以致地处高纬地区的北欧诸国的冬天也能温暖如春。

我们推测，大量的毒水注入墨西哥湾，海里生物的大量死亡。如果改变了墨西哥湾暖流任何常规，将导致的是以上地区气候的变化、生物圈的断链，甚至会波及其他洋流，那将是世界性的灾难。

广泛分布于沿海水域的许多鱼类，也会到近岸水体繁殖养育幼苗。佛罗里达西海岸三分之一的低地中，红树林环绕的溪流与运河如迷宫般纵横交错，这里生活着大量海鲇幼苗。海鳟、白姑鱼、斑鳍彭纳石首鱼、石首鱼等在大西洋沿岸海岛之间的浅海滩，或像保护链一样围在纽约州南面的"堤岸"上产卵。幼鱼孵化出来后被潮汐卷入海湾，它们在克里塔克海湾、帕姆利克海湾、博格海湾和其他许多海湾、海峡中能够找到充足的食物迅速生长。如果没有这些温暖、安全、食物充足的繁育区，这些鱼类和其他很多鱼类将无法维持正常的种群数量。然而，我们却任由杀虫剂通过河流进入其中，听任人们对周边沼泽地直接喷施农药。这些鱼苗对化学农药的毒性比成鱼更敏感。

海虾也依赖近海的繁育场所。种类丰富、分布广泛的海虾，是大西洋南部和墨西哥湾地区的渔业支柱。尽管海虾在大海中产卵，但几周龄的幼虾却会游到河口和海湾，完成蜕皮与生长。从五六月份开始，幼虾一直在那里待到秋季，以水底碎屑为食。在整个近海生活期间，海虾的数量及其所支撑的产业，都依赖河口的有利环境条件。

杀虫剂是否会对捕虾业和海虾市场供应造成威胁？美国商业渔业局最近开展的实验或许能为我们揭晓答案。研究发现，刚过幼苗期、开始具备商业价值的海虾，对杀虫剂的耐受能力极低。其耐受性需要用 10^{-9} 浓度（即十亿分比浓度）来衡量，而非通常所用的 10^{-6} 浓度。比如，某次实验中，半数海虾被浓度为 15×10^{-9} 的狄氏剂杀死。其他化学药剂对海虾的毒性更大，其中以异狄氏剂为甚，只需 0.5×10^{-9} 的浓度，就能够导致半数的海虾死亡。

杀虫剂对牡蛎与蛤蜊的危害程度更加严重。同样它们的幼体比成体更易遭受毒害。这些贝类寄居在从新英格兰到得克萨斯的海湾、海峡与潮汐河流底部，以及太平洋沿岸隐蔽区域。成年贝类不迁徙，它们将卵产在海水中，幼贝可以在那里自由生活几周时间。夏季，渔船会拖着细密的渔网捕捞细小纤弱的牡蛎、蛤蜊幼体，以及各种浮游动植物。这些尘粒大小的透明幼贝在水面游动，以微小的浮游植物为食。一旦微小海洋植物遭毁灭，幼贝将会被饿死。然而，杀虫剂杀死了大量浮游生物。通常用于草坪、耕地、路旁甚至沿海沼泽地的除草剂，对幼贝食用的浮游植物有剧毒（有些浮游植物的农药耐受性不足 10×10^{-9}）。

常见杀虫剂只需极微小的剂量，就能够杀死本身脆弱的幼贝。即使接触的剂量不足以致命，也会延缓幼贝的生长速度，并最终导致其死亡。延缓生长发育，也就意味着幼贝必须更长久地生活在有毒的浮游植物世界，从而降低了其成活的可能性。

成年贝类直接中毒的危险显然小得多，至少几种杀虫剂的情况是这样。当然，即便如此，也并非万无一失。牡蛎和蛤蜊的消化器官与其他组织可能会蓄积着有毒物质。人们通常是整只吞食这两种贝类，甚至有时候生食。美国商业渔业局的菲利普·巴特勒博士曾打过一个不祥的比方，说我们很可能会遭遇与知更鸟相同的结局。他提醒我们说，知更鸟并非直接死于农药，而是因为吃了体内蓄积高浓度杀虫剂的蚯蚓。

尽管因防控昆虫而导致河流、池塘中成千上万种鱼类和甲壳动物死亡，这种直接而显见的后果，令人极度震惊，那些存在于江河中间接抵达河口的农药所造成的后果，虽然目前不可见、不可知，也无从估测，最终也许会更具灾难性。整体形势问题重重，而大多数问题目前都没有令人满意的答案。我们知道，携带农药的农田、森林径流汇入许多条河流（也许是所有主要河流），最终被带入海洋。但是我们不知道，这些农药种类有多少，数量有多大，而且一旦汇入大海，在高度稀释的情况下，我们目前尚无可靠手段确定其种类与总量。尽管我们知道化学药剂在漫长的迁移中肯定会发生变化，但我们不知道这些变化所生成的化学物质比原来的毒性更大还是更小。另一个几乎尚无人探索的领域是化学药剂相互作用的问题，这个问题迫切需要解决，因为许多的化学药剂进入海洋环境后，必然会与海洋中多种矿物质发生混合与转移。所有这些问题，亟须得到准确回答。只有开展广泛的研究才能找到答案，然而可用于这方面的研究经费却少得可怜。

　　淡水和海洋渔业均是极为重要的资源，关涉广大民众的利益与福祉。如今，化学药剂进入水体，对渔业构成严重威胁，这一点已经毋庸置疑，如果能将每年用于研发毒性更强的杀虫剂经费中的一小部分拿来开展建设性研究，我们就能够发现使用危害性较小的物质的办法，就能够发现将有毒物质从河流中清除出去的办法。什么时候公众才会充分认清事实，呼吁采取这样的行动呢？

第十章

灾难从天而降

　　最初空中喷施农药，仅限于农田和森林等小部分地区，如今范围不断扩大，剂量不断增强，正如最近一位英国生态学家所言，"令人震惊的死亡之雨"落到地球表面。人们对有毒农药的态度在悄然改变。过去，农药外包装上都标有骷髅头的剧毒标识，同时还非常明确地注明，仅在极少数情况下灭杀指定对象时方可使用。随着各种新型有机杀虫剂的研制，加之第二次世界大战后出现的大量闲置飞机，这一切都被抛之脑后了。令人震惊的是，尽管如今农药毒性更强，却时常普天而降。不只是那些需要灭杀的昆虫与植物，农药所及范围内的一切（人类与其他所有生物）都品尝到毒药的滋味，农药不再仅仅局限于森林和农田，也同样降临乡镇和城市。

　　不少人对于向数百万公顷土地喷施剧毒农药的举措疑虑重重，20世纪50年代末，东北各州清剿舞毒蛾和南方灭杀火蚁的两次大规模喷药行为，更加重了人们的这种怀疑。

　　舞毒蛾，属鳞翅目毒蛾科，又名柿毛虫、苹果毒蛾。森林害虫。主要寄主有柿、梨、桃、李、板栗、苹果、山楂、海棠、柑橘、梅、核桃、杨、柳、榆、栎、松等500余种植物。幼虫蚕食叶片，严重时整个果林叶片被吃光，也啃食果实。

　　火蚁的拉丁名意指"无敌的"蚂蚁，因难以防治而得名。被其蜇伤后会出现火灼感。火蚁分布广泛，为极具破坏力的入侵生物之一。火蚁原产南美，在1972年被正式命名，20世纪初在原产地已受到注意。20世纪的30年代至40年代或更早，火蚁和后来被同时正式命名的黑火蚁被从南美带入美国。

舞毒蛾和火蚁都不是美国本土昆虫，在美国出现多年，并没有造成过严重危害，然而为达目的无所不用其极的农业部虫害防控部门，突然对这两种昆虫采取了极端措施。

清剿舞毒蛾的行动表明，一旦大规模、不计后果的治理方式取代了局部有节制的防控，将会造成无比巨大的破坏。灭杀火蚁行动更是个极端的例子，不仅极度夸大了防控的必要性，对所需合理剂量及对其他生物的危害，也完全缺乏科学知识。两次行动都没有实现预期目的。

原生欧洲的舞毒蛾在美国存在了近百年。1869年，在马萨诸塞州梅德福市，法国科学家利奥波德·卡维诺特尝试将舞毒蛾与蚕杂交，不慎从实验室放出了几只舞毒蛾。后来舞毒蛾逐渐蔓延至整个新英格兰地区。舞毒蛾的主要传播媒介是风，其幼虫非常轻，能够随风飘得很高很远。由于其蛾卵附着在植物上过冬，植物携带因此成为舞毒蛾传播的另一种途径。现在新英格兰地区各州都出现了这种蛾。每年春天，有好几个星期，舞毒蛾幼虫都会对橡树和其他硬木植物的树叶造成危害。新泽西州和密歇根州不时也会发现舞毒蛾。新泽西州舞毒蛾是1911年由荷兰进口的云杉树携带进入的。密歇根州舞毒蛾的入侵途径不得而知。1938年，新英格兰的飓风将舞毒蛾带到宾夕法尼亚州和纽约州。然而，纽约州阿迪朗达克山脉的树种并不吸引这种蛾，因此阻挡了舞毒蛾继续西行。

人们采用各种手段，将舞毒蛾成功控制在美国东北部。舞毒蛾入侵100年来，人们担心它可能会危害阿巴拉契亚山脉的硬木植物，现在看来已然不成问题。新英格兰地区成功繁殖了从国外引入的13种寄生虫和捕食性动物，美国农业部认为此举显著降低了舞毒蛾的爆发频率及其危害性。通过自然防控、检疫措施与局部喷药措施，新英格兰地区取得了农业部1955年评价的成果——"显著抑制了舞毒蛾的扩散和危害"。

然而仅仅一年后，植物虫害防治部门却开始对数百万公顷土地进行地毯式全覆盖农药喷施，以彻底"根除"舞毒蛾。根除，就意味着将该物种从所在区域彻底剿灭。由于此前行动连连失败，农业部认为有必要反复强调"根除"这一词语。

因此，美国农业部野心勃勃地向舞毒蛾发起全面化学灭杀行动。1956 年，农业部对宾夕法尼亚州、新泽西州、密歇根州和纽约州近 41 万公顷土地喷施农药。喷药地区很多民众抱怨农药给他们造成了危害。日渐成形的大规模喷药模式令环保主义者极度不安。1957 年，120 万公顷土地农药喷施计划宣布后，激起了更加高涨的反对声浪。联邦农业部和州农业部门官员依然不予理睬，认为个别抱怨无足轻重。

纽约长岛在 1957 年农药喷施计划之列，所涉区域主要为人口密集的城镇、郊区以及与盐沼接壤的一些沿海地区，其中纳苏县人口密度在全州仅次于纽约市。长岛农药喷施的一个重要说辞，居然是"舞毒蛾蔓延会危及纽约都会区"，简直荒诞透顶。舞毒蛾是一种森林昆虫，肯定不会栖居在城市中，也不会生活在草场、耕地、花园或沼泽地里。1957 年，美国农业部和纽约州农业与市场部依然租用飞机，将事先配制好的油溶性滴滴涕漫天洒下。农药洒向商品蔬菜园、乳牛场、鱼塘和盐沼地，还洒向郊外街区。一位家庭主妇听到飞机轰鸣声，手忙脚乱地想把花园各处盖严实，却被农药淋到；在外玩耍的孩童与火车站上下班的人都淋到了农药。在锡托基特，一匹优良夸特马在刚刚喷过农药的田间水槽里饮水，10 个小时后毙命。汽车上洒满斑斑点点的油性混合物，花和灌木全都死光了。鸟、鱼、蟹和益虫也全部丧生。

世界著名鸟类学家罗伯特·库什曼·莫菲曾带领一群长岛市民去法院申诉，请求颁布禁令阻止这场喷药行动，却遭到法院驳回。抗议市民一面忍受着滴滴涕喷施，一面继续坚持申诉，希望能够颁布永久禁令。然而，由于喷药行动已经在进行中，法院判定市民要求颁布禁令的诉求"并无实际意义"。抗议市民上诉到最高法院，后者却拒绝受理。威廉·道格拉斯大法官对最高法院的这一决定表示强烈不满，他认为许多专家和相关负责人都对滴滴涕的危害发出过警告，足以说明这一申诉对公众的重要性。

长岛市民揭起的诉讼，至少引起人们关注日渐严重的大规模农药喷施趋势，关注防治部门如何漠视普通民众不可侵犯的个人财产权。

舞毒蛾喷药计划的实施过程中，牛奶与农产品的污染令很多人措手不及。纽约州韦斯切斯特县北部占地 80 公顷的沃勒农场情况十分典型。

喷施树林不可能避开牧场，为此，沃勒女士专门请求农业部官员在喷药时避开她家牧场。她主动提出自行对牧场进行舞毒蛾排查，一旦发现，就通过局部喷施进行清剿。尽管相关人员一再向她保证，不会向她的牧场喷药，她的牧场依然遭受到两次直接喷施，外加两次来自别处的药物飘浮危害。48 小时后，对沃勒农场纯种格恩西奶牛所产牛奶样本进行检测，发现滴滴涕浓度为 14×10^{-6}。牧场里选取的草料样本，当然也被农药污染了。尽管这个县卫生部门已经得知检测结果，却并未禁止这些牛奶流入市场。这是消费者权益缺乏保护的典型案例，然而，这种情况非常普遍。尽管美国食品药品监督管理局明令禁止出售含杀虫剂残留的牛奶，但监管实施力度不够，而且该禁令仅适用于州际贸易，各州和各县官员无须遵守联邦政府关于杀虫剂的规定，除非当地法律与联邦法一致，而这种情况鲜少存在。

商品蔬菜园也遭到危害，不少叶类作物叶面灼烧、斑点遍布，压根卖不出去，还有的含有大量滴滴涕残留。康奈尔大学农业实验站检测到豌豆样品中的滴滴涕浓度达 $14 \times 10^{-6} \sim 20 \times 10^{-6}$，而法定最高浓度仅为 7×10^{-6}。菜农要么被迫承担巨额损失，要么违法销售农药残留超标的农作物，他们中有些人进行了申诉，要求赔偿损失。

空中喷施滴滴涕的现象日益增多，法院接到的诉讼也越来越多，其中就有纽约州各地养蜂人的诉讼。1957 年喷药项目启动前，养蜂人就因果园喷施滴滴涕蒙受过巨大损失。一位养蜂人痛苦地表示："1953 年之前，不管美国农业部和美国农业院校说什么，我都奉为宝典。"然而，当年 5 月，纽约州大面积喷施农药，导致他损失了 800 个蜂群。那次喷施造成的危害面积广、程度重，因此他与另外 14 位养蜂人联名起诉，要求赔偿 25 万美元。1957 年的喷药行动中，另一位养蜂人损失了 400 个蜂群。他们在诉讼中说，生活在林区的所有工蜂，那些可爱的负责外出采集花蜜和花粉、筑造蜂巢的蜜蜂，全部被杀死，而喷药较少的农田中，工蜂死亡率也高达 50%。他还写道："五月时节，走进院子里，却听不到蜜蜂嗡嗡鸣唱，简直让人崩溃。"

舞毒蛾防治项目，充斥着各种不负责任的行径，租赁飞机的费用不按喷药面积计算，而是根据喷药量来计算，注定会造成毫无节制的肆意喷施，许多地方不止喷施了一次。在多起诉讼中，政府与没有当地经营地址的州外企业签订空中作业合同，后者也就因此无法在当地注册并明确法律责任。在这种责任不明的情况下，因苹果园和蜜蜂受危害而遭受直接经济损失的市民，根本找不到控告对象。

1957年喷药项目气势汹汹、危害惨重，之后却突然大幅度缩减。官方解释含糊其辞，声称要评估此项工作，并测试替代性杀虫剂。1957年农药喷施面积为130万公顷，1958年锐减到20万公顷，而1959年、1960年和1961年这三年，年度喷药面积仅为4万公顷。其间，防治部门一定因为长岛地区舞毒蛾的卷土重来感到不安。该行动耗资庞大，设想永久性根除舞毒蛾，结果根本没能奏效，农业部的公信力和信誉因此大受折损。

不知道人们看到后来一件蹊跷事没有。1981年，美国东北部的大片橡树林在一周内被舞毒蛾幼虫啃个精光。可是，到了1982年，当地的舞毒蛾突然销声匿迹，而橡树却郁郁葱葱，生机盎然。后来科学家研究发现，橡树叶子在受到舞毒蛾幼虫啃食之后，新叶子中会产生一种能与害虫胃里的蛋白质发生结合的单宁酸，当害虫再次啃食嫩叶时，舞毒蛾幼虫会因消化不良而"饿死"。这件偶然的"稀奇事"告诉我们，灭杀害虫不是只有喷施药物这条独木桥可走的。

之后，植物虫害防治部门的工作人员开始忙于南部地区一个更加野心勃勃的项目，舞毒蛾也因此被暂时遗忘。农业部文件中再度频频出现"根除"一词，此次旨在"根除"火蚁。

火蚁因其叮蜇会产生火灼感而得名，似乎是在第一次世界大战后从南美洲经亚拉巴马州莫比尔港入境美国。1928年，火蚁扩散到莫比尔市各郊区并持续蔓延，目前已入侵南方的大多数州。

火蚁进入美国40多年，并没有引起太多关注。在活跃数量庞大的几个州，因其常在地面造成高达尺许的巢丘，火蚁被视作令人讨厌的昆虫。这些巢丘容易妨碍农业机械作业。但是仅两个州将火蚁列入20种重要害虫，居于清单末尾。似乎官方或个人都没有感觉到火蚁会对庄稼或者是牲畜造成威胁。

随着剧毒化学农药的研发，政府对火蚁的态度突然发生了转变。1957年，美国农业部发起一项在其历史上最引人注目的宣传活动。一时间，政府公文、电影和政府策划的故事，都将矛头对准火蚁，将之渲染成南方农业的掠夺者，鸟类、牲畜和人类的终结者。联邦政府和遭到火蚁危害的各州政府，联合发起一项大规模行动，对南方九个州共810万公顷土地进行火蚁清剿。

1958年，火蚁防治计划如火如荼地展开。一家商业期刊兴奋地报道说："随着美国农业部大规模害虫清剿项目日趋增多，杀虫剂制造商已然迎来了销售的春天。"

除了那些在"销售热潮"中赚得盆满钵满的既得利益者，从来没有哪次害虫清剿激起如此广泛的怨怼。此次害虫防治规划拙劣、执行糟糕，是大规模害虫防治失败的极端典型。项目耗资巨大、荼毒生灵，还造成农业部公信力折损，如果还有一分一毫资金投入，都叫人难以置信。

一些后来证明完全不可信的说辞，居然赢得了国会支持。那些说辞称火蚁叮咬地面营巢中的幼鸟，对庄稼和野生动植物造成危害，对南方农业也造成了严重威胁。

这些说法到底可信吗？农业部听证会上想要获得拨款的发言人的说辞，与农业部主要出版物中的内容并不一致。1957年发行的《灭杀侵害牲畜、庄稼的害虫——杀虫剂推介》公报中，甚至没有提及火蚁。如果农业部信赖自己的出版物，这可是个惊人的"疏漏"。此外，1952年长达50万字的昆虫百科年鉴中仅有一小段文字谈到过火蚁。

农业部宣称火蚁会对庄稼和牲畜造成危害的说法，也是毫无根据的。亚拉巴马州农业实验站对此进行了仔细研究，提出截然不同的看法。亚拉巴马州的科学家认为："火蚁对植物基本不构成伤害。"美国昆虫协会轮值主席（1961）、亚拉巴马州理工学院昆虫学家艾伦特博士说："过去五年，我们从未收到过火蚁破坏植物的报告……目前尚未发现火蚁对牲畜有危害。"这些一直在野外和实验室观察火蚁的研究人员说，火蚁主要以其他各类昆虫（其中大多数都是对人类有害的昆虫）为食。据观察火蚁会吃棉花象鼻虫幼虫。而它们掏土造窝穴的行为，有利于土壤的通气和排水。密西西比州立大学的调查，证实了这些研究结论。这些研究人员的研究结论比农业部的证据更为可信。后者的证据显然要么来自农民的口头访谈（农民难免会混淆蚂蚁的种类），要么基于陈旧的研究。不少昆虫学家认为，火蚁嗜食习惯会随着数量增加而发生改变，因此几十年前的研究成果参考价值不大。

火蚁威胁人类健康和生命的说法更是彻底的杜撰。为了赢得民众的支持，农业部赞助拍摄的一部宣传影片展现了火蚁蜇咬的恐怖画面。诚然，被蜇咬会产生灼痛，但人们都有良好的防范意识，正如我们通常都会避免黄蜂、蜜蜂蜇。个别敏感人群会出现严重反应，医学文献记载可能有一人死于火蚁毒液，但也没有确证。与此形成鲜明对比的是，人口统计办公室数据显示，仅 1959 年就有 33 起蜜蜂或黄蜂蜇伤致死案例。然而，似乎并没有人因此提出要"根除"蜜蜂与黄蜂。此外，当地的证据才最有说服力。尽管火蚁已经在亚拉巴马州生活了 40 年，而且那里的数量最为密集，但该州卫生部门官员认为，"从没有过外来火蚁蜇伤致死的记录"，因火蚁蜇咬就医的情况也"极其偶然"。

火蚁伤害人的事件还是有的，作者之所以这样介绍，一来当时的确没有具体报道，二来也是为了支撑文章论点，批评当局那些滥施杀虫剂的做法。据调查，1998 年美国南卡罗来纳州约有 33 000 人因被火蚁叮咬而需要就医，其中 15% 产生局部严重的过敏反应，2% 因严重系统性反应而造成过敏性休克，还有两起因火蚁直接叮咬而死亡的事件发生。在中国，2004 年 10 月 20 日，台湾传出首起因火蚁致死的病例。2014 年 9 月底，广东省惠州市民邓女士到市区红花湖桃园游玩，不慎被火蚁咬伤，送到医院抢救 2 小时后摆脱生命危险。

草坪或操场上的活跃巢丘可能会导致孩童被蜇咬，但这却不足以成为向数百万公顷土地喷施农药的借口。只需针对性地清理巢丘就能轻易解决这一问题。

火蚁威胁猎鸟的说法也毫无根据。亚拉巴马州奥本市野生动植物研究所负责人莫里斯·贝克博士对此最有发言权，他在该领域有多年的丰富经验。贝克博士的观点与农业部说法截然相反。贝克博士明确说道："亚拉巴马州南部和佛罗里达州西北部是极佳的捕猎区，美洲鹑与大量外来火蚁在此共生共存……亚拉巴马州南部出现火蚁近 40 年，猎鸟数量持续稳定增长。显然，如果外来火蚁对野生动物造成严重威胁，这些情况就不会出现。"

清剿火蚁的杀虫剂对野生动物造成了何种后果？这则是另一个问题。灭杀行动所用的农药是相对新型的狄氏剂和七氯，这两种农药没有进行过野外试用，没有人知道大规模投放会对野生鸟类、鱼类和哺乳类动物造成何等伤害。但明确可知的是，这两种农药毒性都是滴滴涕的若干倍。当时，滴滴涕已经使用近十年，即便每公顷 1.1 千克滴滴涕都会导致鸟类和鱼类大量死亡。而狄氏剂和七氯剂量更高：大部分情况下，狄氏剂浓度为每公顷 2.2 千克，如果还需要同时防控白缘象甲，则浓度为每公顷 3.3 千克。至于对鸟类的危害，规定使用的七氯浓度相当于每公顷 22.5 千克滴滴涕，而狄氏剂浓度则相当于每公顷 135 千克滴滴涕！

该州大多数自然保护部门、国家自然保护机构、生态学家，甚至不少昆虫学家，纷纷提出紧急抗议，要求时任联邦农业部部长的埃兹拉·本森推迟执行该项目，至少等七氯和狄氏剂对野生与家养动物危害的调查研究完成，以确定最小灭杀剂量后再执行。但他们的抗议无人理会，火蚁防治行动于 1958 年开始执行。第一年喷施面积达 41 万公顷。很显然，任何研究工作都已于事无补。

随着清剿计划的推进，亚拉巴马州和联邦野生动植物研究机构以及各大高校生物学者，在研究中积累起大量真相。这些研究表明，药物喷施几乎造成某些地区的野生动物彻底毁灭，家禽、牲畜和宠物都死光了。农业部以"夸大其词"和"容易误导"为由，抹消了农药造成危害的全部证据。

然而，真相在持续涌现。比如，喷施农药后，得克萨斯州哈丁县的负鼠、犰狳（qiú yú）以及大量浣熊全部消失。即便到了第二年秋天，这些动物仍然非常少见。该地区数量不多的浣熊体内全部发现了化学药剂残留。

北美和南美的负鼠，是唯一生活在澳大利亚和它邻近岛屿之外的有袋动物。由于种类的多样性和超强的适应环境的能力，美洲负鼠走过了

7 000 万年的漫漫长路。

犰狳，又称"铠鼠"，是生活在中美洲和南美洲热带森林、草原、半荒漠及温暖的平地和森林的一种濒危物种。

浣熊，是哺乳纲真兽亚纲食肉目浣熊科浣熊属的一种动物，原产自北美洲，现为无危物种。浣熊特征为眼睛周围有一圈深色皮毛，体形较小，体长 40~70 厘米。因其常在河边捕食鱼类并在水中浣洗食物，故名浣熊。

· 鸟类尸体化学分析显示，死鸟都曾吸收或者直接吞食过灭杀火蚁的农药。（家雀是唯一幸存数量较多的鸟类，多地证据表明它们可能对该药具有免疫能力。）1959 年，亚拉巴马州一大片土地喷药后，半数鸟类死亡。生活在地面上或多年生低植被中的鸟类全部死光。喷药一年后的春天，仍然没有任何鸣禽，营巢地区空空如也，一片死寂。得克萨斯州很多鸟巢里发现了死去的画眉、美洲斯皮札（zhá）雀和草地鹨，大量鸟巢遭到弃置。

画眉，是雀形目画眉科的鸟类。全长约 23 厘米。全身大部棕褐色。头顶至上背具黑褐色的纵纹，眼圈白色并向后延伸成狭窄的眉纹。栖息于山丘的灌丛和村落附近的灌丛或竹林中，机敏而胆怯，常在林下的草丛中觅食，不善作远距离飞翔。雄鸟在繁殖期常单独藏匿在杂草及树枝间。极善鸣啭，声音十分洪亮，歌声悠扬婉转，非常动听，是有名的笼鸟。杂食性，主要取食昆虫，特别在繁殖季节嗜食昆虫；兼食草籽、野果。

美洲斯皮札雀，雀科或鹀科，主红雀亚科鸟类。雄鸟褐色，有条纹，体长 16 厘米，胸黄色，有一小片围涎状黑色羽毛，形似微型的草地鹨。食种子。在美国中部杂草丛生的原野中繁殖，在南美洲北部越冬，有一些在冬天迷路后，到美国的大西洋沿岸越冬。

草地鹨，是雀形目鹡鸰科的鸟类，属小型鸣禽，食物主要有鳞翅目幼虫、蝗虫、象鼻虫、虻、金花虫、甲虫、蚂蚁、卷象等昆虫，也吃蜘蛛、蜗牛等小型无脊椎动物，此外还吃苔藓、谷粒、杂草种子等植物性食物。

得克萨斯州、路易斯安那州、亚拉巴马州、佐治亚州和佛罗里达州送往鱼类及野生动植物服务中心检验的死鸟中，超过90%的样本中发现高达 38×10^{-6} 的狄氏剂或七氯残留物。

在路易斯安那州过冬、回到北方繁育的丘鹬体内，也携带防治火蚁的毒药，其来源不言而喻。

丘鹬以蚯蚓为食，它们用长长的喙来寻找蚯蚓。丘鹬，体长 35 厘米，是一种涉禽。主要以鞘翅目、双翅日、鳞翅目昆虫、昆虫幼虫、蚯蚓、蜗牛等小型无脊椎动物为食，有时也食植物根、浆果和种子。

喷药 6~10 个月后，路易斯安那州存活蚯蚓体内七氯残留浓度高达 20×10^{-6}，一年后浓度仍然为 10×10^{-6}。丘鹬间接中毒导致幼鸟与成鸟数量显著下降，而灭杀火蚁当季就已经开始出现该现象。

美洲鹬的情况最令南方猎鸟人难过。喷过农药的地方，地面猎食、营巢的美洲鹬全部死光了。举个例子来说吧，亚拉巴马州联合野生动植物研究所的生物学家曾对该州 1460 公顷待喷药地区的美洲鹬数量做过摸底统计，该地区共生活着 13 个鸟群，121 只美洲鹬。喷药两周后，该地美洲鹬全部死光。所有送到鱼类及野生动植物服务中心检测的死鸟样本，都含有致死农药残留。得克萨斯州情况与亚拉巴马州大致相同，1000多公顷喷施七氯的土地上，所有美洲鹬均遭灭杀。除了美洲鹬，90%的鸣禽也都死了。同样，经检测，在死鸟体内组织中发现了七氯残留。

除美洲鹬外，野火鸡也因火蚁防治项目而数量锐减。亚拉巴马州威尔考克斯县某地喷施七氯前有 80 只野火鸡，而喷药后的当年夏季，除了一窝未孵化的火鸡蛋和一只死了的小火鸡，找不到一只野火鸡。家养火鸡与野火鸡遭遇相同，喷药地区农场里很少有小火鸡出生。极少数火鸡蛋能够孵化，而孵出来的鸡仔成活率几乎为零。附近未喷药地区则无此类现象。

火鸡的命运绝非孤案。当地最受人敬重的著名野生动植物学家克拉伦斯·科塔姆博士走访了不少田野被喷过药的农民。他们反映说，喷药后，树上的小鸟似乎全部消失了，大多数人还报告了牲畜、家禽和宠物的死亡情况。科塔姆博士在报告中写道："有一个农民对喷药人员大为光火，说曾亲手埋葬或用其他方式处理了家中被农药毒死的 19 头奶牛。此外，他听说另外也有 3~4 头奶牛被农药毒死。出生后吃母乳的小牛犊也都死了。"

科塔姆博士采访的这些人，对土地喷药后几个月所发生的事情都感到困惑不解。一位妇女告诉他，喷药后她养了几只母鸡，"不知为什么，孵出的小鸡非常少，存活的也很少"。还有一位农民"喷药后整整 9 个月没养活过一头猪，生下来的小猪，要么是死的，要么出生后不久就死掉"。另一位农民也有相同的遭遇，他说正常情况下，37 窝猪仔能有 250 头，却只存活了 31 头。这位农民还表示，喷药后连鸡也没法养了。

农业部自始至终否认牲畜死亡与火蚁防治项目有关。然而，佐治亚州班布里奇市兽医奥迪斯·波伊特文博士接诊过多起动物中毒病例，他认为造成动物死亡的原因是杀虫剂，理由如下：喷施灭杀火蚁农药后两周至数月内，牛、羊、马、鸡、鸟和其他野生动物，纷纷患上一种致命的神经系统疾病。只有接触过含毒食物或水源的动物才会染上这种疾病，圈养动物并未受此影响。该病仅发生在喷药地区，实验室检测呈阴性。波伊特文博士与其他兽医观察到的症状，与权威著作中描述的狄氏剂或七氯中毒症状相吻合。

波伊特文博士还描述了一桩引人关注的案例：一头两个月大的牛犊出现了七氯中毒症状。经过在实验室一系列详尽检查后，发现其脂肪中七氯浓度高达 79×10^{-6}！然而，此时距离喷药已经过去了 5 个月。牛犊是因为吃食牧草直接中毒，还是因为吸食母乳间接中毒？"如果是因为牛奶中含有毒素，为什么没有采取预防措施保护喝本地牛奶的孩子们？"波伊特文博士质问道。

波伊特文博士的报告提出了一个关于牛奶污染的重大问题。火蚁防治项目实施区域以草场和农田为主，在这些地方牧养的奶牛情况怎么样？喷过药的草，必然会残留某种形式的七氯，如果奶牛吃这些草，牛奶中自然会带有这些农药的残留。早在火蚁防治项目实施前，也就是1955 年，已有实验证明七氯会直接进入牛奶，后来用于火蚁防治项目的狄氏剂实验结果也一样。

虽然，农业部年刊如今已将狄氏剂和七氯列入导致饲料植物不宜喂食产奶、产肉动物的化学农药名单，而其防治部门却向南部牧场发动了大规模七氯与狄氏剂喷施行动。谁来保护消费者，确保牛奶中没有狄氏剂或七氯残留？农业部一定会说，他们已经建议 30~90 天内不得让奶牛进入农药喷施区域。由于很多牧场面积非常小，而喷药规模却如此大（大多数农药喷施由飞机作业完成），该建议的可操作性或可行性非常值得怀疑。从农药残留的持久性来看，建议的隔离时间也远远不够。

尽管食品药品监督管理局对牛奶中的农药残留极为不满，但他们在此事上没有什么发言权。现在，火蚁防治项目所涉及的大部分州乳品工业规模都很小，产品不会销往其他州。因此，联邦政府项目造成的奶产品危机，只能靠各州自行解决。1959 年，提交给亚拉巴马州、路易斯安那州和得克萨斯州卫生官员及相关部门官员的调查材料均显示，并没有对牛奶进行过任何检测，人们甚至不知道牛奶是否遭到杀虫剂污染。

事实上，人们在防控项目实施后，才开展本该先期进行的七氯特性研究。也许准确的说法是，项目实施后才有人查阅以前发表的研究结果。然而，那些发表的成果却没能影响其后若干年联邦政府实施的火蚁防治计划。当时研究者就已经发现，七氯在动植物组织或土壤中，只需要很短时间就能够转化成毒性更强的环氧七氯（也就是通常所说的风化作用产生的氧化物）。事实上，七氯向环氧七氯的转化，早在 1952 年就已经为人所知。当时，食品药品监督管理局发现雌鼠摄入浓度 30×10^{-6} 的七氯仅两周，体内所积蓄的毒性更强的环氧化物浓度就高达 165×10^{-6}。

1959 年，食品药品监督管理局发布禁令，严禁任何食物中含有七氯或环氧七氯残留，上述研究成果才开始突破晦涩的生物学文献而为人们所知。该禁令至少能够让火蚁防治项目暂时降温。尽管农业部仍然强行收取火蚁防控年度经费，地方农业代理商却越来越不愿意建议农民使用那些可能导致农作物不宜合法销售的化学农药。

简而言之，农业部在实施项目前，并没有对待用化学农药的已知属性进行最基本的调查。即使做过调查，也完全无视已有的研究成果。他们也一定没有对完成灭杀任务所需的最小农药剂量进行过前期调研。三年大剂量喷施后，1959 年，农业部突然将七氯用量从每公顷 2.25 千克减少到每公顷 1.4 千克；后来又减少为每公顷 0.56 千克，分两次喷施，每次 0.28 千克，时间间隔为 3~6 个月。农业部一位官员对此解释说，"激进方法改进计划"证明小剂量喷药就能达到灭杀效果。如果在项目启动前获知该信息，不仅能够避免大量损失，也可以为纳税人节省一大笔开支。

1959 年，农业部试图平息民众对防治项目的不满情绪，主动向得克萨斯州农民免费发放农药，前提是要求他们签署一份不向联邦、州和当地政府索求赔偿的免责协议。同年，化学农药造成的损失令亚拉巴马州感到恐慌和愤怒，拒绝为该项目拨款。该州一位官员认为，整个项目"愚蠢、草率、混乱，是肆意践踏其他公共和私人机构职责的极端典型"。项目虽然失去了州政府的资金支持，但是联邦政府的拨款依然不断流入亚拉巴马州。1961 年，州议会再次被说服同意划拨一小笔经费。与此同时，路易斯安那州的农民发现，消灭火蚁的化学农药导致甘蔗害虫大量繁殖，越来越多的人不愿意再签署火蚁防治协议。这个项目显然没有取得任何成效。1962 年春天，路易斯安那州立大学农业实验站昆虫学研究负责人纽瑟姆博士对防治项目做了简单总结："目前看来，联邦政府与各州机构联合实施的火蚁'根除'计划已经彻底失败。路易斯安那州火蚁危害范围比喷药前更广泛。"

人们似乎开始转向一些更加理性、更加保守的做法。佛罗里达州报告说，目前该州火蚁数量远远超过喷药之前，因此宣布放弃任何大规模根除行动，只进行局部控制。

很多年前，人们就已经了解到一些投入低、效果好的局部控制方法。火蚁具有巢丘栖居特性，很容易对其进行逐一喷药治理。这种局部治理成本约为每公顷 2.5 美元。在蚁穴大量分布的地区，可以采用机械化作业。密西西比州农业实验站研发的一种耕耘机，将火蚁巢丘耙平后，在巢丘土中直接施用农药。这种办法可以灭杀 90%~95% 的火蚁，成本仅为每公顷 58 美分。然而，农业部的大规模防治项目，每公顷约花费 8.75 美元——花费最高，危害最大，收效却最小。

第十一章

波吉亚家族都不敢想象

大规模喷施农药，并非造成人类世界污染的唯一根源。事实上，对多数人来说，大规模喷药的危害性远不及与无数小剂量农药日复一日、年复一年的接触。正如滴水终能穿石，人类从出生到死亡持续接触的危险化学药品，最终也会造成灾难性后果。这些持续的化学药品接触，不管剂量多么微小，都会造成人体内化学毒素不断聚集，最终造成累积性中毒。除非生活在完全与世隔绝的想象之地，否则没有人能够逃脱如此广泛的农药污染。受软性推销和隐匿劝说者的煽动，普通民众很少意识到周围遍布致命毒性物质，事实上，他们很可能根本意识不到自己正在使用有毒物质。

有毒物质的时代已经彻底来临，任何人随便走进一家商店，都能轻易买到具有致死威力的药剂，不会有人上前盘问；很可能在隔壁药店里，毒性弱得多的药品反而需要在"含毒药品登记簿"上签字确认才能购买。如果对货架上售卖的化学药剂有最基本的认识，在任何一家超市随便调查几分钟，就足以吓退胆子最大的消费者。

如果杀虫剂售卖区上方悬挂着大幅骷髅头剧毒标识，消费者进入该区域至少会像通常对待致死物质那样谨慎。然而，该售卖区却布置得温馨宜人：走道对面货架上摆着泡菜和橄榄，相邻货架上是沐浴与清洁用品，中间货架上则放着一排排杀虫剂。

小孩子伸手就能取到这些装在玻璃容器内的化学药剂。万一被儿童或成人不慎碰落，摔碎到地上，周围每个人都会溅上这种足以让喷药工人中毒抽搐的化学药物。这样的危险性当然也会随着消费者的购买而进入他们的家中。比方说，含滴滴涕的防蛀剂外罐子上会用小号字体印上警告，表明所容之物压于罐内，如果放在高温或者明火环境下容易引发爆炸。氯丹是一种厨房里广泛使用的家用杀虫剂，然而食品药品监督管理局首席药理学家已经宣布在喷过氯丹的房子里生活"极其危险"。其他一些家用杀虫剂甚至还含有毒性更强的狄氏剂。

现在的厨房杀虫剂外形美观、使用方便。白色或与家具相配的彩色橱柜贴纸可能双面都浸透着杀虫剂。商家还会为我们提供自助灭虫手册，轻轻按下按钮就能将狄氏剂喷雾喷到最隐蔽的橱柜角落、缝隙、墙角以及踢脚板内。

如果遭受蚊子、恙螨或其他害虫侵扰，我们可以在衣服或皮肤上涂各种乳液、乳霜和喷雾。虽然我们被告诫这些产品中有一些能够溶解清漆、油漆与人工合成物的物质，我们却想当然地认为这些化学物质不会穿透人类皮肤。为确保我们能够随时驱赶蚊虫，纽约一家专卖店推出一款袖珍喷雾器，可收纳在钱包、沙滩拎袋、高尔夫球包或者渔具袋内随身携带。

我们会给地板上涂上药蜡，以杀死所有可能出现的昆虫；我们会在衣柜和衣服防尘罩中放置浸满林丹的条式防蛀剂，或将防蛀剂塞进衣柜抽屉，半年都不用担心蛀虫损坏衣物。广告绝不会提及林丹的危险性，而林丹电子汽化装置广告更不会提，他们只会告诉消费者产品安全无异味。然而事实上，美国医学会认为林丹汽化器非常危险，因此在《美国医学会杂志》上发起了一场广泛抵制林丹汽化器的运动。

美国农业部在《家居与园艺快报》中建议，民众可向衣物上喷施滴滴涕、狄氏剂、氯丹或其他杀虫剂油溶液。农业部说，因过量喷施遗留在织物上的白渍能够很容易地清洗掉，却没有告诫我们必须慎重选择清洗的地方和方式。所有这一切导致了我们白天与杀虫剂相伴，夜晚还要盖着浸满狄氏剂的防蛀毛毯入眠。

现在，园艺与超级毒药密切关联。每家五金店、园艺用品商店和超市都摆放着一排排能够满足所有园艺工作需求的杀虫剂。几乎每一家报纸的园艺版块和大多数园艺杂志，都将使用杀虫剂视为理所当然，仿佛不广泛使用这些致命喷雾剂或粉剂就是玩忽职守。

甚至那些容易致人猝死的有机磷类杀虫剂，也被广泛应用于草坪和观赏植物。因此，佛罗里达州卫生委员会才在 1960 年决定出台禁令，凡不符合规定条件、未取得许可者，一律不得在居民区因商业目的使用杀虫剂。而在该禁令实施前，佛罗里达州发生过多起对硫磷导致的死亡事件。

然而很少有人告诫园艺爱好者和家庭用户，他们所使用的东西极具危险性。不仅如此，各种小器械源源不断地出现，使在草坪或花园喷药变得更加便捷，从而增加了园艺爱好者接触毒药的机会。比如，人们可以将罐形容器外接到花园水管上，给草坪浇水时同步喷施氯丹或狄氏剂等高危化学药剂。这种装置不仅会给用水管浇水的人带来威胁，也会危害到其他人。《纽约时报》认为，必须在园艺专栏上对上述行为进行警示。因为，如果没有安装专门的保护装置，毒药会在反虹吸作用下进入供水系统。类似的农药小器械如此之多，而类似《纽约时报》的警示又如此之少，我们还需要询问公共水源遭污染的原因吗？

至于杀虫剂对园艺爱好者的危害，我们不妨看一看发生在一位内科医生身上的事情。

这位医生业余时间酷爱园艺工作，他每周定期给自家灌木丛和草坪喷药。起初喷施滴滴涕，后来改喷马拉硫磷；有时使用手持式喷雾器，有时则采用水管外接装置喷施。喷药时，他身上常常会被喷雾弄湿，这种情况持续了大约一年时间，后来他突然病倒了，被送到医院就诊。

脂肪样本活体组织检查显示，其体内滴滴涕浓度为 23×10^{-6}。医生认为他的神经系统受到了大范围永久性损伤。后来他逐渐消瘦，极易疲劳，且伴有异常的肌无力现象，这些都是典型的马拉硫磷中毒症状。如上症状持续加重，这位内科医生恐怕再也无法行医。

活体组织检查，简称"活检"；也称外科病理学检查，简称"外检"；是指应诊断、治疗的需要，从患者体内通过切取、钳取或穿刺等取出病变组织，进行病理学检查的技术。它是诊断病理学中最重要的部分，对绝大多数送检病例都能做出明确的组织病理学诊断，被作为临床的最后诊断。

除了曾经无害的花园洒水管,动力割草机也被安装上农药喷施装置,家庭用户因此可以一边修剪草坪一边喷雾杀虫。除了动力燃油尾气的潜在危害,空气中还混杂着郊区居民不加质疑选用的杀虫剂细微颗粒,这样一来,私人屋主自家上方空气污染程度远超许多大城市。

然而很少有人会谈及用有毒农药打理花园的风尚和居家使用杀虫剂存在的危害。杀虫剂包装上用小号字体印着非常不显眼的警示,很少有人会费神去阅读或遵照执行。最近,一家公司做了个调查,试图发现到底有多少人会阅读杀虫剂使用说明,结果显示,只有不到15%的使用者知道农药包装上印有使用警告。

现在的郊区居民倾向于不惜任何代价根除马唐草。拥有一袋袋专门清除马唐草的化学农药,简直成了社会地位的象征。这些除草剂的品牌名称里绝不会显示其真实的成分或特性,要想知道这些化学药剂中含有氯丹或狄氏剂,就得阅读包装袋上最不起眼的位置印着的极小号文字说明。五金店或园艺用品商店的产品说明书,很少会告知人们使用药剂可能造成的危害,相反此类药剂的广告图片都描绘着父亲和儿子满面笑容正准备给草坪施药,小孩子们和狗在草坪上翻滚玩耍的幸福家庭景象。

食品中的农药残留引发人们的激烈争论。农药生产厂家对这些残留问题不是嗤之以鼻,就是矢口否认。与此同时,越来越多呼吁食品免除杀虫剂污染的人,却被贴上狂热分子或邪教分子的标签。在这片争议的迷雾中,真相到底如何?

医学已经证实(作为常识我们也知道),滴滴涕时代到来前(1942年左右)活着的和去世的人体内未发现滴滴涕或类似化学物质残留,本书第三章曾经提到过,1954至1956年间,普通民众体脂样本显示,平均滴滴涕浓度为 $5.3 \times 10^{-6} \sim 7.4 \times 10^{-6}$。已有证据表明,此后滴滴涕平均浓度持续上升到一个更高的数值,而那些由于职业或其他特殊原因经常接触杀虫剂的人群,体内的残留浓度当然更高。

我们不妨假定,没有明确杀虫剂接触史的普通人体脂肪中的滴滴涕主要通过食物摄入。为验证这一设想,美国公共卫生署科研团队对餐厅和公共机构的餐食进行抽样调查,结果显示,所有餐食样本都含有滴滴涕。调查人员有充分理由得出如下结论:几乎没有完全不含滴滴涕的食物。

餐食中的滴滴涕含量有可能会非常高。在公共卫生署的一项独立研究中，对监狱膳食所做的分析显示，炖干果中滴滴涕浓度为 69.6×10^{-6}，面包中滴滴涕浓度则高达 100.9×10^{-6}！

在普通家庭的日常饮食中，肉类和动物脂肪类食物的氯代烃残留量最高，这是因为氯代烃为脂溶性毒素。水果和蔬菜上的残留则少一些。这些农药残留基本上无法用水清洗。唯一的办法是彻底摘除生菜或卷心菜等蔬菜的外包叶片，水果削皮或去壳并将果皮或外壳一并丢掉，正常的烹煮无法去除农药残留。

牛奶是食品药品监督管理局明确禁止含有杀虫剂残留的少数几种食品之一。然而事实上，每次牛奶抽检都会发现有农药残留。黄油和其他乳制品中农药残留量最高。1960 年，对 461 份乳制品抽样检查显示，1/3 的受检样本中含有农药残留，食品药品监督管理局称"情况极不乐观"。

要想找到一份完全没有滴滴涕和相关化学物质的食物，似乎得去偏远、原始、尚未受到过文明社会便利设施影响的地方。这样的地方确实存在（至少暂时存在）——阿拉斯加州的北极海岸地带。然而，即便在那里也能发现污染的阴影日益迫近。

科学家检测发现，当地因纽特人的膳食中不含杀虫剂。鲜（干）鱼；海狸、白鲸、北美驯鹿、驼鹿、髯海豹、北极熊和海象等的脂肪、油脂与肉；蔓越莓、美洲大树莓和野生波叶大黄等都没有受到污染。仅有的例外是两只来自波因特霍普市的白猫头鹰，它们体内含有少量滴滴涕，也许是在某次迁徙过程中摄入的。

因纽特人，旧称爱斯基摩人，2004 年，因纽特民族发布了一个声明，自此所有的官方文件都称"因纽特"。因纽特人生活在北极地区，分布在从西伯利亚、阿拉斯加到格陵兰的北极圈内外，分别居住在格陵兰、美国、加拿大和俄罗斯。属蒙古人种北极类型，先后创制了用拉丁字母和斯拉夫字母拼写的文字。多信万物有灵和萨满教，部分信基督新教和天主教。住房有木屋、石屋和雪屋，房屋一半陷入地下，门道极低。

对一些因纽特人的脂肪抽样检测，也发现了极少量的滴滴涕残留（$0 \sim 1.9 \times 10^{-6}$）。造成这一结果的原因十分清楚，检测样品取自那些曾经离开过居住的村落，到安克雷奇市美国公共医疗服务医院接受手术治疗的因纽特人。在安克雷奇市，现代文明已经普及，医院供应的餐食中含有的滴滴涕浓度与人口稠密的大城市一样高。在文明社会的短暂停留，导致这些因纽特人摄入毒素。

农作物广施化学药品，必然会导致我们吃的每一餐都含有一定量的氯代烃。如果农民严格遵循药品标签上的使用说明，化学农药残留量就可以控制在食品药品监督管理局允许的安全范围内。我们暂且不讨论这些法定残留标准是否果真如官方所宣称的那样"安全"，人尽皆知的事实是：农民往往过量使用农药，临近收获时依然使用农药，能用一种杀虫剂解决的问题却通常混合使用若干种杀虫剂，这些都从侧面反映出人们并不阅读杀虫剂包装上的小号文字说明。

就连农药生产行业都意识到杀虫剂被频繁滥用的情况，认为有必要对农民开展教育。该行业一家重要的商业杂志最近称："很多农民似乎并不知道，施用高于建议剂量的农药会超越农药'许可限度'。在许多农作物上随意使用杀虫剂可能是基于农民的突发奇想。"

食品药品监督管理局的卷宗里，记录了大量令人担忧的农药滥施滥用情况。以下是无视杀虫剂使用说明的一些例子：

一位种生菜的农民在收获前不久，对生菜使用了8种不同的杀虫剂；一位货运商向芹菜喷施剧毒对硫磷，浓度为最大推荐剂量的5倍；虽然明令禁止生菜上带有农药残留，菜农仍然喷施了毒性最强的氯代烃类农药异狄氏剂；菠菜收获前一周喷施滴滴涕。

也有一些偶然或意外遭受农药污染的情况。大批量装在麻布袋中的咖啡豆，因为与杀虫剂货品同船运输遭到污染。存在仓库内的包装食品可能会反复遭受滴滴涕、林丹以及其他杀虫剂喷施，药剂可能会浸透食品包装材料，造成严重的污染。食品存放的时间越长，受污染的危险越大。

有人也许会问："政府难道就不保护我们免遭这些危险吗？"答案是"仅能在有限的程度上"。在保护消费者免受杀虫剂危害的问题上，食品药品监督管理局严重受制于两方面的因素。其一，管理局只有过问州际贸易情况的权限，州内种植和售卖的作物，无论如何违反规定，都不在其管辖范围内。其二，最关键的问题在于管理局人员编制严重不足，各部门工作人员总计不到 600 人。管理局一位官员说，在现有设备条件下，只能对极小量的州际贸易作物进行抽查，抽查率远远不到 1%，完全不具备统计学意义。由于大部分州在这方面的法律极不健全，州内种植和售卖的农作物情况更糟糕。

食品药品监督管理局用来制定最大污染容许度即"许可限度"的系统存在明显缺陷。从目前情况来看，它制定的不过是一纸空文，营造了一种安全限度建立且执行良好的假象。至于食品上允许少量农药残留的安全度（不同药剂的安全度不同），许多人基于大量有力证据指出，食品中存在任何农药都不安全，也不应该允许存在。食品药品监督管理局根据实验室动物药品检测结果，制定了一个不会令动物产生中毒症状的污染最大限量，认定为"许可限量"。这个意欲保证食品安全的系统，忽略了大量重要事实。在人为可控环境下生活的实验动物摄入一定量的特定杀虫剂，与人类在自然环境下接触杀虫剂的情况有着天壤之别。人类摄入的杀虫剂不仅种类繁多，而且在多数情况下不可知、不可测、不可控。即便一个人的午餐沙拉中，生菜的滴滴涕残留为 7×10^{-6}，"安全"可食用，但他的午餐还包括其他东西，每一样东西都带有许可范围内的农药残留。即便如此，这也只是他摄入的农药残留的一部分，很可能是非常小的一部分。人类接触杀虫剂的途径非常广泛，根本无从测定一个人的农药摄入总量。因此，讨论任何剂量的农药残留的"安全度"问题毫无意义。

许可限度系统还存在着其他一些缺陷。有些时候，农药容留许可限量是在食品药品监督管理局的科学家做出更好判断之前确定的（本书第十四章会有相关印证）；有些时候是在对相关化学农药知识相对欠缺的前提下确定的。以致有了更好的判断、更充足的信息后，农药容留许可限量值会被降低或取消，而这种情况往往发生在民众过量接触化学农药数月或数年之后。食品药品监督管理局曾经确定过七氯容留许可限量，到后来不得不予以撤销。一些化学农药注册投用前，由于没有实用的野外分析方法，检查人员很难发现其残留。这一困难极大阻碍了蔓越莓农药杀草强残留的检测工作。对通常作为种子包衣的某些抗真菌剂，同样缺少分析方法——种植季节结束后，剩下的种子很可能成为人们餐桌上的食物。

事实上，确立许可限值意味着允许大众食品供应中存在有毒化学品，其目的在于降低农民和加工商的生产成本，而消费者却要为此缴纳税费，供养一帮制定政策的人，来确保自己不会摄入致死剂量的农药。在目前农药使用量大、毒性强的现状下，要想把监督工作做好，需要大笔资金，任何国会议员都不敢划拨如此巨额的款项。因此，最终的结果是，倒霉的消费者纳税给自己买下毒药。

我们该如何解决这一问题？当务之急是取消氯代烃、有机磷和其他剧毒化学药剂的农药许可限量。但立刻就会有人反对这个建议，认为这会给农民施加难以承受的负担。但是，如果能够将各类蔬菜、水果上的农药残留控制在许可限量（滴滴涕为 7×10^{-6}，对硫磷为 1×10^{-6}，狄氏剂为 0.1×10^{-6}）范围之内，我们为什么不继续努力，杜绝残留？事实上，政府已经出台规定，严禁某些农作物出现七氯、狄氏剂或异狄氏剂残留。如果上述禁令可以实现，为什么不将其推广到面向所有作物和所有农药？

但这还不是一个最终最彻底的解决方案，文件上的零容忍意义不大。正如我们所知，目前 99%以上的州际食品运输都可以避开检查。因此，食品药品监督管理局急需提高警惕，积极主动，同时大量扩充检查人员队伍。

然而，这种故意在食品中留毒，继而进行立法监管的制度，很容易让人想起刘易斯·卡洛尔的名著《爱丽丝梦游仙境》。

这是一本经久不衰的书。爱丽丝和姐姐在河边看书时睡着了，梦中她追逐一只穿着背心的兔子而掉进了兔子洞，来到一个奇妙的世界，开始了漫长而惊险的旅行。在这个世界里，她时而变大时而变小，以至于有一次竟掉进了由自己的眼泪汇成的池塘里。她还遇到了爱说教的公爵夫人、神秘莫测的柴郡猫、神话中的格里芬和假海龟……直到最后与扑克牌王后、国王发生顶撞，急得大叫一声，爱丽丝终于从奇妙的梦境中醒来。

书中的白衣骑士想出一个方案，让人把胡子染成绿色，再用一把大扇子挡住，这样一来绿胡子就不会被人发现。终极的解决办法是使用毒性较小的农药，这样即便滥用，民众所受的危害也会大大降低。这样的化学农药已经存在，如除虫菊酯、鱼藤酮以及其他植物提取物。最近，除虫菊酯的人工合成替代品也已经被研制出来。一些国家已经准备好提高相关天然产品的产量，以满足市场需求。我们也迫切需要对民众开展教育，使其了解在售化学农药的性质。面对眼花缭乱的各种杀虫剂、杀菌剂和除草剂，普通购买者无从知道哪些药剂具有致命毒性，哪些又相对安全。

除了改用危险性较低的农业杀虫剂，我们还应当积极探索非化学方法的可能性。目前，加利福尼亚州正在试点一种新方法，通过使用专门针对某些类型昆虫的细菌令其感染疾病，从而达到灭杀效果。该方法的扩展试验正在进行中。除此之外，还有许多能够有效防控害虫却不造成农药残留的方法（参见本书第十七章）。按照任何常识标准，目前的情况都令人无法忍受，在大规模推广新方法之前，人们丝毫不能掉以轻心。我们所处的境况，比欧洲波吉亚家族的客人好不到哪里去。

第十二章

人 类 的 代 价

工业时代催生的化学药品大潮吞噬了我们的环境，最严重的公共卫生问题的本质也随之发生了巨大变化。仿佛就在昨天，人类还在为肆虐全国的天花、霍乱和瘟疫等灾难惶恐不安。如今，那些一度盛行的疫病已不再是我们的主要关切，全新的卫生设备、良好的生活条件和各类新型药物，使人们能够极大地控制传染性疾病。现在，令我们焦虑的是环境中潜伏的另一种灾害——随着现代生活方式的发展，将这种灾害带入我们世界的正是我们自己。

新的环境卫生问题各式各样，有的由各种辐射造成，有的由无穷更迭的化学药品（杀虫剂只是其中的一部分）造成。化学药品无处不在，或单独或联合发挥效用，给人类造成直接和间接的危害。化学药品的出现，投下了一道无形而又模糊的不祥阴影，令人们提心吊胆，终身暴露在这些并非人类生理过程的物理、化学因素中，我们很难预料它们会给人们造成什么样的危害。

美国公共卫生署戴维·普莱斯博士说："我们一直生活在恐惧中，担心某种原因造成环境严重恶化，从而导致人类像恐龙一样成为被自然淘汰的物种……我们的命运可能在病症表现出来之前的二三十年就已经被决定，想到这一点更加令人不安。"

杀虫剂与环境性疾病的关系何在？如我们所知，杀虫剂已经污染了土壤、水源和食物，它们造成河中无鱼，花园和树林中无鸟，到处一片死寂。不管我们如何否认，人类都只是大自然的一部分，整个世界到处充斥着污染，人类能够幸免吗？

我们知道即使单次接触这些化学农药，只要达到一定剂量，也可能导致急性中毒。不过这还不是问题的关键。农民、喷药人员、飞行员和其他接触大量杀虫剂的人突然中毒或死亡，都是不应该发生的悲剧。人类作为一个整体，更应当关注那些以不可见的方式污染地球的小剂量杀虫剂所引发的潜在危害。

　　负责公共卫生的官员指出，化学药物的生物效应会长期累积，对个人的危害程度，取决于他一生接触的化学药剂总量。正因为如此，这种危险很容易被人忽视，对于并不明确的未来灾难，人们会习惯性地忽略。著名医学博士勒内·杜博斯说："人们通常只重视症状明显的疾病，然而最大的敌人往往乘虚而入。"

　　这个问题如同密歇根州的知更鸟或米拉米奇河流域的鲑鱼所面临的问题，对于我们每个人来说，都是一个互相关联、互相依赖的生态学问题。我们毒杀小溪中的石蛾，洄游鲑鱼会锐减并死亡。我们施药灭杀湖中的蚋虫，毒素会通过食物链缓缓传递，湖区生活的鸟类会受到毒害。我们向榆树喷药，次年春天就再也听不到知更鸟鸣唱，并非我们直接向知更鸟喷药，而是毒素沿着人们已知的"榆树叶—蚯蚓—知更鸟"链环逐步传递。上述案例都有文献记录，是发生在我们周围的活生生的例子，反映出的是生命或死亡之网，也就是科学家所称的生态学。

　　人体内也有一个生态世界。在这个看不见的世界里，极微小的起因可能导致非常严重的后果。这些后果常常看似与起因毫无关联，症状显现的身体部位与原发损伤处相去甚远。最近的一份医学研究现状总结报告说："某一个部位的变化，甚至某个分子的改变，都有可能影响到整个系统，在看似不相关的器官和组织引起病变。"如果关注奇妙而神秘的人体功能，我们会发现因果关系很少以简单、易见的方式呈现。两者很可能存在时空上的错位。想要探明引发疾病和死亡的原因，需要将许多看似截然不同、毫无关联的事实联系起来，而这些事实需要建立在许多领域的大量研究工作之上。

　　我们习惯于寻找明显、直接的影响而忽略其余，除非那些突然发生的危害如此明显，以至令人无法忽视，否则我们就会否认危害的存在。研究人员也面临着难题，找不出探测原发损伤处的切实方法。在症状出现之前，缺乏足够有效的方法进行损伤处探测，是悬在医学界面前的一大难题。

也许有人会反驳说："我曾多次用狄氏剂喷草坪，却从未出现过世界卫生组织喷药人员那样的抽搐症状——狄氏剂对我没有危害。"事实并非如此简单。尽管接触过这些化学药品的人没有出现突发剧烈的症状，但他们体内无疑会蓄积毒素。正如我们所知，氯代烃残留始于最小剂量，逐渐累积。有毒物质积存在人体所有脂肪组织中。一旦人体消耗这些多余脂肪，贮存在其中的有毒物质就会被释放出来。

新西兰一家医学杂志最近提供了一个案例。

一位正在接受肥胖症治疗的男子突然出现中毒症状，检查发现，该男子体内脂肪中积存的狄氏剂，在减肥过程中发生了代谢转化。那些因疾病原因迅速消瘦的人也面临同样的危险。

此外，毒素积存造成的后果也更加隐蔽。

几年前，《美国医学会杂志》对脂肪组织中积存的杀虫剂的危害发出过强烈警告并明确指出，相较于那些不易积存的物质，我们要更加警惕组织中的累积性药品或化学物质。杂志还警告说，脂肪组织不仅是储存脂肪的地方（脂肪约占体重的 18%），还具有很多重要的功能，积存的毒素会干扰这些功能的正常发挥。脂肪广泛分布于人体各个器官与组织，甚至也分布于细胞膜中。因此，我们要谨记，脂溶性杀虫剂会在细胞中积存，从而干扰最重要的氧化功能和能量释放。本书第十三章会讨论这个问题的重要性。

氯代烃类杀虫剂最显著的特征是会损伤肝脏。肝脏在人体所有器官中最独特。从肝脏功能的广泛性和不可或缺性来看，人体各器官中无一可与之匹敌。肝脏负责许多重要的机体功能，即便是肝脏上最微小的损害，也会引发严重的后果。肝脏能够分泌胆汁以消化脂肪，由于其所处的位置和汇集于此的特殊血液循环路径，肝脏能够直接得到来自消化道的血液，从而深度参与所有主要食物的新陈代谢。它以糖原的形式储存糖，以葡萄糖的形式精确释放出去，确保血糖保持在正常范围。肝脏是重要的人体蛋白质（其中包括与凝血有关的血浆蛋白质）合成场所。肝脏将血浆中的胆固醇维持在正常水平，一旦雄、雌激素超过正常水平，肝脏就会发挥抑制作用。肝脏中还储存着多种维生素，其中一些维生素有利于维持肝脏的正常功能。

胆固醇，是现实生活里人们口中出现频率不低的一个词，我们有必要了解它。

胆固醇又称胆甾醇。一种环戊烷多氢菲的衍生物。早在 18 世纪人们已从胆石中发现了胆固醇，1816 年化学家本歇尔将这种聚酯类性质的物质命名为胆固醇。

胆固醇广泛存在于动物体内，尤以脑及神经组织中最为丰富，在肾、脾、皮肤、肝和胆汁中含量也高。其溶解性与脂肪类似，不溶于水，易溶于乙醚、氯仿等溶剂。

胆固醇是动物组织细胞所不可缺少的重要物质，它不仅参与形成细胞膜，而且是合成胆汁酸、维生素 D 以及甾体激素的原料。胆固醇经代谢还能转化为胆汁酸、类固醇激素、7−脱氢胆固醇，并且7−脱氢胆固醇经紫外线照射就会转变为维生素 D_3，所以胆固醇并非是对人体有害的物质。

胆固醇还是临床生化检查的一个重要指标，在正常情况下，机体在肝脏中合成和从食物中摄取的胆固醇，将转化为甾体激素或成为细胞膜的组分，并使血液中胆固醇的浓度保持恒定。当肝脏发生严重病变时，胆固醇浓度会降低。而在黄疸性梗阻和肾病综合征患者体内，胆固醇浓度往往会升高。

一旦肝脏无法正常工作，人体就会失去防御能力，不能抵抗持续侵入的各种毒素。有些毒素是新陈代谢中正常出现的副产品，肝脏通过去氮作用，能够很快将其转化为无害物质。外来毒素也可以通过肝脏进行无毒转化。马拉硫磷和甲氧滴滴涕之所以"没有危害"，毒性比其他同族杀虫剂小，原因就在于肝脏中的一种酶改变了它们的分子，从而降低了它们的危害性。肝脏用类似的方式处理着我们接触到的大部分有毒物质。

如今，我们抵御外部侵入毒素和体内代谢毒素的防线，已处于被削弱的瓦解状态。肝脏被杀虫剂损伤后，不仅无法保护我们免受毒素伤害，其自身的各种功能也会受到毒素干扰。这些后果不仅影响深远，而且由于类型多样，缺乏短期表征，最终也很难查明真正的原因。

鉴于几乎所有的杀虫剂都会损伤肝脏，因此我们也毫不意外地发现，在过去 10 多年中（自 20 世纪 50 年代开始），肝炎患者数量急剧上升，并持续波动增长。据说肝硬化发病率也在升高。尽管在人类身上"证明"原因 A 导致结果 B 要比在实验室动物身上难，但常识告诉我们，肝病发病率飙升与环境中伤肝杀虫剂盛行并非巧合。姑且不论氯代烃类化合物是不是最主要的原因，在目前，明确知道毒素会损伤肝脏，而且可能降低肝脏抗病能力的情况下，仍然让自己暴露于毒素之中，似乎是非常不明智的做法。

尽管方式有所不同，氯代烃和有机磷酸酯这两大类杀虫剂都会直接影响神经系统。大量对动物的实验和对人类受试者的观察已经证实这一点。最早广泛使用的新型有机杀虫剂滴滴涕主要影响人类的中枢神经系统，小脑和大脑皮质运动区是主要受危害的两大区域。标准毒理学教材显示，人体接触大量滴滴涕后，会出现诸如刺痛、灼痛或发痒的异常感觉，严重者还会伴有抽搐。

几位英国研究人员最早向人们提供了有关滴滴涕急性中毒症状的知识。为了解滴滴涕中毒后果，他们进行了自体试验。英国皇家海军生理学实验室的两位科学家，直接接触刷过水溶性涂料（滴滴涕含量 2%）的墙壁，通过皮肤吸收滴滴涕，滴滴涕附在一层薄薄的油膜中，涂到墙壁上。从他们对症状的细致描述中能够看出，滴滴涕对神经系统的直接危害十分明显："能够真切感觉到疲倦、沉重、四肢疼痛，我们的精神状态也极其糟糕……我们极度易怒……对工作不感兴趣……最简单的脑力工作也无法应对。不时出现剧烈的关节疼痛。"

另一位将滴滴涕丙酮溶液涂抹到自己皮肤上的英国实验人员报告说，自己四肢沉重、疼痛，肌肉无力，出现"极度神经紧张性痉挛"。这位实验人员休假后身体有所好转，可一回去工作情况就恶化了，他饱受四肢持续疼痛、失眠、神经紧张和极度焦虑的折磨，在病床上躺了 3 个星期。他有时还会全身战抖，这恰恰就是我们现在非常熟悉的鸟类滴滴涕中毒症状。这位实验人员整整 10 个星期无法工作。年底，英国一家医学杂志将他的病例报道出来时，他还没有完全康复。

（尽管已有如上证据，几位美国研究人员却仍然认为，滴滴涕实验志愿者抱怨头痛和"每一根骨头都痛"，"明显是心理作用所致"。）

很多病案记录显示的症状和整个患病过程都将致病源指向了杀虫剂。通常，这些病人都有明确的杀虫剂接触史，经过治疗（包括清除生活环境中的杀虫剂），症状会有所缓解，但非常值得注意的是，只要再次接触惹过麻烦的化学药品，病情就会复发。这一证据足以成为其他大量功能紊乱病症的治疗依据，也足以警告人们，明知危害，却任由杀虫剂充斥环境，这样的做法是多么的愚蠢。

为什么并非每一个处理和使用杀虫剂的人都表现出同样的症状？这里涉及个人的敏感度问题。有证据显示，女性比男性更敏感，未成年人比成年人更敏感，久坐室内的人比户外工作或锻炼的人更敏感。除了这些区别之外，还存在其他一些难以察觉和解释的区别。为什么有的人对粉尘或花粉过敏，对某种药物过敏，更容易感染某种传染病，而其他人不会，个中原因尚属医学界的未解之谜。

人类不同于在严格控制的环境下生存的实验动物，不会只暴露在一种化学药物中，这使得整个杀虫剂中毒问题变得格外复杂。几大类主要杀虫剂之间，杀虫剂与其他化学药品之间，都有可能发生相互作用，造成严重后果。这些互不关联的化学药品进入土壤、水源或人的血液后，不会各自孤立存在。他们之间会发生一些看不见的神秘变化，相互改变着对方的破坏力。

甚至，通常我们认为功能完全不同的两种杀虫剂，也可能会相互作用。如果人体接触过损伤肝脏的氯代烃，那么危害胆碱酯酶（一种保护神经的酶）的有机磷酸酯毒性就会增强。这是因为如果出现肝功能紊乱，胆碱酯酶就会低于正常水平。原本遭压制的有机磷酸酯作用就会增强，从而引发急性中毒症状。如我们所知，成对的有机磷酸酯彼此间相互作用，可以令毒性增强百倍。有机磷酸酯也可能与多种药物、合成物质和食品添加剂发生化学反应。当今世界充斥着难以计数的人造物质，谁知道还有些什么？

原本无害的某种化学物质，在另一种物质的作用下，其性质很可能

寂静的春天

会发生巨大改变。一个最好的例子是滴滴涕的同源物甲氧滴滴涕。

事实上，甲氧滴滴涕并不如人们所说的那样安全，最近的动物实验显示，甲氧滴滴涕能够直接影响子宫，阻碍垂体激素分泌。此事也再次提醒我们，这些化学药剂具有强大的生物危害性。还有一些研究显示，甲氧滴滴涕可能会损害肾脏。

由于单独使用时，甲氧滴滴涕不会被储存，人们因此认为它是一种安全的化学药品，但这一说法未必可信。如果肝脏被其他药剂损伤，甲氧滴滴涕在人体内的积存速度将是正常情况的 100 倍，能够像滴滴涕一样对神经系统造成长期危害。导致如上结果的肝脏损伤，反而可能十分轻微，不易察觉。许多常见现象都可能造成这样的后果：使用另一种杀虫剂，使用含四氯化碳的清洗剂，或服用所谓的镇静剂，其中很多（并非全部）都是氯代烃化合物，都会对肝脏造成损伤。

对神经系统的损害不仅包括急性中毒，也可能包括一些滞后性危害。已有报告发现，甲氧滴滴涕和其他化学药品会对大脑和神经造成长期损害。除急性中毒外，狄氏剂还会造成"记忆力减退、失眠、梦魇甚至狂躁"等长期性后遗症。医学研究发现，林丹在大脑和肝脏组织中大量积存，会对中枢神经系统产生深远而持久的影响。

中枢神经系统，是神经系统的主要部分，包括位于椎管内的脊髓和位于颅腔内的脑；其位置常在动物体的中轴，由明显的脑神经节、神经索或脑和脊髓以及它们之间的连接成分组成。在中枢神经系统内大量神经细胞聚集在一起，有机地构成网络或回路；其主要功能是传递、储存和加工信息，产生各种心理活动，支配与控制动物的全部行为。

然而，这种化学药物，六氯化苯的形式之一，却被装进各种类型的汽化器，被汽化并喷施于家庭、办公室和餐厅中。

通常我们认为只会引发急性、强烈中毒症状的有机磷酸酯，也会对神经组织造成长期物理性损伤。近期研究发现，有些甚至还会诱发神经错乱。许多人在长时间使用此类杀虫剂后，出现了麻痹后遗症。1930 年前后，美国禁酒时期出现的一种怪病具有预兆意义。这种怪病并非由杀虫剂造成，而是由一种在化学属性上与有机磷杀虫剂同源的物质造成的。

禁酒令实行期间，人们会用某些药用物质代替酒，以逃避禁酒法令。其中一种替代品就是牙买加姜汁酒。然而，符合《美国药典》质量标准的牙买加姜汁酒价格昂贵，私酒制造商于是想办法去找替代性牙买加姜汁酒。这批牙买加姜汁酒替代品，居然顺利通过化学测试，还成功地骗过政府部门的化学家。为了让假姜汁酒闻起来有真酒的强烈气味，他们掺入一种叫磷酸三邻甲苯酯的化学物质。这种药剂与对硫磷及其同类药品一样，会破坏具有保护作用的胆碱酯酶。饮用私酒制造商贩卖的假姜汁酒，使得约15 000人出现腿部肌肉麻痹，继而发展为永久性跛行，这就是现在人们所知的"姜汁酒中毒性麻痹"。伴随这种麻痹症，还出现了神经鞘损伤和脊髓前角细胞退化两种症状。

如人们所知，大约20年前（20世纪50年代），多种有机磷杀虫剂开始投入使用。很快，就开始出现类似姜汁酒中毒性麻痹的病例。一位德国温室工作人员使用对硫磷杀虫剂，在若干次轻微中毒后，没过几个月就出现了麻痹症状。某化工厂的三位工作人员接触有机磷杀虫剂后，突发急性中毒，经过治疗，三个人都得以康复。然而十天后，其中两个人再次出现腿部肌肉无力症状，一个在十个月后痊愈，另外一个，是一位年轻女药剂师，情况则严重得多，双腿瘫痪，双手和双臂也受到不同程度的损伤。两年后，一家医学杂志报道该病例时，她仍然无法行走。

导致这些中毒事件的杀虫剂已经被撤出市场，但我们目前正在使用的一些杀虫剂，也可能造成类似危害。小鸡实验显示，广受园艺工人喜爱的马拉硫磷，能够导致出现严重肌肉无力症状，跟姜汁酒中毒性麻痹症一样，该症状也伴有神经鞘损伤和脊髓前角细胞退化现象。

所有这些有机磷酸酯中毒患者，即便有幸存活，也可能是更糟糕的前奏。由于此类药物会严重损伤神经系统，这些患者最终都会不可避免地患上精神疾病。墨尔本大学与墨尔本亨利王子医院的研究人员最近报告的16起精神疾病案例，能够证实两者之间的关联。所有病患都有有机磷杀虫剂长期接触史：3人是检查农药喷施效果的科学家，8人在温室工作，5人是农场工人。他们的症状包括记忆力减退、精神分裂和抑郁症。在被工作中接触的化学药剂击垮之前，这16个人的体检记录都很正常。

我们知道，各类医学文献普遍报道过此类中毒案例，有些跟氯代烃有关，有些跟有机磷酸酯有关。神经错乱、臆想症、失忆症、狂躁症，为了暂时消灭一些昆虫，人类付出了如此沉重的代价！如果我们坚持使用那些直接损害神经系统的化学药物，我们将被迫付出更为沉重的代价。

第十三章

透过一扇小窗

生物学家乔治·沃尔德曾将其专业性极高的"视网膜色素"研究比作"一扇小窗，站在远处只能看到窗外的一丝光亮。越走近窗户视野越宽广。及至最后完全靠近，透过同一扇小窗，你就能够看见整个世界"。

这位美国科学家，以其研究视网膜色素的作品闻名，1967年与霍尔登·凯弗·哈特林和拉格纳·格拉尼特共同获得诺贝尔生理学或医学奖。

同理，我们首先将研究聚焦在人体的单个细胞上，进而关注细胞内的微细结构，最后研究这些微细结构中分子间的相互作用。只有这样，我们才能够清楚地理解随意将外部化学物质引入人体内部所造成的最深远、最严重的后果。医学研究最近才开始关注单个细胞在生产生命体所必需的能量的过程中所起的作用。人体奇特的能量生产机制不仅是健康的根本，也是生命的根本。其重要性甚至超过人体最重要的器官，如果没有顺利、有效的"氧化—释放能量"功能，人体各项机能都无法运行。然而，灭除昆虫、啮齿类动物和杂草的许多化学药品，都具有直接破坏能量生产机制，干扰其顺利运行的特性。

为了了解细胞氧化作用所做的研究，是生物学和生物化学领域最引人注目的成就之一。许多诺贝尔奖获得者都参与过此项研究。整个研究基于早期相关成果展开，前后历时25年，目前仍有不少细节问题有待深入。直到最近10年，全部研究工作才变得相对完整，生物的氧化作用才在生物学领域成为常识。更重要的一个事实是：1950年以前接受基本训练的医务人员，很少有机会了解氧化过程的重要性以及干扰该过程可能造成的危害。

能量生产并非在任一专门器官内完成，而是由人体各个细胞共同参与完成的。一个活细胞如同一团火焰，通过燃烧燃料生产机体所需要的能量。这个比喻虽然挺有诗意，却不够精确。因为细胞完成"燃烧"只需正常体温的适度热量。然而，正是这几十亿温和燃烧的"小火焰"，共同生产了生命所需要的能量。化学家尤金·拉宾诺维奇说，倘若这些"小火焰"停止燃烧，"心脏就不会跳动，植物就不会克服地球引力向上生长，阿米巴虫就不会游动，感觉就不会通过神经进行传递，人类大脑就无法闪烁思想的火花"。

在生物细胞内，物质向能量的转化是一个源源不断的过程，是自然界的一种更新循环，像一个永不停歇的轮子。以葡萄糖形式存在的碳水化合物燃料被一粒接一粒，一个分子接一个分子地投入这个轮子。在循环过程中，这些燃烧分子经历裂变和一系列精微化学变化。这些化学变化逐步展开，非常有序，每一步都由一种特定的酶引导和控制，每一种酶都各司其职，各尽其责，每一步都会产生能量，也都会排出废弃物（二氧化碳和水），变化后的燃料分子被传递到下一个阶段。经过这一轮次的循环后，燃料分子经过多次分解成了一种新物质，随时能够与进入系统的新分子组合，开始再一轮的循环。

细胞像化学工厂一样发挥着作用，这个过程是生物界的一大奇迹。更令人称奇的是，所有发挥作用的部分都极其微小。除极少数例外，细胞的个头都极小，只有借助显微镜才能看见。然而，氧化作用的大部分过程，在另一个更小的空间（细胞内被称作线粒体的极微小颗粒）内进行。虽然早在 60 年前，人们就发现了线粒体，且一直将其视作一种起着未知、可能并不重要的作用的细胞分子，并没有给予重视。直到 20 世纪 50 年代，线粒体研究才成为一个令人振奋的领域，涌现出丰硕的成果。线粒体研究一时备受瞩目，短短五年内就有 1 000 篇相关论文相继发表。

线粒体，一个极其微小的生灵，得用多少篇幅才能够描述清楚的微小精灵。现在人们知道了，线粒体就是一种存在于大多数细胞中的由两层膜包被的细胞器,是细胞中制造能量的结构,是细胞进行有氧呼吸的主要场所。线粒体是直接利用氧气制造能量的部位,90%以上吸入体内的氧气被线粒体消耗掉。但是,氧是个"双刃剑",一方面生物体利用氧分子制造能量,另一方面氧分子在被利用的过程中会产生极活泼的中间体(活性氧自由基)伤害生物体造成氧毒性。生物体就是在不断地与氧毒性进行斗争中求得生存和发展的,氧毒性的存在是生物体衰老的最原初的原因。线粒体利用氧分子的同时也不断受到氧毒性的伤害,线粒体损伤超过一定限度,细胞就会衰老死亡。生物体总是不断有新的细胞取代衰老的细胞以维持生命的延续,这就是细胞的新陈代谢。

线粒体的研究是从19世纪50年代末开始的。

1857年,瑞士解剖学家及生理学家阿尔伯特·冯·科立克在肌肉细胞中发现了颗粒状结构。另外的一些科学家在其他细胞中也发现了同样的结构,证实了科立克的发现。德国病理学家及组织学家理查德·阿尔特曼将这些颗粒命名为"原生粒",并于1886年发明了一种鉴别这些颗粒的染色法。阿尔特曼猜测这些颗粒可能是共生于细胞内的独立生活的细菌。

1898年,德国科学家卡尔·本达因这些结构时而呈线状,时而呈颗粒状,所以用希腊语中"线"和"颗粒"对应的两个词来为这种结构命名,这个名称被沿用至今。一年后,美国化学家莱昂诺尔·米歇利斯开发出用具有还原性的健那绿染液为线粒体染色的方法,并推断线粒体参与某些氧化反应。这一方法于1900年公布,并由美国细胞学家埃德蒙·文森特·考德里推广。德国生物化学家奥托·海因里希·沃伯格成功完成线粒体的粗提取且分离得到一些催化与氧有关的反应的呼吸酶,并提出这些酶能被氰化物(如氢氰酸)抑制的猜想。

英国生物学家大卫·基林在1923年至1933年这十年间对线粒体内的氧化还原链的物质基础进行探索,辨别出反应中的电子载体——细胞色素。

沃伯格于1931年因"发现呼吸酶的性质及作用方式"被授予诺贝尔生理学或医学奖。

美国弗吉尼亚大学最新一项研究表明,动植物细胞中的线粒体其实是寄生细菌，早期寄生细菌可以对动物和植物提供能量，在细胞中作为能量寄生虫存在，对寄居体十分有益。新一代 DNA 序列技术解码 18 种细菌基因组，这些细菌是线粒体的近亲生物。

线粒体是对各种损伤最为敏感的细胞器之一。在细胞损伤时最常见的病理改变可概括为线粒体数量、大小和结构的改变。

2014 年 7 月，科学家发现促进癌症转移的线粒体"开关"，线粒体是细胞的能量工厂，当肿瘤细胞中线粒体的功能发生改变时就会促进细胞的迁移，最终导致肿瘤成功转移。研究人员测定了肿瘤细胞中线粒体促进肿瘤转移过程中涉及的分子机制，结果发现，在特定的条件下，线粒体可以产生过量的超氧离子自由基，超氧离子的过量产生就会引发肿瘤转移灶的形成，最终肿瘤转移组织就会在新的组织中形成肿瘤。

科学家揭开线粒体之谜所表现出的卓越才能和顽强毅力，再一次令人叹服。试想一下，一个用显微镜放大了 300 倍才能看见的小颗粒，科学家居然发明出技术能够将之与其他成分分离，单独取出并分析，并确定其极为复杂的功能。这一切都有赖于电子显微镜和生物化学家的高超技术才得以实现。

我们现在已经知道，线粒体是包裹着氧化过程所需要的各种酶的细胞器，这些酶精确有序地排列在细胞内膜与膜间隙中。线粒体是细胞进行有氧呼吸产生能量的主要场所，被称作"能量制造工厂"。燃料分子在细胞质中完成最初阶段的氧化作用后进入线粒体。氧化作用在线粒体中得以完成，继而释放出巨大能量。

如果不是为了生产能量这一重要目的，线粒体中氧化作用的无休止循环，就失去了意义。氧化循环各阶段产生的能量被生物化学家称作 ATP（三磷酸腺苷）——由三个磷酸基团构成的分子。ATP 之所以能够提供能量，是因为它能够将其中一个磷酸基团转换成其他物质，在这个过程中，电子高速来回传递产生键能，而末端磷酸基团被传送到收缩肌，在肌肉细胞中产生收缩能量。这样一来，就形成了一个循坏中的循环：一个 ATP 分子脱去一个磷酸基团，剩下的两个磷酸基团变成二磷酸基分子 ADP。随着循环之轮继续转动，另一个磷酸基团加入，ATP 得以恢复。

这就好比人们使用的蓄电池，ATP 代表充满电的蓄电池，ADP 则代表放完电的蓄电池。

ATP 是一切生物体（从微生物到人类）的能量供应源，为肌肉细胞提供机械能，为神经细胞提供电能。无论是精子细胞，即将发生巨变发展成为小蝌蚪、小鸟、婴儿的受精卵，抑或是分泌激素的细胞，所需的能量全部由 ATP 提供。ATP 的少部分能量用于线粒体内部，大部分则被立即输送到细胞中，以保证细胞的其他各种活动。线粒体在某些细胞内的位置，能够确保将能量精确地输送到需要的地方，因此充分体现了其功能。在肌肉细胞中，线粒体围簇在收缩纤维四周；在神经细胞中，它们分布在与另一细胞的连接处，为脉冲的传递提供能量；在精子细胞中，线粒体聚集在精子头尾相连处。

在氧化作用中，ADP 与自由磷酸基团结合生成 ATP 的能量恢复过程，就是人们所说的偶联磷酸化作用。如果这一结合没有形成偶联——出现了"解偶联"（解偶联指呼吸链与氧化磷酸化的偶联遭到破坏的现象。氧化磷酸化是氧化——电子传递，和磷酸化——形成 ATP 的偶联反应），就不能够提供能量。细胞依然会呼吸，却不会产生能量。细胞因此变成一台空转的发动机：只产生热量而不释放能量。这样，肌肉就无法收缩，神经系统的脉冲也就无法传导。精子不能到达目的地，受精卵无法完成复杂的分裂和分化过程。解偶联会给所有生物体（从胚胎到成体）都带来灾难性后果，最终导致组织甚至生物体死亡。

解偶联是由什么原因造成的？辐射会导致解偶联，有人认为，接触过辐射的细胞因此而死亡。不幸的是，许多化学药品也具有将氧化作用与能量生产分开的能力，杀虫剂和除草剂便在此之列。我们知道，苯酚能够强烈影响新陈代谢，造成体温急剧升高，并最终致命，其原因就是解偶联的"空转发动机"效应。被广泛用作除草剂的二硝基酚和五氯苯酚就是苯酚类化合物。另一种具有解偶联作用的除草剂是 2，4-D。氯代烃类农药中，滴滴涕已被证实能够造成解偶联，随着研究的不断深入，人们很可能会发现其他氯代烃类化合物也具有同样的效应。

然而，解偶联并不是熄灭人体数十亿细胞"小火焰"的唯一原因。前文提到过，氧化作用的每一步都由一种特定的酶引导和催化。其中任何一种酶，哪怕只有一种遭到破坏和削弱，细胞内的氧化循环就会终止。不管哪种酶受到影响，结果都一样。氧化循环过程就像一个旋转的车轮，如果我们向轮辐里插入撬棍，随便插到哪两根轮辐中间，车轮都会停止转动。同样，不管在哪个环节起作用的酶遭到破坏，氧化作用都会终止。也就不会再有新能量产生，这与解偶联的最终结果十分相似。

大量常见杀虫剂都能够像破坏车轮那样破坏氧化作用。研究发现，滴滴涕、甲氧滴滴涕、马拉硫磷、硫代二苯胺以及各种二硝基化合物，都能够抑制氧化循环过程中的一种或多种酶。这些杀虫剂因此很可能会阻碍能量生产的整个过程，导致细胞缺氧，并最终导致许多灾难性后果，本书在此仅稍作列举。

我们在下一章会谈到，只需要系统地抑制氧气供给，实验人员就能够将正常细胞转化为癌细胞。动物胚胎发育实验中可以看到细胞缺氧造成的其他严重后果。因为缺氧，组织生长和器官发育的正常过程遭到破坏，造成了畸形和其他异常情况。据此可以推测人类胚胎缺氧，很可能导致先天性畸形。

尽管很少有人深入研究这些原因，但是不少迹象显示，人们已经意识到此类灾难日趋增多。比如 1961 年，美国人口统计办公室发起了一项全国新生儿畸形情况调查，其统计结果为先天性畸形与环境之间的关系提供了事实依据。毫无疑问，此项研究主要从评测辐射的危害入手。然而，不容忽视的是许多化学药品的危害一点也不亚于辐射。人口统计办公室断言，未来儿童罹患的身体缺陷和畸形，几乎可以肯定是由于侵入外部环境和人体内部的化学药品所致。

还有一些研究发现，生殖能力减弱，很可能与生物氧化作用受干扰、重要"蓄电池"ATP 耗减有关。即使在受精前，卵子也需要大量 ATP 为下一阶段做好充分准备。精子进入后，卵子就需要更多的能量来完成受精。精子是否能够达到并穿透卵子，取决于其自身的 ATP 能量供应。这些 ATP 产生于精子细胞颈部高度密集的线粒体。一旦受精成功，细胞就开始分裂，而胚胎能否发育成形，很大程度上取决于 ATP 供应的能量。胚胎学家研究青蛙卵和海胆卵这类容易获取的实验对象后发现，如果细胞内 ATP 含量低于某个关键临界值，卵子就会停止分裂并迅速死亡。

胚胎学实验室的实验结论与苹果树上知更鸟以及佛罗里达松树上白头海雕的遭遇并非没有关联。苹果树上的知更鸟巢中躺着几枚冰冷的蓝绿色鸟蛋，鸟蛋中的生命"小火苗"在闪烁几天后完全熄灭。高大的佛罗里达松树顶部有一个由树枝、木棍搭成的巨大鸟窝，里面躺着 3 枚白色的大鸟蛋，冰冷而毫无生气。为什么这些小知更鸟和小白头海雕不能被孵出？这些鸟蛋是否也像实验室的青蛙卵一样，因为缺乏足够的能量源 ATP 分子才停止发育？是否成鸟体内或鸟蛋中积存了一定量的杀虫剂，阻滞了生产能量的氧化循环之轮，从而造成 ATP 缺乏？

鸟蛋中是否存在农药残留，并不需要费力去猜测，它们显然比哺乳动物的卵细胞更便于开展实验观察。无论是在实验室还是在野外，只要鸟蛋接触过滴滴涕与其他烃类化合物，就一定能够发现大量残留。加利福尼亚州实验室检测的野鸡蛋中，滴滴涕残留量高达 349×10^{-6}，密歇根州滴滴涕中毒死亡的知更鸟输卵管的卵子中，药物残留达 200×10^{-6}，中毒死亡的知更鸟产在鸟巢里未伏窝的蛋中也有滴滴涕残留。因附近农场喷施异狄氏剂而中毒的母鸡，将体内有毒物质传递到蛋中；喂食滴滴涕的实验母鸡所产蛋中残留量达 65×10^{-6}。

既然知道了滴滴涕的其他（也许所有）氯代烃类化合物能够通过抑制某一种酶的活性或能量生产机制的偶联，达到中断能量生产循环过程这一事实，我们很难设想含有大量农药残留的受精卵能够完成复杂的发育过程：无数次细胞分裂—逐渐形成的组织和器官—重要物质的合成—最终形成新的生命。整个过程需要消耗巨大的能量，这些能量完全由代谢循环产生的 ATP 提供。

我们有理由相信，鸟类不是唯一的受害者。ATP 是所有生物的能量来源。鸟类、细菌、人类和鼠类的代谢循环，都以生产能量为共同目的。因此，任何物种的生殖细胞中积存杀虫剂的事实都应该令我们不安，也意味着会对人类产生相当的影响。

有迹象表明，这些化学物质不仅存在于细胞中，也存在于与生殖细胞制造有关的组织中。人为控制实验环境中的野鸡、老鼠、豚鼠、榆树喷药地区的知更鸟、西部森林云杉食心虫防治区的鹿……大量鸟类与哺乳动物的生殖器官中，都发现了杀虫剂残留。知更鸟睾丸中的滴滴涕含量高于体内任何其他部位。野鸡睾丸中农药积存也十分严重，浓度高达 $1\,500 \times 10^{-6}$。

也许是因为生殖器官内存在化学药物残留，实验哺乳动物出现了睾丸萎缩的现象。接触过甲氧滴滴涕的幼鼠睾丸特别小。小公鸡喂食滴滴涕后，睾丸仅为正常大小的 18%，其依靠睾丸激素生长的鸡冠和肉垂，也只有正常大小的 1/3。

缺少 ATP 也可能对精子自身造成危害。公牛精子实验显示，二硝基酚会干扰能量偶联机制，造成不可避免的能量损失，从而降低精子的活动能力。其他化学药品也会对受测公牛的精子造成同样的影响。有迹象表明，人类也可能受到同样的危害。医学报告显示，滴滴涕空中作业人员出现了少精液症或精子数量减少的现象。

对整体人类而言，我们的遗传基因是比个体生命更宝贵的财富，它将我们与过去和未来连接在一起。经过漫长的演变进化，我们的基因不仅造就了人类的现在，也掌控了人类吉凶未定的将来。然而，在我们这个时代，人为因素带来了基因损害的威胁，这是人类文明最终也是最大的危险。

化学药品无可避免地再一次被拿来与辐射相提并论。

活体细胞受到辐射后会出现一系列损伤，正常分裂能力被破坏，染色体结构因此发生改变，携带遗传物质的基因随之发生突变，导致后代出现新的特征。如果细胞特别敏感，可能会被立刻杀死，或者在数年之后变成恶性细胞。

所有这些辐射造成的后果，都已经在实验室里通过大量类放射或模拟放射物质得以再现。多种杀虫剂、除草剂都能够破坏染色体，会干扰正常的细胞分裂或造成基因突变。遗传物质受到这些损害，会导致接触农药的个体罹患疾病，或对其后代造成危害。

几十年前，没有人知道辐射或化学药品具有这些危害。当时原子还没有被分离出来，可以复制辐射作用的化学物质，大多还没有被化学家从试管里孕育出来。

我们要感谢赫尔曼·约瑟夫·穆勒。他于 1890 年 12 月 21 日出生在

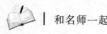
美国纽约，祖籍德国，1967 年 4 月 5 日在印第安纳波利斯逝世。穆勒在科学和学术上的贡献主要是在辐射遗传学和进化论等方面，特别是他对辐射遗传学的研究，为实验遗传学开辟了新的领域。是 20 世纪一位思想进步、对人类充满同情、富于正义感的科学大师，值得人们永远尊敬和怀念。

1927 年，得克萨斯大学的动物学教授 H.J. 穆勒博士研究发现，将生物体暴露于 X 射线后，能够造成其后代基因突变。穆勒教授的发现为科学界和医学界打开了一个全新的领域。穆勒为此荣获诺贝尔生理学或医学奖，而且在一个很快就因核辐射熟悉灰尘降雨的世界中，即使是非科学家，现在也知道辐射的潜在后果。

比较少的人关注到，爱丁堡大学的夏洛特·奥尔巴赫和威廉·罗伯森在 20 世纪 40 年代初就开展过穆勒博士类似的研究。他们发现芥子毒气（也叫"芥子气"）造成的永久性染色体变异与辐射造成的情况如出一辙。果蝇实验（穆勒早期也曾用果蝇开展 X 射线研究）显示，芥子毒气也会造成基因突变。人类因此发现了第一种化学诱变剂。

目前除了芥子气外，人们还发现了其他许多能够改变动植物遗传物质的化学品。要想了解这些化学物质如何改变遗传过程，我们必须首先了解细胞的基本生命活动。

构成组织和器官的细胞，必须具备增殖能力，才能够确保生命体的生长和生命的流传。该过程经由有丝分裂或核分裂完成。一个即将分裂的细胞，会发生一系列非常重要的变化，首先是细胞核内的变化，最终扩散到整个细胞。在细胞核内，染色体发生奇妙的移动和分裂，排列成亘古不变的模型，将遗传的决定因素（基因）传递给子细胞。起初，染色体呈长长的线状，基因如同一颗颗珠子串联在这条线上。接着，染色体发生纵向分裂（基因随之分裂），细胞一分为二后，各有一半染色体进入了细胞子细胞，这样一来，每个新细胞都将含有一整套包含全部遗传信息的染色体。通过这种方式，物种的完整性得以保存和延续。

生殖细胞在形成过程中会发生一种特殊的分裂方式，这就是"减数分裂"，指有性生殖个体在形成生殖细胞过程中发生的一种特殊分裂方式，不同于有丝分裂和无丝分裂，减数分裂仅发生在生命周期某一阶段，它是进行有性生殖的生物性母细胞成熟、形成配子的过程中出现的一种特殊分裂方式。受精时雌雄配子结合，恢复亲代染色体数，从而保持物种染色体数的恒定。

由于每一种生物的细胞内，染色体的数量都是固定的，卵子和精子结合形成新个体时，只能各自携带一半数目的染色体。在生殖细胞形成的分裂过程中，染色体能够精确地完成这一行为。在这个过程中，染色体并不发生裂变，而是由每对染色体中分离出完整的一半，进入每一个子细胞。

所有生命的这个最初阶段都完全一样。地球上所有的生命都要经历细胞分裂，无论是人类还是阿米巴虫，无论是高大的红杉还是微小的酵母菌，没有细胞分裂，生命就无法延续存在。因此，对有丝分裂的任何干扰，都会严重威胁生物自身及其后代。

乔治·盖洛德·辛普森与同事皮特迪里、蒂凡尼在内容广博的著作《生命：生物学导论》（1957 年）中说："细胞组织的主要特征，诸如有丝分裂，存在时间远远超过 5 亿年，几乎接近 10 亿年。从这个意义上来看，地球上的生命尽管十分脆弱、复杂，却具有不可思议的持久性——其持久远远超过山脉的历史。这种持久性完全依赖于遗传信息一代又一代无比精确的传递。"

然而，在三位作者设想的 10 亿年间，这种"无比精确的传递"从未遭到过 20 世纪中期那样强烈而又直接的破坏。这些破坏来自由人类制造的辐射，以及由人类制造并广泛散播的化学药品。杰出的澳大利亚内科医生、诺贝尔生理学或医学奖获得者麦克法兰·伯内特爵士认为，我们这个时代"最明显的医学特征之一，就是随着医疗手段的进步和化学物质的发明，保护体内器官以免受诱变因素侵扰的天然屏障越来越频繁地遭到破坏"。

人类染色体的研究尚处于初级阶段，环境因素对染色体所造成的影响研究也才刚刚起步。直到 1956 年，新技术的出现，使得人们能够精确地测定人体细胞内染色体的数量（46 条），并仔细观察它们，以便检测是否存在完整的染色体或部分染色体。在那个年代，环境中的物质会造成基因损坏，还是一个相对较新的概念，除了遗传学家外鲜为人知，而几乎也没有人会听取遗传学家的建议。现在，相当多的人已经了解到各类辐射造成的危害，尽管在某些领域这种危害还是会出乎意料地遭到否认。穆勒博士时常愤懑地说："太多的人不接受遗传原理，其中不仅有政府部门的政策制定者，甚至还包括非常多的医学界人士！"公众和大部分医学科学工作者几乎都不知道化学物质会造成与辐射相似的后果。正因为如此，人们并没有对化学物质的普遍用途（而非实验功能）进行过评测。而此事关涉重大。

伯内特爵士并非是唯一一个对化学物质潜在危害进行评测的人。英国著名专家彼得·亚历山大博士认为，类辐射化学物质的危害很可能大大超过辐射。专注遗传学研究数十年、成就卓著的穆勒博士警告说，各类化学物质（包括以杀虫剂为代表的农药）"能够像辐射一样提高基因突变的概率，在现代社会频繁接触异常化学药品的环境下，基因受突变影响的程度却鲜为人知"。

人们普遍忽视化学诱变物，很可能是因为早期的发现仅限于科学研究领域，毕竟，氮芥没有用于从空中洒向所有人，而仅掌握在实验室的生物学家或治疗癌症的内科医生手中。

氮芥是最早用于临床并取得突出疗效的抗肿瘤药物，剧毒。2017年10月27日，世界卫生组织国际癌症研究机构公布的致癌物清单初步整理参考，氮芥在2A类致癌物清单中。

（最近，人们报道了一起病例，病人接受氮芥治疗后出现染色体损伤。）然而，杀虫剂和除草剂却与人们有着广泛而密切的关联。

尽管人们对此问题关注不多，我们仍然可以从不少杀虫剂案例中收集到确切的信息，证明它们以从轻微的染色体损伤到基因突变等方式扰乱了细胞的生命过程，最终导致细胞癌变的严重后果。

蚊子连续几代接触滴滴涕后，会繁衍出一种奇怪的雌雄嵌性生物——同时呈现雌性与雄性的生理特征。

植物接受各类苯酚处理后，会出现染色体严重损坏、基因变化、惊人的基因突变和"不可逆的遗传性变化"。基因学的经典研究对象果蝇在接触苯酚后发生了突变，一旦接触到普通除草剂或尿烷就会死亡。尿烷属于氨基甲酸酯类化学物质，越来越多的杀虫剂和其他农药都是由其制作而成。事实上，用来防止储藏的马铃薯发芽的两种氨基甲酸酯类化合物，正是利用了它们可以阻止细胞分裂的特性。另一种能够阻碍发芽的物质——马来酰肼已被认定为强诱变剂。

经过六氯化苯或林丹处理过的植物会出现严重畸变，根部长出肿瘤一样的块状突起。细胞内染色体数量翻倍，使植物发生重大变形。染色体倍增会一直持续到细胞不再分裂为止。

接受过2，4-D除草剂处理的植物也会长出瘤状肿块。植物染色体会变短、变粗，簇集在一起，细胞分裂严重受阻，据说其危害非常接近X射线所造成的影响。

以上仅是一部分例证，还有许多事实可以援引。由于目前尚未有旨在测定杀虫剂诱变效果的全面研究，前文引证的所有事实都来自细胞生理学或遗传学相关研究的附带成果。当务之急便是对该问题开展直接研究。

一些科学家虽然承认环境辐射对人类有危害，却质疑化学诱变剂是否会造成同样的影响。他们承认辐射具有强大的穿透力，却怀疑化学物质具有抵达生殖细胞的能力。由于缺乏针对人类的直接研究，我们的论证再一次受阻。然而，鸟类和哺乳动物的生殖腺与生殖细胞中发现了大量滴滴涕残留，是一个强有力的证据，至少能够证明氯代烃类化合物残留不仅广泛分布在动物体内，而且也与遗传物质发生接触。宾夕法尼亚州立大学戴维·E.戴维斯教授最近发现，一种可以阻止细胞分裂，专事人类癌症治疗的强效化学药物，也能造成鸟类不孕不育。亚致死剂量的化学药物就能够阻止生殖腺内的细胞分裂。戴维斯教授的野外实验已取得一些成绩。显然，我们不再有理由妄想任何生物体的生殖腺能够免受坏境中化学药物的危害。

最近几项关于染色体异常的医学发现具有非常重大的意义。1959年，英国和法国的几个研究团队发现，他们各自开展的独立研究，最终指向了同一个结论：染色体数量异常能够引发人类的某些疾病。在这些团队研究过的某些疾病和异常中，染色体数量都不同于正常值。举个例子来说，我们都知道所有先天愚型患者都比正常人多出一条染色体。偶尔多出的这条染色体会附着在另一条染色体上，染色体数量还是46条。然而，更多时候它独立存在，染色体总数因此变成47条。此类患者的发病源应当追溯到其上一代。

英美两国不少罹患慢性白血病的患者，似乎表现出另一种不同机制。患者的血细胞中发现了共同的染色体异常情况：部分染色体缺失。这些患者皮肤细胞中染色体正常，说明染色体异常并未发生在最初的生殖细胞中，而是出现在个体成长阶段的某些特定细胞中（该案例中是前体血细胞）。部分染色体缺失，可能使这些细胞无法发出正常的"行为指令"。

自从这一研究疆域被打开后，人们解开了大量与染色体破坏有关的身体缺陷谜团，早已超出了单纯医学研究的范畴。比如，人们已知的克氏综合征与性染色体复制有关。患病个体是男性，但因为携带两条X染色体（变成XXY，而非正常男性的XY），他有些异常。

克氏综合征，先天性曲细精管发育不全综合征，又称为克兰费尔特综合征，是一种较常见的性染色体畸变的遗传病。本病特点为患者有类无睾身材、男性乳房发育、小睾丸、无精子及尿中促性腺激素增高等。本病患者性染色体为47，XXY，即比正常男性多了1条X染色体，因此本病又称为47，XXY综合征。

除不育症以外，还伴有身高过高或精神缺陷等症状。与此相反，只接受一条性染色体（变成XO，而非正常的XX或XY）的患者，虽然实际上是女性，却缺乏女性的诸多第二特征，并伴有多种生理缺陷（有时也会有心理缺陷）。其原因自然是由于X染色体携带多种特征的基因。这种症状被称作特纳综合征，在具体病因被解密之前，医学文献中早就有过对这两种病症的描述。

先天性卵巢发育不全综合征。临床特点为身矮、生殖器与第二性征不发育和躯体发育异常。智力发育程度不一。寿命与正常人相同。母亲年龄似与此种发育异常无关。

很多国家的研究者在染色体异常这一领域开展了大量工作。威斯康星大学克劳斯·帕图博士带领的团队，始终专注于研究包括智力迟钝在内的各种先天性畸形病症。这些病症似乎是由于染色体仅部分复制造成的，可能在某个生殖细胞的形成过程中出现了染色体破裂，裂片部分未能恰当地重新排列。这种异常往往影响胚胎的正常发育。

现有的科学知识显示，额外多出一条完整的染色体往往具有致命的危害，会遏制胚胎成活。据目前所知，仅有三种病症可以侥幸存活，其中之一就是先天愚型患者。另一方面，额外多出的染色体碎片附着，虽然会导致严重的后果，却不一定会致命。威斯康星大学研究团队认为，这种情况可以解释大部分迄今原因不明的儿童先天多发性畸形（包括智力迟钝）。

这是一个全新的研究领域，科学家迄今更多关注的仍然是染色体异常与疾病和生长缺陷之间的关联，尚未探究导致异常的深层原因。假定任何单一物质造成细胞分裂过程中染色体损伤或其行为不稳定是愚蠢的，我们向环境中投放了大量能够直接破坏染色体，导致出现上述种种病症的化学药品，这样的事实我们能够忽视吗？仅仅为了防止马铃薯发芽，或者为了灭杀露台上的蚊子，人类付出的代价未免太大了。

我们的遗传基因是经历20亿年生物原生质的进化与选择才形成的，这笔财富不仅仅属于我们，也属于我们的子孙后代。只要我们愿意，就一定能够减少对遗传基因造成的威胁。我们很少为保护遗传基因的完整性付出努力。虽然法律规定化学药品制造商必须检测产品的毒性，却并没有要求他们检测产品对遗传基因造成的确切破坏，他们自然也不会自找麻烦去做这件事情。

第十四章

四分之一的概率

生物与癌症之间的较量由来已久，确切起源已湮没在时间长河里。但最初一定是起源于自然环境。无论是好是坏，地球上的各种生物，都会受到来自太阳、风暴和地球远古特性的影响。

环境中的一些因素导致了灾难，生物要么适应，要么被淘汰。阳光中的紫外线辐射能够导致病变。来自某些岩石的辐射或土壤、岩石中冲刷出的砷污染食物或水源，同样也会引发病变。

早在生命出现之前，环境中就存在着这样一些有害物质，即便如此，生命还是照样出现在地球上，经过千百万年的发展，数量众多，种类丰富。在自然界亿万年的缓慢进程中，弱者消亡强者生存，生物调节适应着各种毁灭性的力量。自然致癌物质现在依然是导致病变的因素，但这些物质数量很少，而且从远古时期起，生命就已经适应了这些毁灭性力量。

随着人类的出现，情况发生了改变：在一切生命形式中，只有人类能够创造出致癌物质（即医学所称的"致癌物"）。早在几百年前，人类就制造出了人造致癌物。含芳香烃的烟尘便是一例。随着工业时代的来临，整个世界持续经历着不断加速的变化。各种新的化学、物理物质构成的人工环境迅速取代了自然环境，其中很多物质具有诱发生物变化的强大威力。人类还没有办法保护自己免受这些人造致癌物的伤害，虽然人类生物机能在慢慢演进，但其对新环境的适应极其缓慢。这些威力强大的物质因而能轻而易举地击破人体的脆弱防线。

癌症的历史很长，然而我们对致癌物质的认识起步却很晚。差不多两个世纪前，一位伦敦内科医生第一次发现外部或环境因素能够导致人体发生病变。1775年，帕西瓦尔·波特爵士宣布，烟囱清扫工群体中高发的阴囊癌，一定是由他们体内蓄积的烟尘所致。当时他还无法提供我们现在要求的"证据"，但现代研究手段已经从烟尘中分裂出致命化学物质，证实了波特爵士的论断。

距波特爵士做出医学论断的一个多世纪后，人类依然没有意识到反复吸入、吞食或通过皮肤接触环境中的某些化学物质会导致癌症。诚然，已经有人注意到，在康沃尔与威尔士的铜冶炼厂、锡铸造厂中接触砷烟雾的工人，罹患皮肤癌的情况十分普遍。也有人注意到，德国萨克森州的钴矿工人和波西米亚约阿希姆斯塔尔的铀矿工人会患染一种肺部疾病，后来被确认为癌症。如上案例都发生在前工业时代。如今，工业遍地开花，工业产品几乎进入了所有生物的生存环境。

直到19世纪的最后25年，人们第一次意识到恶性病变与工业时代的关联。那时候，巴斯德正在证明微生物是众多传染性疾病的起因。

路易斯·巴斯德，19世纪法国著名的微生物学家、爱国化学家，开创了微生物生理学。在战胜狂犬病、鸡霍乱、炭疽病、蚕病等方面都取得了成果。著名言论"科学虽没有国界，但是学者却有自己的祖国"就出自他的口。

为了探索癌症的化学起因，还有另外一些科学家正在研究萨克森州新兴的褐煤工业与苏格兰的页岩工业工人罹患的皮肤癌，以及因职业缘故接触焦油和沥青导致的其他癌症。据知，19世纪末期已有6种工业致癌物，20世纪创造和正在创造的大量新致癌化学物质，多与普通民众密切关联。自波特爵士的发现至今不到两个世纪，环境状况已经发生了巨大的变化。不只是特定职业人群会接触到危险的化学物质，它们已经进入每个人的日常生活，甚至包括尚未出生的婴儿。我们如今发现恶性疾病增速惊人，也就没有什么好大惊小怪的了。

恶性疾病增长并非出于我们的主观臆测。美国人口统计办公室1959年7月的月度报告发现：1958年，包括造血与淋巴组织肿瘤在内的恶性肿瘤造成的死亡人数，占当年死亡人口总数的15%，而1900年，该比率仅为4%。美国人口统计办公室按照目前的癌症发病率推算，现有人口中将有 4 500 万人最终会患上癌症，这就意味着 2/3 的美国家庭将遭受癌症的侵袭。

儿童的情况更令人担忧。25 年前，儿童罹患癌症的概率非常低。如今，美国学龄儿童死于癌症的数量超过其他任何疾病。形势极为严峻。波士顿率先建成专门收治儿童肿瘤患者的医院，1 岁至 14 岁儿童死亡中 12% 由癌症所致。临床发现，大量未满 5 岁的儿童罹患恶性肿瘤，更残酷的是，其中有不少新生或未出生的婴儿。环境致癌研究领域顶尖权威、美国国家癌症研究所 W.C. 休珀博士指出，先天性癌症和婴儿癌症很可能跟母体妊娠期间接受过致癌物质有关，这些物质侵入胎盘后，破坏快速发育的胎盘组织。动物实验显示，接触致癌物质的动物年龄越小，潜在患癌的概率越大。佛罗里达大学弗朗西斯·雷博士告诫人们："食品中的化学添加剂可能会为儿童埋下癌症的祸根……我们目前无从知晓，它们在四五十年后会造成什么样的后果。"

我们眼下关心的问题是，人们用来控制自然的化学物质，是否直接或者间接导致了癌症。动物实验证据显示，有五六种杀虫剂可以被确定为致癌物。如果算上许多医生认定会引发白血病的物质，这个致癌物清单还会更长。

白血病是一类造血干细胞恶性克隆性疾病。克隆性白血病细胞因为增殖失控、分化障碍、凋亡受阻等机制在骨髓和其他造血组织中大量增殖累积，并浸润其他非造血组织和器官，同时抑制正常造血功能。临床可见不同程度的贫血、出血、感染发热以及肝、脾、淋巴结肿大和骨骼疼痛。

据报道，中国各地区白血病的发病率在各种肿瘤中占第六位。其病因有：

（1）病毒因素。RNA 病毒对鼠、猫、鸡和牛等动物的致白血病作用已经得到确认，这类病毒所致的白血病多属于 T 细胞型。

（2）化学因素。一些化学物质有致白血病的作用。接触苯及其衍生物的人群白血病发生率高于一般人群。亦有亚硝胺类物质、保泰松及其衍生物、氯霉素等诱发白血病的报道。某些抗肿瘤细胞的药物，如氮芥、环磷酰胺、丙卡巴肼、VP16、VM26等都有致白血病作用。

（3）放射因素。有证据显示，各种电离辐射可以引起人类白血病。白血病的发生取决于人体吸收辐射的剂量，整个身体或部分躯体受到中等剂量或大剂量辐射后都可诱发白血病。小剂量辐射能否引起白血病仍不确定。经常接触放射线物质（如钴-60）者白血病发病率明显增加。大剂量放射线诊断和治疗可使白血病发生率增高。

（4）遗传因素。有染色体畸变的人群白血病发病率高于正常人。

由于尚未对人体做过实验，这些证据只能算是间接证据。即便如此，也已经相当惊人，要是算上那些破坏生物组织或细胞、可能会间接致癌的物质，其他几种杀虫剂也应该列入清单。

人们最早发现与癌症相关的致癌物是亚砷酸钠、砷酸钙以及其他各种化合物中的砷。

砷，俗称砒，是一种非金属元素，在化学元素周期表中位于第4周期、第VA族，原子序数33，元素符号As，单质以灰砷、黑砷和黄砷这三种同素异形体的形式存在。

砷元素广泛地存在于自然界，共有数百种砷矿物已被发现。砷与其化合物被运用在农药、除草剂、杀虫剂，与许多种合金中。其化合物三氧化二砷被称为砒霜，是种毒性很强的物质。

2017年10月27日，世界卫生组织国际癌症研究机构公布的致癌物清单初步整理参考，砷和无机砷化合物在一类致癌物清单中。

砷与人类、动物癌症的关联由来已久。关于砷接触造成的危害，休珀博士的经典学术专著《职业性肿瘤》介绍过一个典型案例。西里西亚雷切斯坦市的金矿、银矿开采已有近千年的历史，最近几百年来，人们又开始采挖砷矿。几百年来，砷废渣一直堆积在矿井附近，被溪水冲卷着流到山下。地下水遭溪水污染，因此砷进入饮用水源。数百年来，矿区居民饱受"雷切斯坦病"的折磨。这种病就是慢性砷中毒所致，主要表现为肝、皮肤、胃肠和神经系统功能紊乱，常常会并发恶性肿瘤。大约25年前，这里更新了水源供应系统，清除掉其中绝大部分砷，"雷切斯坦病"才基本成为历史。然而，在阿根廷科尔多瓦省，由于源自岩层的饮用水中含有砷，慢性砷中毒并发皮肤癌的情况仍然十分严重。

长期持续地使用含砷杀虫剂，很容易造成类似雷切斯坦和科尔多瓦的情况。美国烟叶种植园、西北地区果园和东部蓝莓种植园等地土壤中的砷污染都很严重，也同样可能造成水源污染。

砷污染的环境不仅对人类造成危害，也对动物造成影响。1936年，德国发布的一份报告引起极大关注。在萨克森州弗莱堡附近，银铅熔炉中喷出的含砷烟尘飘向周围的村庄，落到植被上。休珀博士在书中描述说，以这些植被为主要饲料的马、牛、羊、猪都出现了毛发脱落，皮质增厚的症状。而生活在附近森林中的鹿群不时会出现异常色斑和癌前疣，其中一头鹿确认发生了恶性病变。家养和野生动物都出现了"砷引发的肠炎、胃溃疡和肝硬化"症状。冶炼厂附近放养的羊群暴发鼻窦癌；这些羊死后，大脑、肝和肿瘤中都发现了砷残留。该地区还出现了"大量昆虫死亡，尤其是蜜蜂。降雨冲刷树叶上的砷粉尘，将其带入溪流和池塘中，造成大量鱼类死亡"。

另一类致癌物是一种新型的有机杀虫剂，被广泛用来杀灭螨虫和蜱（pí）虫。该杀虫剂的使用情况充分说明，尽管存在保护民众权益的相关法律，可是，当我们等到实质性的法律程序控制住局面时，公众接触致癌物质往往已达数年。此事值得关注也从另一个角度说明，公众今天被告知"安全"的东西，明天很可能就会被发现极其危险。

1955年，该杀虫剂投产使用时，生产商申请了"容留许可"，允许喷药农作物存在微量残留。生产商遵照法律规定，在实验室动物身上进行了药物毒性测试，并将检测结果和"容留许可"申请表一并提交。然而，美国食品药品监督管理局认为，试验结果表明该杀虫剂存在致癌可能。行政管理专员因此建议对该药物实行"零容留许可"，也就是说跨州贸易食品中不允许存在该农药残留。但生产商有权利申诉，诉讼被提交给专门委员会复核。委员会却给出一个折中方案：允许 1×10^{-6} 的农药残留，暂定时效为两年；期间将继续开展实验检测，以确定是否将其列入致癌物清单。

尽管委员会并没有明说，该决定实际上意味着将公众当作试验对象，与动物实验中的狗和老鼠一起测试可疑致癌物。动物实验出结果显然更快，仅用两年时间就证明了该杀虫剂确实致癌。然而，当时（1957年），美国食品药品监督管理局却未能立即撤销允许该已知致癌物污染大众食品的"容留许可"。各种司法程序耗费了整整一年时间，最终直到1958年12月，行政管理专员在1955年提出的"零容留许可"才得以推行。

已知致癌的杀虫剂远不止上述这些。动物实验表明，滴滴涕可能会引发肝脏肿瘤。报告这一发现的美国食品药品监督管理局科研人员，虽然还不清楚该肿瘤的类别，却认为"有必要将它们定位为低分化肝细胞癌"。现在，休珀博士已明确将滴滴涕列入"致癌化学物质"。

实验发现，两种氨基甲酸酯类除草剂可以在老鼠身上诱发皮肤肿瘤，其中有些肿瘤是恶性的。这一结果似乎是由这两种除草剂首先引发实验老鼠病变，继而再由环境中的其他各种化学物质施加作用。

除草剂杀草强能够诱发实验动物罹患甲状腺癌。1959年，蔓越莓果农误施杀草强除草剂，造成上市售卖的蔓越莓携带有农药残留，食品药品监督管理局没收了这批遭污染的蔓越莓，而后引发广泛争议，人们质疑该药物是否会引起癌症，其中至少不乏医学界人士。食品药品监督管理局发布的事实明确显示，杀草强对实验老鼠有致癌作用。实验室老鼠喂饮杀草强浓度为 100×10^{-6} 的水后第68周出现甲状腺肿瘤。两年后，半数以上受测实验老鼠肿瘤仍未消退。诊断发现，老鼠患的各种肿瘤中既有良性的也有恶性的。降低剂量依然会导致肿瘤，事实上，任何剂量的杀草强都会导致实验老鼠患上肿瘤。当然，目前尚无人知道会导致人类患癌的杀草强剂量，但哈佛大学医学教授大卫·鲁茨坦博士指出，任何剂量的杀草强都会对人体造成伤害。

要全面揭示新型氯代烃杀虫剂和现代除草剂所造成的恶果，仍需要一定时日。大多数恶性病变发展非常缓慢，往往经历很长一段时间后，患者才会出现临床症状。20世纪20年代初，在手表表盘上绘制发光数字的女工，因嘴唇接触到刷子而摄入微量的镭。15年甚至更久之后，其中一些女工患上骨癌。已经证实，因接触化学致癌物所导致的职业性癌症发病期多为15~30年，有些情况的潜伏期甚至更长。

镭，是一种具有很强放射性的元素，纯的金属镭几乎无色，但是暴露在空气中会与氮气反应产生黑色的氮化镭（Ra_3N_2）。镭的所有同位素都具有强烈的放射性，其中最稳定的同位素为镭-226，半衰期约为1 600年，会衰变成氡-222。当镭衰变时，会产生电离辐射，使得荧光物质发光。

2017年10月27日，世界卫生组织国际癌症研究机构公布的致癌物清单初步整理参考，镭-224、镭-226、镭-228及其衰变产物在一类致癌物清单中。

与工业上接触各类致癌物不同，军用滴滴涕始于1942年前后，民用则始于1945年前后，各种化学杀虫剂广泛投用，则是在20世纪50年代初期的事情。使用这些化学物质造成的恶果，目前还没有完全表现出来。

大多数恶性病变的潜伏期都很长，然而白血病却是个例外。广岛原子弹爆炸的幸存者在3年后陆续患上白血病，因此有理由相信，白血病的潜伏期可能会短得多，将来有可能发现其他癌症潜伏期也比较短，但目前看来，恶性病变普遍发展非常缓慢，而白血病似乎是唯一的例外。

自现代杀虫剂投产使用以来，白血病发病率持续上升。美国人口统计办公室的数据明确表明，患者人数正在急剧上升。1960年，仅白血病造成的死亡人数就有12 290人。死于各类血液和淋巴恶性肿瘤的总人数从1950年的16 690人激增到1960年的25 400人；按照每10万人口的死亡率来算，这一数值从1950年的11.1人上升到1960年的14.1人。这种激增趋势不止出现在美国。其他所有国家登记的各年龄段白血病死亡人数，以每年4%~5%的速度增长。这意味着什么？人们日益频繁接触的是环境中哪些新的致死物质？

梅奥医疗中心等世界著名医疗机构，收治了数百例造血器官疾病患者。梅奥医疗中心血液科的马尔科姆·哈格雷夫斯博士与其他同事报告说，这些病人无一例外都接触过各种含滴滴涕、氯丹、苯、林丹以及石油馏出物的有害喷雾。

使用各类有毒物质导致环境性疾病数量不断攀升，哈格雷夫斯博士说："最近十年，情况格外严重。"基于丰富的临床经验，他断言："大部分血质不调或淋巴疾病患者都曾长期接触各类烃，当今人们使用的大多数杀虫剂都属于此类。详细的病史记录总能呈现出两者之间的关联。"现在哈格雷夫斯博士手上掌握了大量经他诊治过的患者的详细病历，这些病例包括白血病、再生障碍性贫血、霍奇金病以及其他血液和造血组织紊乱疾病。他说："病人都曾大量接触这些环境物质。"

再生障碍性贫血简称再障，是一组由多种病因所致的骨髓造血功能衰竭性综合征，以骨髓造血细胞增生减低和外周血全血细胞减少为特征，临床以贫血、出血和感染为主要表现。确切病因尚未明确，再障发病可能与化学药物、放射线、病毒感染及遗传因素有关。

再障主要见于青壮年，其发病高峰期有 2 个，即 15~25 岁的年龄组和 60 岁以上的老年组。男性发病率略高于女性。根据骨髓衰竭的严重程度和临床病程进展情况分为重型和非重型再障以及急性和慢性再障。

霍奇金病，即霍奇金病淋巴瘤，多见于青年，儿童少见，首见症状常是无痛性的颈部或锁骨上的淋巴结肿大（占 60%~80%），临床以无痛性淋巴结肿大最为典型，肝脾常肿大，晚期有恶病质、发热及贫血。左多于右，其次为腋下淋巴结肿大，肿大的淋巴结可以活动，也可互相粘连，融合成块，触诊有软骨样感觉，如果淋巴结压迫神经，可引起疼痛，少数患者仅有深部而无前浅表淋巴结肿大，深部淋巴结肿大可压迫邻近器官，表现的压迫症状，例如纵隔淋巴结肿大可致咳嗽、胸闷、气促、肺不张及上腔静脉压迫症等；腹膜后淋巴结肿大可压迫输尿管，引起肾盂积水；硬膜外肿块导致脊髓压迫症等。

这些病例说明了什么？其中一份病历记录了一位厌恶蜘蛛的家庭妇女。

8 月中旬，她拿着含滴滴涕与石油馏出物的喷雾剂走进地下室，她把地下室仔仔细细喷了一遍：楼梯底面、水果柜内部以及天花板和椽子周围的隐蔽区域。喷完药，她开始感到非常不舒服、恶心、极度焦虑、焦躁。几天后，她的身体恢复了一些，然而她显然没有怀疑过自己身体不适的原因。9 月份，她又开始向地下室喷药，经历了两轮喷药—生病—短暂恢复—再次喷药的循环。第三次喷药后，这位妇女出现了新的症状：发热、关节疼痛、全身不适，一条腿得了急性静脉炎。哈格雷夫斯博士检查发现，这位妇女患上了急性白血病，下个月，她就死了。

哈格雷夫斯博士的另一位病人是位职业人士，在一栋蟑螂肆虐的老房子里办公。此人不堪蟑螂袭扰，决定亲自动手消灭蟑螂。一个星期天，他花了几乎一整天时间对地下室和各隐蔽区域喷药，使用的喷剂是滴滴涕，浓度为25%，悬浮在含有甲基萘的溶剂中。没过多久，他身上开始出现瘀伤和出血，到医院就诊时身上也有多处出血。血液分析显示，他患上严重的骨髓衰竭性疾病，也称再生障碍性贫血。接下来的五个半月里，他接受了59次输血和各种其他治疗，身体得以部分恢复。然而，大约9年后，他又患上了致命的白血病。

　　跟杀虫剂有关的病历中，涉及比例最高的是滴滴涕、林丹、六氯化苯、硝基酚、普通防蛀剂对二氯苯和氯丹，当然还有含有这些药物的溶剂。正如哈格雷夫斯博士所强调的那样，纯粹只接触一种化学药品的情况并不多见，仅有极少数个例。市面售卖的杀虫剂通常含有多种药物成分，溶解在石油馏出物和分散剂中。含有芳香烃和不饱和烃的溶剂，本身就可能对造血器官造成严重损害。然而，若非医学分析需要，区分药物和溶剂，并没有太大的实际意义，因为大多数农药喷施都离不开这些石油溶剂。

　　美国与其他国家的医学研究文献中都记载了大量病例，能够证实哈格雷夫斯博士关于化学农药与白血病以及其他血液疾病之间的因果关系论断。

　　患者包括各类人群：被自家喷药设备或飞机喷施到农药的农民，喷雾灭蚊后仍然留在房内学习的大学生，家里安装了可移动式林丹汽化器的妇女，在喷施过氯丹和毒杀芬的棉田里干活的工人……专业严谨的医学术语背后，隐藏了诸如此类的悲惨故事。

　　捷克斯洛伐克有一对年轻表兄弟。两个男孩住在同一座小镇上，一同工作、一同玩耍。他们生前最后一份工作是在一家农场合作社搬运装卸袋装的六氯化苯杀虫剂。8个月后，其中一个男孩患了急性白血病，9天后死了。这时，他的表兄弟开始出现易倦、发热症状。大约不到3个月，症状开始加剧，他也被送进医院，也被诊断为急性白血病，最后也被疾病夺去了生命。

　　还有一位瑞典农民，他的情况奇怪得令人联想到金枪鱼捕捞船"福龙丸 5 号"上的日本船员久保爱吉。（这里指的是著名的"久保山事件"，又称"福龙丸事件"。1954 年 3 月 1 日这天，日本渔船"福龙丸 5 号"载船员 23 人在远离比基尼岛"危险区"外的公海上捕鱼，遇到了美国氢弹试验放射性微尘，引起了急性放射能症。）9 月 23 日船员久保爱吉不治身亡。与久保爱吉一样，这位农民一向身体强健；久保爱吉靠出海捕捞为生，而他则靠种地为生。两个人同样都被天上飘来的有毒物质夺去了生命。不同的是，一人遭遇的是放射性微尘，另一个人遭遇的是化学粉尘。这位农民用掺有滴滴涕和六氯化苯的粉剂喷施约 24 公顷的土地。他在田里喷药时，一阵阵风吹得药粉在他周围盘旋。来自瑞典隆德医疗中心的报告显示："当天晚上，他感觉异常疲倦。随后几天，他始终感觉浑身乏力、背痛、腿痛、浑身发冷，被迫卧床休息……然而，他的情况越来越糟糕，5 月 19 日（喷药一个星期后）申请住进了当地医院。"患者体温非常高，血细胞计数异常，被转送到隆德医疗中心救治。两个半月后，患者死亡。尸检报告显示，患者骨髓完全坏死。

细胞分裂这一正常必要的过程，是如何被改变，造成变异并且产生破坏性的？这个问题吸引了无数科学家的关注和大量资金的投入。细胞内部发生了什么变化，致使井然有序的细胞分裂变成凶猛无法控制的癌细胞扩散？

几乎可以肯定的是，该问题的答案多种多样。由于病源不同，发展进程不同，影响生长和退化的因素不同，癌症呈现出各不相同的形态，而背后的致病原因也各不相同。然而，千差万别的表象背后，主要原因可能就是几种基本的细胞损伤。世界各地广泛开展对该问题的研究，有些甚至并非在癌症研究框架下开展，透过这些零散的研究，我们能够看到未来攻克这一难题的曙光。

我们再一次发现，只有研究细胞和染色体等最小的生命单位，才能够获得解决谜题的宽阔视野。我们必须要进入这个微观世界，去寻找那些改变细胞神奇运转机制的因素。

德国马克斯·普朗克细胞生理研究所生物化学家奥特·沃伯格教授提出的癌细胞起源理论格外引人注目。

奥托·沃伯格，全名奥托·海因里希·沃伯格（1883—1970），德国生理学家。1931 年，因发现细胞呼吸氧化转移酶荣获了诺贝尔生理学或医学奖。他的研究工作跨越 60 多年，发表了 500 多篇学术论文，出版了 5 部专著。1966 年 6 月 30 日，沃伯格博士做了题为《癌症的主要原因与预防》的演说，其中介绍了正常细胞转化为癌症细胞的实验。他曾史无前例地在三个不同的领域三次被提名诺贝尔奖。著名的沃伯格效应就是以他的名字命名的。

沃伯格毕生致力于研究细胞内部复杂的氧化过程。他凭借广博的知识，清楚、生动地解释了正常细胞的恶变过程。

沃伯格认为，辐射和化学致癌物会破坏正常细胞的呼吸，导致细胞失去能量。反复接触少量辐射或化学物质，就会造成这样的后果。后果一旦造成，就无法修复。没有被这种呼吸毒素直接杀死的细胞会竭力补偿能量损失，这些细胞无法继续通过高效而神奇的循环生产大量 ATP，只能转向原始低效的发酵方法。凭借发酵维持生存的斗争会持续很长一段时间，并通过随后的细胞分裂继续，使得所有后代细胞都具有这种异常的呼吸方式。一旦细胞失去正常呼吸能力，就永远无法恢复，一年、十年甚至数十年也难以恢复。幸存的细胞通过逐渐加强发酵进行补偿，一点点艰难地恢复失去的能量。这是一种达尔文式的竞争，只有最强或最适应的细胞才能生存下来。最后，细胞终于通过发酵产生跟呼吸同等的能量。可以说，这个时候正常细胞已经彻底变成癌细胞。

沃伯格的理论解释了诸多令人费解的现象。大多数癌症潜伏期都很长，因为呼吸作用首次受损后，需要进行无数次细胞分裂，逐渐增强发酵作用。因为发酵速度不同，对于不同物种，发酵作用成为主导所需要的时间也会不同：老鼠需要的时间短，因而癌症发病快，人类需要的时间长（甚至要几十年），病变的发展过程因此极其缓慢。

沃伯格的理论也解释了为什么在有些情况下，反复小剂量接触致癌物质比一次性大剂量接触更危险。一次性大剂量接触致癌物质能够直接将细胞杀死，而小剂量致癌物质可以让部分细胞存活下来，但其功能遭到破坏，从而发展成癌细胞。这就是致癌物质不存在"安全"剂量的原因。

沃伯格的理论还能解释另一个令人费解的事实：同一种化学物质为什么既能治癌也能致癌。众所周知，辐射就是如此，既可以杀死癌细胞，又能够诱发癌症。目前用于治疗癌症的很多药物也是这样，原因何在？原因就在于辐射和用于治疗癌症的药物都能够损坏呼吸。癌细胞的呼吸作用已经受损，继续受到破坏，就会导致癌细胞死亡。而第一次遭受呼吸损伤的正常细胞没有被杀死，最终反而会走上癌变的道路。

1953年，其他一些研究人员通过长时间、间断地抑制细胞供氧，将正常细胞转变成癌细胞，进而验证了沃伯格的理论。1961年，沃伯格的理论再次得到验证，这一次的实验对象是活体动物，而非人工培育的组织。研究人员将放射性示踪剂注射到患癌老鼠体内，仔细测量老鼠的呼吸，结果发现细胞发酵速度明显高于正常值，这一结果跟沃伯格的预测一致。

根据沃伯格制定的标准来衡量，大多数杀虫剂都达到了这个标准。正如我们在上一章提到过的，很多氯代烃、苯酚和一些除草剂，都会干扰细胞内的氧化作用和能量生产，从而生成休眠癌细胞。不可逆转的恶性病变蛰伏很长时间都不会被发现，直到很久之后，当人们早已遗忘甚至不会怀疑病因的时候，休眠细胞会突然活跃起来变成癌细胞。

另一种致癌途径可能是染色体。该领域的许多著名研究人员对凡是会损伤染色体、干扰细胞分裂或导致突变的物质都保持怀疑态度。在他们看来，任何突变都可能导致癌症，尽管关于突变的讨论通常是指那些可能对后代造成影响的生殖细胞突变，事实上突变也可能发生在人体其他细胞中。根据解释癌症起源的突变理论，受辐射或化学物质影响，细胞发生突变，使其能够逃脱人体对细胞分裂的控制，进行恣意、无规律的分裂增殖。分裂生成的新细胞也同样会摆脱控制，假以时日就聚集形成癌症。

其他研究人员指出，癌症组织中的染色体不稳定，容易破裂或受到损伤，出现数量异常，甚至可能出现两套染色体。

纽约市斯隆·凯特琳研究所（世界上最大的私人癌症研究中心，对癌症的了解、诊断和治疗做出了重大贡献），艾伯特·莱文和约翰·J.

波塞尔在这里最早发现染色体异常与恶性病变之间的关联。对于恶性病变与染色体变异两者之间孰先孰后的问题，两位研究者毫不犹豫地说："染色体变异早于恶性病变。"他们的推测如下：染色体遭到破坏，出现不稳定情况，在其后很长一段时间里，一代代新生细胞进行试验和试误（也就是恶性病变的漫长潜伏期），积累了诸多突变情况，使得细胞能够脱离身体机能控制，开始无规律地增殖，最终恶变为癌症。

染色体变异理论的早期支持者欧基维德·温格认为，染色体倍增现象尤其值得关注。经过反复观察，人们发现六氯化苯及其同类化合物林丹，能够造成实验植物染色体倍增。而这些化学物又都出现在很多记录确凿的致命贫血症病例中，这些难道仅仅是巧合？其他那些干扰细胞分裂、破坏染色体、造成突变的杀虫剂情况又如何？

我们不难理解，为什么与辐射或类辐射化学物质接触的人最容易罹患白血病。物理或者化学诱变剂的主要攻击对象是异常活跃的细胞分裂，包括各种组织内的细胞，尤其是造血细胞。人体骨髓是红细胞的主要制造者，每秒向血液中输送大约 1 000 万个红细胞。白细胞则以可变但仍然惊人的速度形成于淋巴结和部分骨髓细胞中。

有些化学物质（又让我们联想起锶−90 这类放射性物质）与骨髓病变的关联极为密切。杀虫剂溶液的常见成分苯会进入骨髓，存留时间长达 20 个月。很多年前，医学文献就将苯列为白血病致病物质。

儿童身上快速增长的组织，也能为恶性病变细胞提供最适宜的生长环境。麦克法兰·伯内特爵士指出，白血病不仅在全世界范围内呈增长趋势，还成为 3~4 岁儿童最常见的疾病，远远高于其他疾病在该年龄段儿童中的发病率。伯内特爵士说："3~4 岁成为发病的高峰年龄段，只能说明儿童在出生前后曾接触过诱变刺激物。"

另一种致癌诱变剂是尿烷。妊娠母鼠接触尿烷后，不仅自体会患上肺癌，幼鼠也会患上同样病症。实验幼鼠仅在出生前接触过尿烷，由此证明该物质能够侵入胎盘。正如休珀博士所警告的那样，接触过尿烷或同类化学物质的人群，很可能会导致后代婴幼儿患上肿瘤。

尿烷属于氨基甲酸酯类化学物质，在化学成分上与除草剂 IPC 和 CIPC 类似。尽管癌症专家一再警告，氨基甲酸酯类药物却依然被广泛应用，不仅用于杀虫剂、除草剂和杀菌剂，还用于塑化剂、医药、服装和隔热材料等各类产品中。

一些间接因素也可能导致癌症。一种通常意义上不是致癌物的物质可能会扰乱身体某些部位的正常功能，从而导致恶性病变。跟性激素失衡有关的癌症，尤其是生殖系统癌症，就是这方面的重要例证。而性激素失衡有时候是因为肝脏受到损伤，从而无法保持适当的激素水平。氯代烃类化合物就属于间接致癌物，因为所有氯代烃类物质都能够对肝脏造成一定程度的损伤。

当然，人体正常存在的性激素发挥着必不可少的作用，能够刺激性生殖器官的生长发育。肝脏平衡着人体内的雄性和雌性激素（男女体内同时存在这两种激素，数量不同），形成自动保护机制，防止任何一种激素过量积存。然而，如果肝脏受到疾病或化学物质的损伤，或者 B 族维生素摄入量不足，就无法起到平衡控制作用。这种情况下，雌激素会迅速增加，超出正常范围。

B 族维生素，包括维生素 B_1、维生素 B_2、维生素 B_6、维生素 B_{12}、烟酸、泛酸、叶酸等。B 族维生素是推动体内代谢，把糖、脂肪、蛋白质等转化成热量时不可缺少的物质。如果缺少维生素 B，则细胞功能马上降低，引起代谢障碍，这时人体会出现怠滞和食欲不振。此外喝酒过多等导致肝脏损害，在许多场合下是和维生素 B 缺乏症并行的。

雌激素过多会造成什么样的后果？至少动物实验已经提供了大量证据。洛克菲勒医学研究所的一名研究人员发现，因疾病导致肝脏受损的兔子患子宫瘤的概率非常高，这可能是因为肝脏受损，无法继续抑制血液中的雌激素，导致其"激增到致癌水平"。对小鼠、大鼠、豚鼠和猴子进行的大量实验表明，长期服用雌激素（剂量不一定要非常高），会造成生殖器官的组织发生变化，导致"良性增生或恶性病变"。仓鼠肾脏上的肿瘤就是雌激素过量所致。

尽管医学界对该问题仍有不同看法，但人体组织也会产生类似病变的观点，已获大量证据支撑。加拿大麦吉尔大学附属皇家维多利亚医院的研究人员发现，他们研究的 150 例子宫癌患者中，2/3 的病人出现雌激素异常升高的现象。后续研究的 20 位患者中，90%出现类似雌激素增多的情况。

此类情况很可能是由于肝脏受损，干扰雌激素的排出所致。然而，目前尚无能够发现这些损伤的医学检测手段。我们知道，氯代烃类化合物很容易造成此类损伤，只需摄入很小的剂量就会造成肝脏细胞的变化，还会造成 B 族维生素损失，这一点非常重要。其他证据已显示，B 族维生素具有抗癌作用。斯隆·凯特琳癌症研究所副所长 C.P.罗兹发现，接触过强致癌物质的实验动物，如果事先喂食富含天然 B 族维生素的酵母就不会患上癌症。缺乏这些 B 族维生素，则会患染口腔癌或消化道其他部位癌症。这种情况不仅出现在美国，瑞典和芬兰北部地区的人们，因日常饮食中 B 族维生素不足，也存在类似情况。原生性肝癌高发群体（例如非洲的班图部落）大多存在营养不均衡现象。在非洲部分地区，男性患乳腺癌情况非常普遍，主要与肝脏疾病和营养不均衡有关。第二次世界大战后，希腊男性乳房增大，就是饥荒导致的普遍后果。

简而言之，杀虫剂能够间接引发癌症的论断，是基于其损伤肝脏、遏制 B 族维生素供应，进而导致内源性雌激素增多等事实依据。除此之外，我们还日益广泛接触到化妆品、药品、食品和职业环境中的各种合成雌激素。内源性雌激素和外在合成激素的共同作用，应当引起我们的高度关注。

人类接触的致癌化学物质（包括杀虫剂）数量众多，难以控制。一个人可能会从不同途径接触到同一种化学物质。砷就是其中一例。砷以各种不同形式出现在个体的生活环境中，诸如空气污染物、水污染物、食物上的农药残留、药品、化妆品、木材防腐剂，以及油漆和墨水中的着色剂等。其中任何一次接触可能都不足以致癌，然而任何一次核定的"安全剂量"与之前的"安全剂量"叠加，就会造成人体内"天平"失衡，导致危险的后果。

再者，两种或以上的致癌物可能会协同造成危害，形成叠加效应。比方说，接触过滴滴涕的个体，几乎肯定会接触到其他对肝脏有害的烃，后者被广泛用作溶剂、脱漆剂、脱脂剂、干洗液和麻醉剂等。这样一来，多少滴滴涕能够算作"安全剂量"？

此外，一种化学物质可能与另一种化学物质发生反应，改变其作用方式，这就使得情况更加复杂。诱发癌症有时候需要两种化学物质相互作用。一种化学物质使细胞或组织变得敏感，另一种化学物质或促进剂一步发挥作用，导致发生真正的恶性病变。因此，在皮肤肿瘤发生过程中，除草剂可能起着引发剂的作用，埋下恶性病变的种子，而这些种子可能会被其他物质——也许是一种普通的洗涤剂——带入现实。

　　物理物质和化学物质之间也可能发生相互作用。白血病发病过程可能分为两个阶段：X射线引发恶性病变，继而一种化学物质（比如尿烷）介入，以促进完成病变过程。人类接触到的各种辐射日益增多，加之与各类化学物品的接触，使生活在现代社会的人们面临着严峻的新问题。

　　水源中的放射性物质污染造成另一个问题。这些放射性物质通过电离辐射作用，改变了水中所含化学物质的特性，改变了化学物质的原子排列方式，并生成了新的化学物质。

　　洗涤剂污染公共水源的问题，棘手而又无处不在，令全美各地水污染专家非常担心。目前，尚未发现有效办法对其进行清除治理。洗涤剂虽不是致癌物质，却能够通过如下作用间接导致癌症：作用于消化道内壁，改变机体组织，令其更容易吸收危险的化学物质，进而导致恶变。但谁能够预见并控制这种作用过程？在错综万变的情况下，除了"零剂量"，难道致癌物质还有什么"安全剂量"吗？

　　我们总是罔顾危险，任由致癌物质存在于环境之中。最近发生的一件事情很能够说明问题。

　　1961年春天，联邦、州和私人的很多虹鳟鱼养殖孵化基地暴发虹鳟鱼肝癌。美国东西部多地的虹鳟鱼受到影响，有些地区3岁龄以上的虹鳟鱼无一例外全部患上肝癌。而我们之所以能对水污染可能给人类带来的癌症威胁做出预警，完全是因为美国国家癌症研究所环境癌症科早已和美国鱼类及野生动植物管理局开展合作，要求报告所有鱼类感染肿瘤的情况。

　　尽管相关研究已经在进行中，导致大面积暴发肝癌的确切原因尚未确定。但据说最重要的证据已指向养殖孵化基地饵料中的某种物质。除基本食物成分外，这些饵料中还含有大量化学添加剂和药物成分。

虹鳟鱼肝癌事件具有多重意义。最主要的一点是该事件可以证明，一种强效致癌物质进入生存环境，可能会带来什么样的后果？休珀博士认为，虹鳟鱼肝癌事件是对人类的一个严重警告，必须引起高度重视，并借此控制环境中致癌物质的种类和数量。休珀博士说："如果不采取防范措施，人类面临类似灾难的日子就不远了。"

有一位研究人员曾说，我们如今生活在一片"致癌物质的海洋"里。这个发现当然令人沮丧，也容易滋生绝望和失败的情绪。最常见的反应是："难道真的没希望了吗？难道真的没有办法清除掉世界上的致癌物质了吗？与其浪费时间查找原因，全力以赴研究治愈癌症的办法岂不是更好？"

休珀博士就该问题给出了答案。休珀博士毕生致力于癌症研究，经验丰富，成绩卓然，其经过长期思考得出的观点令人信服。休珀博士认为，人类今天面临的癌症形势，跟 19 世纪末期出现的传染病情况十分相似。巴斯德和科赫对致病微生物与许多传染疾病间的因果关系做出了卓越的解释。

罗伯特·科赫（1843—1910），德国医生和细菌学家，是世界病原细菌学的奠基人和开拓者。1905 年，他以举世瞩目的开拓性成绩，当之无愧地摘走了诺贝尔生理学或医学奖。

医学人员和普通大众越来越明白，人类环境中存在着大量能够导致疾病的微生物，这一点与我们当今环境中的致癌物质情况相似。目前，大多数传染病已经得到了有效控制，有些还被彻底根除了。如此杰出的医学成就得益于两个方面的努力：严格的防控和有效的治疗。坊间普遍认为，上述成就应当归功于类似"仙丹"似的特效药，然而，人类对抗传染病的几场决定性的战役，都离不开采取根除致病微生物的措施。

100 多年前，伦敦暴发的霍乱就是一个例子。

伦敦内科医生约翰·斯诺根据自己绘制的霍乱地图，发现这些病例都集中在一个区域，该区域所有居民都从布劳德街上一处抽水井取水。斯诺医生当机立断，让人拆除了该水井的水泵把手，霍乱疫情因此得以控制。这一办法不是通过使用能够杀死霍乱病菌（该病的名称当时还不为人知）的灵丹妙药，而是通过排除环境中的致病微生物来控制疫情。治疗措施不仅要有治愈病人的重要作用，也应当能够降低传染源。如今，肺结核病之所以很少见，是因为人们采取了有效措施，一般人很少会接触到结核杆菌。

当今世界充斥着致癌物质。在休珀博士看来，完全依靠或主要依靠治疗措施来对抗癌症（甚至假定能够找到"治愈"的方法）注定会失败。无人问津的海量致癌物质会继续危害人类，并造成新的伤害。其危害速度远远超过目前尚不可知的"治愈"疗法对抗疾病的步伐。

我们为什么不愿意采用常识性的办法来对待癌症问题？休珀博士认为，原因很可能是"比起预防措施，治愈癌症病人这个目标更令人振奋，更实际，更刺激，也更有回报"。然而，采取预防措施阻止癌症的发生"绝对更人道"。休珀博士极不认同"每天早餐前吃一片神奇药丸"能够防治癌症的说辞。公众相信这种说法，部分原因在于他们对癌症的误解。在他们看来，癌症尽管很神秘，也只是一种单一疾病，由单一原因引起，因此希望能够有单一的治愈办法。这一看法与已知事实相去甚远。环境性癌症既然是由各种不同的化学物质和物理物质造成，其恶变状况的生物学表现特征因此也多种多样。

人们期盼已久的"突破"，即便有朝一日真的到来，也不会是包括所有恶性病变的万应灵药。尽管我们必须继续寻找治疗方法，以减轻病痛和治愈癌症患者，但是那种幻想问题能够一蹴而就地得到解决的想法，只会对人类有害。这个问题只能慢慢地、一步步地得到解决。然而，当我们倾注千百万资金用于研究的时候，当我们将全部希望寄托于治愈癌症的大型项目的时候，甚至当我们在寻求治愈方法的时候，我们恰恰忽视了预防癌症的黄金机会。

对抗癌症并非全然没有希望。从一个重要的方面来看，对抗癌症的前景比 19 世纪末 20 世纪初传染病暴发的情况更乐观。当时，全世界传染病菌蔓延，就像如今全世界充斥着致癌物质一样。但那个时候，人类并没有主动将传染病菌投入环境，也从来没有主动传播过病菌。与之相反，当今绝大部分致癌物质都是人类主动投放到环境中去的。只要人们愿意，就可以清除掉其中很多种致癌物质。化学致癌物质之所以能够在世界范围内肆虐，主要有两个方面的原因：第一个颇具讽刺意味，是因为人类追求更美好、更便捷的生活；第二个则是因为这些化学物质的生产和销售已经被人们当作经济和生活方式的一部分接受了。

如果我们认为所有化学致癌物都能够将被彻底清除，那么这种想法显然不切实际。但其中绝大部分并非生活必需品。消灭这些并非必需品的化学品，将会大大减少致癌物的总量，至少四分之一的人罹患癌症的威胁也将大大降低。我们当务之急是杜绝那些污染我们食物、水资源和空气的致癌物质，它们造成的接触最具危险性，虽然剂量微小，却年复一年持久摄入。

众多癌症研究领域的杰出人士，都同意休珀博士的观点，认为只要下定决心识别环境病因，加以清除并降低危害，就能够大大减少恶性疾病的发生。当然，对已经罹患癌症或有潜在癌变可能的患者，我们必须继续寻找治愈的方法。但对于尚未被癌症袭扰的人群，当然也包括子孙后代，采取防控措施已然刻不容缓。

第十五章

大 自 然 的 反 击

人类冒着如此大的风险，按照自己的意愿去塑造自然，结果却一败涂地，这样的结果可真够讽刺的。然而，这似乎正是我们目前的境况。有一个真相，尽管很少有人提及，但几乎尽人皆知：大自然没那么容易被塑造，昆虫正在想方设法与化学农药攻击周旋。

荷兰生物学家 C.J.布雷约说："昆虫世界是大自然最令人惊叹的奇观。昆虫世界里一切皆有可能，那里时常发生着最令人匪夷所思的事情。深入了解昆虫世界奥妙的人，常常叹为观止。他知道一切都有可能发生，完全不可能的事情也时有发生。"

目前有两个领域正在发生着"不可能的事情"。其一，昆虫通过遗传选择生成对抗化学药品的抗药性。下一章，我们将会讨论这一话题。但现在我们首先关注一个意义更广泛的问题：我们的化学药品攻击正在削弱环境自身的防御机制（制约各种平衡的机制）。我们每一次破坏自然的防御机制，都会导致昆虫肆虐。

来自世界各地的报告清楚地显示，我们目前正面临着严重的困境。经过 10 多年大规模的农药防控，昆虫学家发现，他们认为在数年前已经解决的问题竟然卷土重来，而且还花样翻新。那些曾经数量不多、不足为患的昆虫，突然泛滥成灾。由此看来，人类最终会自食其果。因为他们设计和使用的化学控制并没有考虑到灭杀对象的复杂生物系统。我们所用的化学药品也许在少数物种身上进行过测试，却并没有经受过真实生物种群环境中的检验。

有些人似乎倾向于认为，自然的平衡状态是远古简单世界的专属，而这一状态早已被彻底打破，我们不妨将之忘记。

有人觉得此言在理，但如果真的将这一说法作为行动指南，将会十分危险。当今时代的自然平衡固然不同于更新世时期，却依然存在。

更新世，距今约 260 万年到 1 万年。英国地质学家莱伊尔 1839 年创用，是地质时代第四纪的早期。更新世的生物群都非常接近现代的形态——许多"属"一级的生物，甚至包括裸子植物、被子植物、昆虫、软体动物、鸟类、哺乳动物和其他生存到今天的生物，已经在此时出现。人类也在这一时期出现。

各种生物之间复杂、精确、高度统一的关系不容忽视，否则必定会像身处悬崖边缘的人一样，受到地球引力的惩罚。自然的平衡并不是一个恒定状态，而是处于不断流动、变化和调整之中。人类也是自然平衡的一部分。有时候自然平衡对人类有利，有时候，如果这一平衡受到人类活动的频繁干扰，就会变得对人类不利。

人们在制定昆虫防控计划时，忽略了两个至关重要的事实。第一个事实是，最有效的昆虫防控手段在于自然，而不在于人类。物种的数量受到生态学家称之为环境阻力的因素所控制，从生命最初在地球上出现时就是如此。

环境阻力，指妨碍生物潜能实现的环境因子的总和，也就是种群实际增长与其内禀（内在的本质的量）增长率之间的差距。包括生物因子和非生物因子，如生存空间的限制、食物不足的限制、水分不足的限制，以及生物捕食的限制等。

可获取的食物总量、天气和气候条件、生物捕食的限制等，所有这一切都非常重要。昆虫学家罗伯特·梅特卡夫说："防止昆虫在世界范围内肆虐的唯一有效因素，是它们内部的相互残杀。"然而，现在使用的大部分杀虫剂，却将所有昆虫不加区分地一并灭杀。

比如瓢虫，是农田和果园里的"老住户"，它背着条形的盔甲，忽而飞起，忽而降落。它翅膀上有醒目的红黄颜色和美丽的斑纹，实在逗人喜爱，农民送给它一个动听的外号——"花大姐"。

瓢虫的家族很大，常见的瓢虫除了十星瓢虫和危害马铃薯、茄子的二十八星瓢虫外，其他大部分都能帮助我们消灭害虫，保护庄稼和果树。七星瓢虫的幼虫在发育期间要吃掉 600~800 个蚜虫，姬赤星瓢虫喜欢在果园里捕食介壳虫，它的一生可消灭 900 多棵果树上的害虫。小麦上的瓢虫更是消灭麦蚜的猛将，特别是七星瓢虫、龟纹瓢虫、十三星瓢虫、异色瓢虫、两小星瓢虫等，都是棉田的勇士。据观察，这些瓢虫一天可以吃几十个到几百个棉蚜，幼虫期可以吃 1 100 多个棉蚜，成虫期食量增大，可以吃掉 5 800 多个棉蚜。棉田借着这些勇士的帮助，就可以抑制棉蚜的危害和蔓延。

瓢虫产卵多，繁殖快，这也是它们大量捕杀害虫的原因之一。一只瓢虫一次可产 700~1 600 粒卵。卵产在叶子背面蚜虫密集的地方，便于孵化后的幼虫就地取食。卵虫是灰色有刺毛的小毛虫，蜕皮三次以后，这个丑陋的家伙摇身一变就成为一只俊俏美丽的"花大姐"了。瓢虫一年繁殖三代，子生孙，孙又生子。一只瓢虫，一年能繁殖的子孙会达到以万计数。

有些瓢虫是益虫，我们在灭除害虫时，绝不要敌友不分通通灭杀，冤枉了这些可爱的"花大姐"。

为了灭除害虫，将"花大姐"类的功臣一并杀灭，这种滥杀无辜的做法真让人痛心。

第二个被忽略的事实是，一旦环境阻力减弱，物种繁衍的速度会出现爆炸式增长。很多生物的繁殖力超出我们的想象，我们偶尔也领教过最有力量的威力。

我记得自己在学生时代做过一场实验，在一只装有水和干草的罐子里加入几滴原生动物培养液。几天后就出现了奇迹：罐子里充满快速向前移动的小生命——不计其数的草履虫，每一个只有尘埃大小，在温度适宜、食物充足、没有天敌的伊甸园般的环境中肆意繁殖。

草履虫是一种身体很小、圆筒形的原生动物，它只由一个细胞构成，是单细胞动物，雌雄同体。最常见的是尾草履虫。体长只有 180~280 微米。它和变形虫的寿命最短，以小时来计算，寿命时间为一昼夜左右。因为它的身体形状从平面角度看上去像一只倒放的草鞋底而叫作草履虫。

我想起海边，满满地覆盖着一簇簇灰白色藤壶的岩石，放眼望去白茫茫的一片。我还想起大片水母延展的景象，这些水母如鬼魅一般颤动，与海水融为一体，绵延数千米，看不到边际。

藤壶，是附着在海边岩石上的一簇簇灰白色、有石灰质外壳的节肢动物。它的形状有点像马的牙齿，所以生活在海边的人们常叫它"马牙"。几乎分布于任何海域的潮间带至潮下带浅水区，附着栖息在海水中固定或浮动的硬物上，由于其特殊的形态结构、生活史和种群生态，已成为最主要的海洋污损生物之一。

全球每年都得耗费极庞大的人力及资金在清除藤壶上，而防止藤壶附生的各种科技及涂料，也持续在研发当中。

水母，是水生环境中重要的浮游生物，属于刺丝胞动物钵水母纲。水母是一种非常漂亮的水生动物。它的身体外形就像一把透明伞，伞状体的直径有大有小，大水母的伞状体直径可达 2 米。伞状体边缘长有一些须状的触手，有的触手可长 20~30 米。水母身体的主要成分是水，并由内外两胚层所组成，两层间有一个很厚的中胶层，不但透明，而且有漂浮作用。它们在运动时，利用体内喷水反射前进，远远望去，就像一顶顶圆伞在水中迅速漂游；有些水母的伞状体还带有各色花纹，在蓝色的海洋里，这些游动着的色彩各异的水母显得十分美丽。无论是热带水域、温带水域、浅水区、约百米深的海洋，还是淡水区都有它们的影踪。

水母早在六亿五千万年前就存在了，它们的出现比恐龙还早。全世界的水域中有超过 250 种的水母，它们分布于全球各地的水域里。全部生活在海洋中。

我从鳕鱼身上也能看到大自然神奇的控制作用。每年冬天，鳕鱼从海洋洄游到产卵地，一条雌鳕鱼能够产下数百万枚鱼卵。如果所有的鱼卵都能够成活，海洋肯定会变成鳕鱼的天下。然而，这种情况并不会发生，自然的环境阻力确保每一对鳕鱼产下的数百万颗鱼卵中，能够成活成年的鳕鱼数量基本与前一代鳕鱼数量持平。

生物学家经常会自娱式假想：如果意外灾难降临，造成自然控制失效，致使某一物种的所有后代都能够存活，结果会是什么情况？一个多世纪前，托马斯·亨利·赫胥黎推算后指出，一只雌蚜虫（具有不经交配就能繁殖后代的神奇能力，即孤雌生殖）一年内繁殖的后代，"假定都能够存活，其总重量堪比中国人口的总重量"。

托马斯·亨利·赫胥黎（1825—1895），一位充满才情的具有极高文学禀赋的科学家，因捍卫查尔斯·达尔文的进化论而有"达尔文的坚定追随者"之称。早在 1898 年，我国学者严复将他的著作《进化论与伦理学》的一部分，翻译成中文，出版了《天演论》。随后，"物竞天择、适者生存"及"优胜劣汰"等几成人们的警句。

幸运的是，这种极端情况只是理论推断。但是，致力于研究动物种群的人非常清楚，破坏自然调节机制可能会带来什么样的可怕后果。牧民疯狂地消灭草原狼，导致田鼠泛滥成灾，因为草原狼是田鼠的天敌。人们熟知的亚利桑那州凯巴布高原黑尾鹿的情况则是另一个典型。黑尾鹿数量曾与其生存的环境处于平衡状态。狼、美洲狮等捕食者确保了鹿群数量不会超过环境的食物供给能力。后来，人们开始猎杀狼和美洲狮等猎食性动物，意图"保护"黑尾鹿。捕食动物消失后，鹿群增长速度惊人，很快就出现了食物短缺，凡是黑尾鹿能触及的地方，树叶全部被啃食精光，后来饿死的黑尾鹿远远超过被猎食动物杀死的数量。

此外，这一地区的整体环境也因黑尾鹿疯狂觅食遭到了严重破坏。（这是生态学史上一页典型的反面教材。1905 年前，这一地区黑尾鹿数量始终保持在 4 000 头左右。为提高鹿群数量，人们从 1907 年开始捕杀美洲狮和狼，曾使黑尾鹿的数量达 10 000 头左右。但最终却导致黑尾鹿数量锐减、草原退化，导致草原上的食物链和食物网遭到破坏，短时间内甚至很长一段时间，很难恢复到原来的样子。这个教训说明，大自然自我调节能力是有一定限度的，当人为干扰超过了这个限度，生态平衡就会失调。）

田野和森林里的捕食性昆虫起着类似凯巴布高原上狼的作用，消灭这些昆虫会导致其所捕食的昆虫数量飙升。

没有人知道地球上到底生存着多少种昆虫，太多的昆虫种类尚未确定。目前已知种类有 70 余万种，如果按种类来算，这意味着昆虫占到地球生物种类总数的 70%~80%。这些昆虫绝大部分通过自然力量实现数量控制，并非人力所为。如果不是这样，恐怕无论多大剂量的化学药品，多少防控方法都无济于事。

问题在于，我们总是在失去自然保护后，才意识到自然天敌的作用。大多数人对这个世界视而不见，感受不到世界的美丽和奇妙，对生活在我们周围神奇的、数量骇人的昆虫熟视无睹。正因为如此，很少有人知道捕食性昆虫和寄生性昆虫的活动。或许我们曾经留意过花园灌木丛中长相奇特、外表凶残的昆虫，也隐约知道螳螂靠捕捉其他昆虫为食。但只有当我们在夜晚拿着手电筒走进花园，看到螳螂鬼鬼祟祟地靠近猎物，我们才有更真切的了解，我们才能感受到捕食者和猎物之间的真实关系，我们才能感受到大自然无情的自控力量。

以其他昆虫为食的捕食性昆虫种类繁多。其中有些动作敏捷，像燕子一样从空中捕捉猎物；还有一些捕食性昆虫，慢腾腾地在树干上爬行，沿途吞食蚜虫等静止不动的小昆虫。黄蜂捕捉软体昆虫并用其汁液喂食幼蜂。泥蜂在屋檐下用泥巴筑成圆柱形育幼泥巢，里面充满昆虫，供幼蜂食用。黄蜂会飞舞在牧场畜群周围，消灭侵扰畜群的吸血苍蝇。常被误认为蜜蜂的食蚜蝇嗡嗡地叫着，在长了蚜虫的植物上产卵。孵化后的幼虫能够消灭大量蚜虫。瓢虫是蚜虫、介壳虫和其他植食性昆虫的灭杀高手，一只瓢虫产一次卵需要吃掉好几百只蚜虫，才可以聚集足够的能量。

寄生性昆虫的习性更为奇特。这类昆虫不会直接杀死宿主，而是用尽各种方法，利用宿主喂养自己的幼虫。有的寄生昆虫会把卵产到宿主的幼虫或虫卵中去，幼虫的发育过程就以宿主为食。有的寄生性昆虫则用黏液把卵粘到毛虫身上，孵化后的寄生幼虫会钻进宿主皮肤里面。还有一些寄生性昆虫则凭借类似先天的远见，直接将卵产在树叶上，伺伏等待草食性毛虫在不经意间吞下虫卵。

田间地头、院墙篱笆、花园菜地和森林之中，捕食性昆虫和寄生性昆虫无处不在。蜻蜓在池塘上方飞过，阳光照耀在其翅膀上，射出一团团小火焰。在大型爬行动物生活的时代，蜻蜓的祖先也是这样在沼泽上方飞掠而过。现在，目光敏锐的蜻蜓仍然像其远古时期的祖先一样，用细腿捕食空中的蚊子。而蜻蜓幼虫（也称蜻蜓若虫；或水虿，chài）则以水中的孑孓（jié jué）和其他昆虫为食。

附在叶片上不易被察觉的草蜻蛉（草蛉虫，草蛉）长着薄纱似的绿色翅膀和金黄色的眼睛，胆小而又隐蔽，其祖先可以追溯到二叠纪时期的古老物种。

二叠纪，是古生代的最后一个纪，开始于距今约 2.99 亿年，延至 2.5 亿年，共经历了 4500 万年。陆地面积的进一步扩大，促进了生物界的重要演化，预示着生物发展史上一个新时期的到来。

成年的草蜻蛉主要以植物花蜜和蚜虫汁液为食。草蜻蛉的卵有一条长长的丝柄，柄的基部固定在植物的叶片上。奇特而长有毛刺的蚜狮（草蛉幼虫）一孵出后，就开始捕食蚜虫、介壳虫和螨虫，吸干这些昆虫的体液。每只蚜狮吃掉好几百只蚜虫后，才会从尾部抽出白丝结茧化蛹。

还有很多黄蜂和蝇类，也是通过寄生方式以其他昆虫的卵和幼虫为食。一些卵寄生黄蜂虽然个头非常小，但因其数量庞大，活动频繁，因此能够有效遏制多种庄稼害虫的大量繁殖。

所有这些微型生物都一刻不停地劳作，不分晴天雨天，不分白昼黑夜，即便严冬令其只剩下微弱的生命之火，也仍坚持工作。这团微弱的生命之火隐隐地燃烧着，待到春天唤醒昆虫世界的时候，它们会再次勃发出旺盛的活力。整个冬天，厚厚的积雪下面，冰冻的土壤下面，树皮的裂缝和隐蔽的洞穴中，寄生昆虫和捕食昆虫各自找到过冬之所。

头一年夏季，雌螳螂生命周期即将结束前，会把卵产在卵鞘并安妥地黏附在树枝上。

雌性长脚黄蜂会隐藏到废弃阁楼的角落，体内带着承继着整个族群未来的大量受精卵。到了春天，单独栖息的雌黄蜂会营筑一个小纸巢，在每个巢室中产下几枚卵，精心养育出一批小工蜂。靠着小工蜂的帮助，雌黄蜂就可以扩大蜂巢、壮大种群。炎炎夏季，这些工蜂一刻不停地寻找食物，吃掉无数毛虫。

这些昆虫的生活习性和我们自身需求的特点，使得这些昆虫都成为人类的同盟，维持着对人类有利的自然平衡。然而，我们却将火力对准了这些朋友。最可怕的是，我们竟然大大低估了它们在遏制害虫方面起到的巨大作用。如果没有它们的帮助，人类早已被害虫荼毒。

杀虫剂的数量、种类和破坏力逐年升级，致使环境阻力产生普遍的永久性的下降。随着时间的推移，我们将迎来更加肆虐的虫灾，它们传播疾病、损毁庄稼的危害程度将超乎想象。

你也许会说："嗨，这样的事情，不过是理论假设罢了，肯定不会真的发生，至少在我的有生之年不会发生。"

然而这样的事情确实在发生，就在此时此刻。据科学期刊记录，截至 1958 年，已有 50 余种昆虫出现严重的数量失衡。每年都会涌现一些新的例子。最近关于该问题的一项综述性研究参考了 215 条文献，全都是报告或讨论杀虫剂导致昆虫数量失衡，造成不利后果的研究论文。

有时候，使用化学农药会适得其反，导致本来想要控制的昆虫大肆繁殖。安大略省喷药灭杀黑蝇，喷药后黑蝇数量达到原来的 17 倍。在英国，施用一种有机磷农药之后，暴发了史无前例的卷心菜蚜虫灾害。

也有一些时候，喷药切实有效控制了目标昆虫，却像打开了潘多拉魔盒一般，造成数量原本不足为患的其他害虫泛滥成灾。

潘多拉，希腊神话中火神赫菲斯托斯用黏土做成，作为对普罗米修斯造人和盗火的惩罚，送给人类的第一个女人。众神亦加入，使她拥有更诱人的魅力。根据神话，潘多拉打开魔盒，释放出人世间的所有邪恶——贪婪、虚伪、诽谤、嫉妒、痛苦等等，但潘多拉却照众神之王宙斯的旨意趁"希望"没有来得及释放时，又盖上了盒盖，最后把它永远锁在盒内。据此人们常借用"潘多拉魔盒"喻指"灾祸之源"，用"打开潘多拉魔盒"表示"引起种种祸患"。

举个例子来说，滴滴涕和其他杀虫剂会灭杀叶螨的捕食昆虫，导致叶螨成为世界性害虫。叶螨不是昆虫，是蜱螨亚纲叶螨科的一种极微小的八足动物，与蜘蛛、蝎子、蜱虫属于同类。叶螨的口器非常尖锐，适合穿刺和吸吮，嗜食给世界带来绿色的叶绿素，其细小、锋利的口器刺入树叶叶肉和常青针叶摄取叶绿素。遭叶螨轻度侵袭的树木和灌木叶片会出现白色的斑点，如果危害严重，树叶会变黄脱落。

几年前，美国西部林区就发生过这样的事情。1956年，为防控云杉食心虫，美国林业局向3580平方千米森林喷施滴滴涕。第二年夏天，人们却发现一个比云杉食心虫更严重的问题。空中巡查时发现，大片森林枯萎，高大的道格拉斯冷杉（也称花旗松）针叶变黄，乃至脱落。从海伦娜国家森林到大贝尔特山脉西坡，到蒙大拿州的其他地区，一直延伸到爱达荷州，沿线森林全都像被火烧焦了似的。显然，1957年夏天发生的叶螨灾害，是有史以来范围最广、程度最严重的一次。几乎所有喷施过农药的地区都暴发了叶螨灾害。没有喷药的地区却没有明显的灾害。寻找类似先例时，林务官能够想到其他几起叶螨灾害，1929年黄石公园麦迪逊河段、1949年科罗拉多州、1956年新墨西哥州，都曾发生过类似灾害，但都不及这一次严重。每一次叶螨暴发都发生在森林喷施杀虫剂之后。（1929年还没有发明滴滴涕，当时喷施的是砷酸铅。）

为什么喷了杀虫剂，叶螨反而更加猖獗？除了叶螨对杀虫剂不敏感这一明显事实外，似乎还有另外两个原因。在自然界，叶螨数量由各种捕食者共同控制，诸如瓢虫、瘿蚊、捕食螨以及多种花蝽科类昆虫，而这些捕食者对杀虫剂都非常敏感。第三个原因与叶螨种群内部的数量压力有关。如果未遭受外来干扰，叶螨族群通常密集地聚生在一个共同的保护性网带中，以防止外敌攻袭。喷施杀虫剂虽然不会杀死叶螨，却会使其受到惊扰，迫使叶螨族群散开，寻找新的不受干扰的栖身之所。它们会找到一个空间更大、食物更多的聚生地。现在，由于它们的天敌都被农药消灭得精光，叶螨不再需要耗费精力组织保护带，于是把所有精力都投入到繁衍后代上。得益于杀虫剂的作用，叶螨产卵量轻轻松松就能够增加3倍。

弗吉尼亚州谢南多厄河谷是著名的苹果产区，自从用滴滴涕取代砷酸铅之后，一种被称作红带卷叶虫的小昆虫开始为害果农。这种从没有造成过严重危害的昆虫，突然之间侵袭了果园中半数以上的果实，一跃成为苹果害虫之首。随着滴滴涕使用量的增加，该情况已经从谢南多厄河谷蔓延到大部分东部和中西部地区。

形势充满了讽刺意味。20世纪40年代末，在加拿大东南部新斯科舍省，定期喷药的果园出现了严重苹果卷叶蛾（蛀虫苹果的起因）灾害，然而没有喷施农药的果园里，苹果卷叶蛾的数量却不足以造成实质性麻烦。

苏丹东部也出现过类似的勤勉喷药却招致不良后果的情况，棉农喷施滴滴涕之后却反为其害。加什河三角洲灌溉便利，种植着24000公顷棉花。显然，早期试点喷施滴滴涕效果不错，人们于是加大了喷药力度，麻烦也随之开始了。棉铃虫是一种棉花害虫，然而喷药范围越大，棉铃虫数量越多。没有喷药的棉田中，棉铃遭受的危害比喷药的棉田少，喷过两次药的棉田，棉籽产量大幅度减少。尽管滴滴涕消灭了一些啃食棉花叶子的害虫，然而这个收效早已被棉铃虫造成的危害大大抵消了。最终，棉农只能接受如下痛心的事实：如果不是自己费钱费力喷药，棉花产量本会更高。

在刚果和乌干达，人们大规模使用滴滴涕防治咖啡树害虫，几乎造成了"灾难性"后果。人们发现这种害虫几乎完全不受滴滴涕影响，而其天敌却对药物极为敏感。

在美国，由于喷药扰乱了昆虫世界的种群动态，农民数次遭遇变本加厉的虫害侵袭。最近有两次大规模农药喷施，就造成了这样的恶果。一次是南部的火蚁防治项目，另一次是中西部灭杀日本金龟子的喷药项目（具体参见本书第十章和第七章）。

1957年，路易斯安那州农田大规模喷施七氯，导致甘蔗螟虫（一种危害最大的甘蔗害虫）泛滥。喷施七氯之后不久，甘蔗螟虫造成的危害就急剧增加。人们为了消灭火蚁喷施的化学农药，也杀死了甘蔗螟虫的各种天敌。甘蔗收成严重受损，蔗农于是起诉州政府，认为他们没有事先对农药的危害做出警告。

伊利诺伊州的农民遭受了同样惨痛的教训。为了防治日本金龟子，伊利诺伊州中部农田大量使用了毒性很强的狄氏剂，却发现喷药地区的玉米螟（又叫玉米钻心虫）数量急剧增加。事实上，该区域具有破坏性的玉米螟幼虫数量是没有喷药地区的两倍。农民或许不明白造成该现象的生物学原理，但无须科学家指出，他们也会知道自己做了一笔赔本买卖：为了消灭一种昆虫，却引来危害更大的另一种昆虫。根据美国农业部的估算，日本金龟子每年造成的损失总值约 1 000 万美元，而玉米螟造成的损失却有 8 500 万美元左右。

值得注意的是，玉米螟防治原本一直主要依靠自然力量。该昆虫于1917 年意外由欧洲引入美国，两年后美国政府发起寻找并引入玉米螟寄生虫的大项目。此后，24 种玉米螟寄生虫从欧洲和东方国家陆续引进，耗资不菲，其中有 5 种寄生虫被认为具有明显防治效果。无须赘言，由于喷药造成玉米螟天敌被杀死，所有这些前期工作与成就悉数化为乌有。

如果此事不足以服人，不妨看看加利福尼亚州柑橘园的情况。19 世纪 80 年代，那里进行过世界上最著名最成功的生物防治试验。1872 年，加利福尼亚州出现了一种以柑橘树树液为食的介壳虫，15 年后发展成一种破坏性极大的害虫，导致许多果园损失惨重。尚处于起步阶段的柑橘产业遭到重创，不少橘农纷纷推倒果树，放弃柑橘种植。后来，人们从澳大利亚进口了一种叫作澳洲瓢虫的介壳虫寄生虫。引进瓢虫仅仅两年时间，加利福尼亚州所有的柑橘种植区的介壳虫就得到了完全的控制。自那以后，人们在柑橘园连续找上几天，都不会发现一只介壳虫。

然而，20 世纪 40 年代，柑橘果农开始尝试用全新的化学药品防治其他昆虫。随着滴滴涕以及后来毒性更强的化学药剂的问世，加利福尼亚州多地的澳洲瓢虫被彻底消灭。政府当时花费 5 000 美元引进该昆虫，每年能为果农挽回数百万美元的损失，然而稍不留神，这一收益就成为泡影。介壳虫卷土重来，造成 50 年来最严重的灾害。

加利福尼亚州大学河滨分校柑橘种植实验站的保罗·德巴赫博士说："这也许标志着一个时代的终结。"控制介壳虫的工作现在变得极其复杂，不仅要反复投放澳洲瓢虫，还要密切关注喷药时间，尽量减少澳洲瓢虫与杀虫剂接触的机会。然而，无论柑橘农如何小心谨慎，多少总会被邻近地区果园喷药连累，而空中飘散的杀虫剂也切实造成过严重损失。

上述案例都与危害农作物的昆虫有关。那些会传播疾病的昆虫情况又如何呢？目前已有此类警示出现。例如，第二次世界大战期间，南太平洋上的尼桑岛曾进行过大规模喷药，但战争结束后，喷药随即终止。很快大批携带疟疾病毒的蚊子，重新侵袭了这座岛屿。此时，蚊子的所有天敌均被灭杀殆尽，新的种群尚未及时形成。蚊子的肆虐已然无可阻挡。描述该事件始末的马歇尔·莱尔德将化学控制比作一台跑步机，一旦迈出了第一步，因为害怕后果，我们就不敢再停下来。

在世界很多地方，疾病都与农药喷施有着各种各样的关联。出于某种原因，蜗螺类软体动物似乎对杀虫剂完全免疫。人们曾多次观察到这种现象。佛罗里达州东部盐沼地喷药后发生的那次大灾难中（参见本书第九章），只有水生螺得以幸存下来。人们描绘的场景十分骇人，酷似神秘、怪诞、恐怖的超现实主义画作。这些水生螺在鱼类的尸体和垂死的招潮蟹中间爬行，吞食着这些死于毒药的生物。

此事的重要性何在？关键在于许多水生螺都是危险寄生虫的宿主，这些寄生虫一部分生命周期在软体动物身上度过，另一部分则在人体中度过。血吸虫就是这样的例子，它通过饮用水或洗澡水进入人体后，会导致严重的疾病。血吸虫随着蜗螺类宿主进入水中，其所引起的疾病在亚洲和非洲部分地区比较普遍。一旦出现类似疫情，人们采取的昆虫控制措施往往会造成螺类疯狂繁殖，进而导致更为严重的后果。

当然，人类并不是螺类传播疾病的唯一受害者，牛、绵羊、山羊、鹿、麋鹿、兔子和各种恒温动物，都有可能因为肝吸虫染上肝病。肝吸虫在淡水螺身上度过一部分生命周期。感染肝吸虫的动物肝脏，不适宜人类食用，故而被禁止上市。此类禁令每年会给全国的牧民造成350万美元的损失。任何导致螺类数量增长的举措，都会使得问题更加严重。

过去10年间，这些问题已然造成了深重的影响，但我们很晚才意识到这一点。与热闹喧嚣的化学防控相比，大多数最适合、最有效的自然防控手段却少有人问津。1960年的一份报告显示，美国只有2%的经济昆虫学家还在从事生物防控领域的研究，剩下98%的学者中绝大部分都投身于化学杀虫剂研究。

为什么会出现这种情况？因为大型化学公司斥巨资供高校开展杀虫剂方面的研究，还为学生提供诱人的研究生奖学金和极具诱惑力的工作岗位。而生物防控研究却从未获得过这样的资助。个中缘由，非常简单，资助生物防控研究不会给任何人带来化学工业所能承诺的丰厚利润，这样的研究只能留给各州和联邦机构里拿着微薄薪水的研究人员。

这也解释了一个令人费解的现象，为什么某些杰出的昆虫学家会积极鼓吹化学防治，只要调查一下这些人的背景，我们不难发现，他们的整个研究项目都是由化学产业资助的。他们的职业声望，甚至他们的工作本身都寄托于化学方法的亘古长存。我们怎么能指望他们吃里爬外，反咬恩主？而一旦知晓了他们的偏见，我们又如何相信他们关于杀虫剂无害的那些言论？

在使用化学农药进行昆虫防控的普遍呼声中，不时有来自少数昆虫学家的报告，他们还坚守着生物学家的底线，清楚地知道自己既非化学家，也非工程师。

英国的F.H.雅各布说："很多所谓经济昆虫学家的做派会让人感觉，在他们眼中，拯救世界只能仰息小小的农药喷嘴……万一出现害虫卷土重来，或产生抗药性，或毒害哺乳动物等问题，化学家一定能够发明新药物来搞定。这种看法站不住脚……最终只有生物学家才能给出虫害防治这一基本问题的答案。"

新斯科舍省的A.D.皮克特写道："经济昆虫学家必须意识到，他们是在跟生物打交道……他们的工作不应该只是简单的杀虫剂测试，也不应该只是寻找杀伤力更强的化学药剂。"皮克特博士本人就是理性昆虫防治领域的先驱，倡导充分发挥捕食性和寄生性昆虫的作用。他与同事提出的方法，堪称当今世界的光辉典范，鲜有可以媲美者，也许只有几位加利福尼亚州昆虫学家倡导的联合防治项目，稍可与之相提并论。

大约35年前，皮克特博士就开始在新斯科舍省安纳波利斯谷的苹果园开展研究，那里曾经是加拿大各类水果的集中产地。刚开始，人们相信杀虫剂（当时还是无机化学物质）可以解决害虫防治问题，唯一的任务就是引导果农遵循各种推荐的使用方法。然而，消灭害虫的美好图景并没有实现。昆虫问题仍然存在。人们发明出新的化学药剂，设计了更好的喷药设备，喷药热情高涨，可昆虫问题并没有得到改善。随后滴滴涕宣称能够"终结"苹果卷叶蛾的"噩梦"，结果却造成一场史无前例的螨虫灾害。皮克特博士说："我们不过是从一场危机进入另一场危机，用一个问题代替了另一个问题。"

这个时候，皮克特博士和他的同事们突然想到了一条新的道路，不再跟其他昆虫学家一起研究毒性更强的化学药剂。他们意识到，自然界中有着强大的盟友，于是设计出一套尽量利用自然力量、少用杀虫剂的方案，有必要使用杀虫剂的时候，也仅使用最小剂量，以刚好控制住害虫而又不伤及其他益虫为宜。准确把握时间节点也非常关键。赶在苹果花露红期之前使用硫酸烟碱，能够使重要的捕食性昆虫之一幸免于难，因为那个时候它们可能还没有孵化出来。

皮克特博士在挑选化学药剂时格外谨慎，尽可能减少对捕食性或寄生性昆虫的伤害。他说："如果我们也像过去使用无机化学药品那样，把滴滴涕、对硫磷、氯丹和其他新型杀虫剂当成常规控制手段，就意味着致力于生物防控的昆虫学家也认输了。"他不使用这些毒性强的广谱杀虫剂，而主要依靠鱼尼丁（提取自热带植物的地下根茎）、硫酸烟碱和砷酸铅。在某些特定情况下会使用浓度极低的滴滴涕或马拉硫磷（每378 升 0.03~0.06 升，而非通常的每 378 升 0.45~0.9 千克）。虽然滴滴涕、马拉硫磷已经是毒性最低的两种现代杀虫剂，皮克特博士仍然希望能够通过进一步研究，找到更安全更有针对性的替代物质。

皮克特博士的项目成效如何？遵循皮克特博士的改良喷药方法，新斯科舍省果农与那些选择大规模农药喷施的果农所生产的一阶段果品比例同样高。他们也都取得了同样好的水果收成。然而，同样的好收成，花费的成本却有很大差异。新斯科舍省苹果园杀虫剂费用仅为其他苹果种植区费用的 10%~20%。

在所有这些骄人的成绩之外，重要的是新斯科舍省昆虫学家的改良方案，不会破坏自然平衡！整个情况正朝着加拿大昆虫学家 G.C. 乌里耶特十年前指引的方向发展："我们必须改变根深蒂固的观念，摒弃把人视为优等动物的态度，承认在很多情况下，我们从自然环境中找到的生物数量控制方法，要比人为干预的方法更为经济。"

第十六章

轰隆隆的雪崩声

达尔文如果现在还在人世，看到自己提出的适者生存理论在昆虫世界得到如此强有力的印证，一定会感到既高兴又震惊。在强大的农药喷施压力下，昆虫种群中适应力弱的物种被淘汰，如今在很多地方只有那些适应力强的昆虫得以存留下来，对抗着人类的化学控制。

近半个世纪之前，华盛顿州立学院（1959 年，该校改名为华盛顿州立大学）昆虫学教授 A.L.梅兰德提出了一个现在看来压根不需要回答的问题："昆虫会产生耐药性吗？"如果梅兰德当时不知道这个问题的答案，或很晚才知道答案，那只是因为他提问得太早：是在 1914 年，而不是在 40 年后。滴滴涕问世之前，人们使用无机化学药品（使用范围如今看来非常小），已经有不少地方的昆虫对化学药粉和药剂产生了适应性。梅兰德本人就碰到过梨园蚧（危害果树的一种介壳虫）难题。多年来，石灰硫黄合剂起到过令人满意的控制效果，突然间华盛顿州克拉克斯顿地区的梨园蚧就变得难以控制：比韦纳奇、雅其马谷和其他地方果园的梨园蚧都变得难以灭杀。

美国其他地方的介壳虫似乎也突然出现了同样的情况：果农卖力喷施大量的石灰硫黄合剂，却杀不死介壳虫。中西部地区数千公顷优质果园毁于这些产生了耐药性的介壳虫。

加利福尼亚州一些地区的氢氰酸果树熏蒸法（用帆布篷把树罩起来，用氢氰酸进行熏蒸）曾经久负盛名，现在也开始失效了。1915 年，加利福尼亚州柑橘实验站对该问题开展研究，前后持续了 25 年。另一种产生抗药性的昆虫是苹果卷叶蛾，20 世纪 20 年代，卷叶蛾对此前成功使用了 40 年的砷酸铅产生了抗药性。

然而直到滴滴涕及其同类化学品大量问世后，"抗药性时代"才真正来临。稍微对昆虫或动物种群的数量变化有点基本认识的人，都不会对短短几年内暴露出来的这个凶险的问题感到惊讶。然而，人们很晚才意识到，昆虫已经具备了对抗人类化学攻击的有效武器。目前，似乎只有那些关注病媒昆虫的人才完全明白情况的危急性。大部分农业学家仍乐观地寄希望于研发毒性更强的新型化学药剂，尽管目前的困境正是由这种错误理念所导致的。

人们对昆虫抗药性的认识非常缓慢，而昆虫的抗药性却发展迅猛。1945 年以前，仅发现 10 余种昆虫对前滴滴涕时代的杀虫剂产生了抗药性。随着新型有机化学药剂的出现，以及大规模药剂喷施方法的更新，昆虫的抗药性也急速发展。1960 年，具有抗药性的昆虫种类已达 137 种。人们知道事情还远未结束，目前该领域已有 1 000 余篇相关研究论文。在来自世界各地大约 300 名科学家的援助下，世界卫生组织宣布："目前，病媒控制项目中最重要的问题就是抗药性。"英国著名动物种群研究者查尔斯·艾尔顿博士说："雪崩的轰隆声正在迫近。"

想想那惊天动地的场景吧。积雪的山坡上，当积雪内部的内聚力抗拒不了它所受到的重力拉引时，便向下滑动，引起大量雪体崩塌，人们把这种自然现象称作雪崩。也有的地方把它叫作"雪塌方""雪流沙"或"推山雪"。

雪崩首先从覆盖着白雪的山坡上部开始。先是出现一条裂缝，接着，巨大的雪体开始滑动。雪体在向下滑动的过程中，迅速获得速度，向山下冲去。雪崩是一种所有雪山都会有的地表冰雪迁移过程，它们不停地从山体高处借重力作用顺山坡向山下崩塌，崩塌时速度可以达 20~30 米/秒，随着雪体的不断下降，速度也会突飞猛涨，一般 12 级的风速为 33~35 米/秒，而雪崩可达到 97 米/秒，速度极大。

雪崩具有突然性、运动速度快、破坏力大等特点。它能摧毁大片森林，掩埋房舍、交通线路、通信设施和车辆，甚至能堵截河流，发生临时性涨水，同时，它还能引起山体滑坡、山崩和泥石流等可怕的自然现象。因此，雪崩被人们列为积雪山区的一种严重自然灾害。

有时候抗药性发展之快，以至于关于某种化学药物成功控制某种昆虫的报告墨痕未干，就不得不再发布修订报告。例如，在南非，蓝壁虱长期危害牧场，曾有一座牧场一年有 600 头牲口死于蓝壁虱。多年来，蓝壁虱已经对砷溶剂产生了抗药性。后来牧民试用了六氯化苯，短时间内似乎取得了良好的效果。

1949 年初，人们发布报告称已有新化学药剂能够轻松控制这些对砷产生抗药性的蓝壁虱。当年晚些时候，人们不得不沮丧地发布公告称，蓝壁虱又产生了新的抗药性。1950 年一位作者在《皮革贸易评论》上就此事发表看法："如果人们充分了解此事的重要性，这些在科学圈内秘密传播、国外媒体点滴报道的新闻，足以像新原子弹新闻一样登上媒体头条。"

虽然昆虫抗药性主要是农业和林业关切的问题，但它在公共卫生领域却引起了最为严重的恐慌。各种昆虫与多种人类疾病之间的关联由来已久，疟蚊会把单细胞疟疾病原体注入人的血液，其他蚊子会传播黄热病，还有一些蚊子携带脑炎病毒。

黄热病是由黄热病毒引起，主要通过伊蚊叮咬传播的急性传染病。临床以高热、头痛、黄疸、蛋白尿、相对缓脉和出血等为主要表现。该病在非洲和南美洲的热带和亚热带呈地方性流行，亚洲尚无该病报告。由于黄热病的死亡率高及传染性强，已纳入世界卫生组织规定检疫的传染病之一。

家蝇虽不咬人，却可能污染人的食物，传播痢疾杆菌。在世界许多地区，家蝇还会传播眼疾。疾病及其病原携带者的清单上一定会有斑疹伤寒与体虱、鼠疫与鼠蚤、非洲昏睡病与采采蝇、各种发热症与蜱虫等无数例子。

斑疹伤寒，是由斑疹伤寒立克次体引起的一种急性传染病。鼠类是主要的传染源，以恙螨幼虫为媒介将斑疹伤寒传播给人。其临床特点为急性起病、发热、皮疹、淋巴结肿大、肝脾肿大和被恙螨幼虫叮咬处出现焦痂等。

鼠疫是鼠疫杆菌借鼠蚤传播为主的烈性传染病，是广泛流行于野生啮齿动物间的一种自然疫源性疾病。临床上表现为发热、严重毒血症症状、淋巴结肿大、肺炎、出血倾向等。鼠疫在世界历史上曾有多次大流行，死者以千万计，中华人民共和国成立前也曾发生多次流行，病死率极高。

这些问题非常重要，必须尽快解决。任何有责任心的人都不会对昆虫传播的疾病视而不见。摆在我们面前最迫切的问题是：我们解决问题的方法只会令情况迅速恶化，这么做是否明智？是否负责任？人们听到过大量通过控制病媒昆虫，成功战胜疾病的好消息，却很少知道事实的另一面，即失败的一面，这些转瞬即逝的胜利有力地说明了，在人类的努力下，害虫正变得越来越强悍。更糟糕的是，我们或许已经摧毁了我们的战斗手段。

世界卫生组织聘请加拿大著名昆虫学家 A.W.A. 布朗博士对昆虫抗药性问题展开全面调查。1958 年，布朗博士在研究专论中写道："在公共卫生项目引入强效合成杀虫剂之后不出十年，曾经得到控制的昆虫就产生了耐药性，这是目前主要的技术难题。"该专著出版时，世界卫生组织警告说："如果不尽快解决这一新问题，人类目前对抗疟疾、斑疹伤寒和瘟疫等由节肢动物传播的疾病的工作将遭遇重创。"

我们在讨论这些问题时，要使用到"医学昆虫"这个概念。

医学昆虫，是指骚扰人类安宁，吮吸疾病与病原体的昆虫，包括：蚊、蝇、蠓、蚋、蛉、蚤、臭虫、蜚蠊、蜘蛛、恙螨、革螨、蝗、蜈蚣、马陆、蟹、水蚤、蠕形纲的叠形虫等。它们可以通过吸血、刺蜇、机械携带等方式传播各种病原体，包括原虫、蠕虫、螺旋体、立克次体、细菌、病毒等。有些直接寄生致病，有的引起过敏性疾病。有些昆虫还可以长期在体内保存病原体，甚至将病原体经卵传递至后代，不仅具有媒介的作用，而且具有宿主的作用。其幼体或成体能致人伤病或能传播疾病。广义的医学昆虫还包括其他节肢动物，如蜱、螨（蛛形纲），蜈蚣（多足纲），马陆（倍足纲），剑水蚤（甲壳纲）等。

这一问题的衡量标准是什么？抗药性物种清单现在几乎包括所有医学昆虫。当然黑蝇、沙蝇和采采蝇尚未产生抗药性。然而，全球范围内的家蝇和体虱都已经产生抗药性。疟疾防控项目因蚊子产生抗药性而受到阻碍。鼠疫的主要传播途径东方鼠蚤最近显示出对滴滴涕产生抗药性，情况十分严重。遍及各大洲和大部分群岛的各个国家都在发布大量其他物种出现抗药性的报告。

　　我们估计，医学上首次使用现代杀虫剂是在 1943 年的意大利。当时，盟军政府向人们身上喷施滴滴涕，成功遏制了斑疹伤寒的传染。两年后，人们通过大规模使用滞留喷撒（把持效期长的杀虫剂药液喷施在室内的墙壁、门窗、天花板和家具等表面上，使药剂滞留在上述物体表面上，维持较长时期的药效），又成功扑灭了疟蚊。仅仅一年后，问题就出现了。家蝇和家蚊都开始出现抗药性。1948 年，人们用新研制的氯丹替代滴滴涕，这一次控制效果持续了两年，但 1950 年 8 月，部分苍蝇开始出现抗药性，当年年底所有家蝇与家蚊似乎都对氯丹产生了抗药性。抗药性出现的速度和新型化学药剂投入使用的速度一样快，1951 年年底，滴滴涕、甲氧滴滴涕、氯丹、七氯以及六氯化苯，都加入了失效化学药物的清单。与此相反，蚊蝇却继续肆意泛滥。

　　20 世纪 40 年代，意大利撒丁岛也出现了一连串抗药性事件。丹麦在 1944 年首次投入使用含滴滴涕的产品，1947 年多地苍蝇灭杀宣告失败。1948 年，埃及许多地方的苍蝇对滴滴涕产生抗药性，改用六氯化苯后效果仅持续不到一年。埃及的一座村庄特别能够说明问题。1950 年，杀虫剂控制苍蝇效果良好，当年该村婴儿死亡率降低了近 50%。然而次年，苍蝇就对滴滴涕和氯丹产生了抗药性，苍蝇数量恢复到之前的水平，婴儿死亡率也同样恢复到原来的水平。

　　1948 年，美国田纳西河谷的苍蝇普遍对滴滴涕产生抗药性。其他地区相继出现此类情况。人们尝试用狄氏剂进行防治，然而收效甚微。有些地区，不到两个月苍蝇就会产生明显的抗药性。防治机构在尝试过所有氯代烃类化合物之后，转向使用有机磷酸酯类化合物。然而，苍蝇再次对各种有机磷酸酯类化合物产生了抗药性。目前专家得出的结论是："家蝇防控已经超出了杀虫剂的技术范围，必须重新依靠全面的卫生措施。"

滴滴涕在那不勒斯成功消灭体虱是其最早、最广为人知的一项成就。

第二次世界大战期间，体虱在意大利南部港口那不勒斯肆虐，1944年1月，那不勒斯开始大面积使用滴滴涕，无论军人还是老百姓，都要排起队来喷施滴滴涕溶液。三周之后，虱子被彻底消灭，人类历史上第一次制止了斑疹伤寒病的流行，有力地显示了滴滴涕在防治斑疹伤寒及由其他节肢动物传播的疾病方面的重大功效，从此滴滴涕名扬世界，其发明者瑞士化学家保尔·赫尔曼·穆勒因此荣获 1948 年度诺贝尔生理学或医学奖。

随后，1945 年至 1946 年的冬天，日本、韩国体虱肆虐，200 万人口受到影响，滴滴涕再次成功地发挥了作用。1948 年，西班牙使用滴滴涕防治流行性斑疹伤寒，却遭遇了失败，在一定程度上预示了未来的困难。尽管实际使用中已有失败的案例，一些鼓舞人心的实验结果，却让昆虫学家依然深信，虱子不可能产生抗药性。1950 年至 1951 年冬天韩国发生的事件，难免令人震惊。一群韩国士兵用过滴滴涕药粉后，身上的虱子反而更加猖獗，人们采集虱子样本进行检测，结果发现浓度为 5%的滴滴涕粉末并不会增加虱子的自然死亡率。科学家对从东京流浪汉、板桥区贫民窟，以及叙利亚、约旦、埃及东部的难民营采集而来的虱子样本进行了检测，结果均证实，滴滴涕对防控虱子和斑疹伤寒已经无效。1957 年，虱子对滴滴涕产生抗药性的国家扩展到伊朗、土耳其、埃塞俄比亚、西非、南非、秘鲁、智利、法国、南斯拉夫、阿富汗、乌干达、墨西哥和坦桑尼亚的坦噶尼喀湖地区等。至此，滴滴涕最初在意大利取得的胜利荣光已然式微。

最早对滴滴涕产生抗药性的疟蚊是希腊的萨氏按蚊。始于 1946 年的大规模灭杀取得了初步成效。然而，1949 年观察者发现，虽然施过药的房屋和牲口棚中的萨氏按蚊都已消失，然而路桥下却栖居着大量成蚊。很快，这些成蚊的栖息地扩展到地窖、外屋、排水管以及橘子树的树叶和树干中，显然成蚊对建筑物中喷施的滴滴涕已经具备了足够的抗药性，能够成功逃离并在野外栖聚、恢复。几个月后，它们就能够在喷过滴滴涕的房屋中停留，而且停留在喷过药的墙壁上。

上述情况其实还只是目前严峻情况的前兆。按蚊属蚊子对杀虫剂的抗药性以惊人的速度上升，原因正是那些以消除疟疾为目标的家庭喷药行动。1956年，仅仅5种按蚊属蚊子出现抗药性，到1960年初，这一数字就从5上升到28！这其中包括西非、中东、中美洲、印度尼西亚和东欧等地非常危险的疟疾病媒。

其他种类的蚊子（包括传播其他疾病的蚊子），也出现了同样的情况。世界多地均发现一种携带象皮病病原寄生虫的热带蚊子产生了极强的抗药性。美国一些地区的西部马脑炎病媒蚊也出现抗药性。更严重的问题跟传播黄热病的蚊子有关，几个世纪以来，黄热病始终是世界上最严重的瘟疫之一，东南亚地区黄热病病媒蚊已经出现抗药性，该情况目前在加勒比地区也非常普遍。

世界多地的报告显示出抗药性对疟疾和其他疾病造成的严重后果。1954年，特立尼达岛暴发黄热病，就是因为蚊子出现抗药性导致控制失败。印度尼西亚和伊朗的疟疾情况加剧。在希腊、尼日利亚和利比里亚，蚊子仍然携带和传播疟原虫。格鲁吉亚通过防治苍蝇减少了腹泻病症，可是防治效果在一年后荡然无存。埃及通过短期防治苍蝇减少了急性结膜炎，但效果仅持续到1950年。

佛罗里达州的盐沼蚊也出现了抗药性，虽然不会危及人类健康，却造成了严重经济损失。盐沼蚊并不携带病菌，但成群结队出现的嗜血蚊子，造成佛罗里达海岸大片区域无法居住。艰难、短暂的控制之后，情况依然如故。

各地的普通家蚊也都出现了抗药性，看来那些定期大规模喷药的社区也该停止喷施了。如今，在意大利、以色列、日本、法国和美国部分地区（加利福尼亚州、俄亥俄州、新泽西州和马萨诸塞州），家蚊已对若干种杀虫剂（包括普遍使用的滴滴涕）产生了抗药性。

蜱虫也是个问题。科学家最近发现，传播斑疹热的木蜱产生了抗药性；褐色犬蜱早已形成全面、彻底的抗药机制，这对人和狗都造成了威胁。褐色犬蜱是一种亚热带物种，之所以出现在新泽西州这样的北方地区，一定是因为它躲在有供暖的室内过冬，而非栖居在户外。

1959年夏天，美国自然历史博物馆的约翰·C.帕里斯特报告说，他和同事们不断接到附近中央公园西区居民打来的电话。帕里斯特先生说："不时就会有一整栋公寓出现大量蜱虫幼虫，难以清除。狗在中央公园染上蜱虫，蜱虫继而在公寓内产卵、孵化。这些蜱虫似乎对滴滴涕、氯丹和大部分现代杀虫剂都具有免疫力。纽约市过去很少出现蜱虫，但现在不光是纽约，连长岛、韦斯切斯特甚至康涅狄格州都出现了蜱虫。过去五六年，这种情况特别明显。"

北美大部分地区的德国小蠊，都对氯丹产生了抗药性。

德国小蠊，是分布最广泛，也是最难治理的一类世界性家居卫生害虫。它除了盗食、污染食物，损坏衣物、书籍，破坏电脑等精密仪器，造成经济损失外，更主要的危害是传播大量疾病。由于德国小蠊适应性强、繁殖快，易产生对化学杀虫剂的抗药性，因而对其防治难度很大。

过去，人们最喜欢用氯丹灭杀它，现在改用有机磷杀虫剂。然而，科学家最近发现，德国小蠊对有机磷杀虫剂也产生了抗药性。人们不知道下一步该如何是好。

目前，随着抗药性的发展，虫媒传染病防治机构只能不断更换杀虫剂，纵然天才的化学家能够源源不断地研制出新药品，此法也非长久之计。布朗博士指出，人类目前所走的是一条"单行道"，没有人知道这条路能够走多远。如果在病媒昆虫得到控制之前遇上死胡同，人类的处境就真的非常危险了。

那些危害庄稼的昆虫，同样也产生了抗药性。

除了较早期对无机化合物出现抗药性的十余种农业害虫，现在又有很多昆虫对滴滴涕、六氯化苯、林丹、毒杀芬、狄氏剂、艾氏剂以及人们寄予厚望的磷酸酯类化合物产生了抗药性。1960 年，已有 65 种农作物害虫产生了抗药性。

1951 年，美国发现第一例农业害虫对滴滴涕产生抗药性，此时距滴滴涕首次使用约 6 年。或许最棘手的问题是苹果卷叶蛾。全世界所有苹果产区的苹果卷叶蛾都出现了滴滴涕抗药性。卷心菜害虫的抗药性正在造成另一个严重问题。美国多地发现马铃薯害虫产生了抗药性。6 种棉花害虫以及各种各样的蓟马、飞蛾、叶蝉、毛虫、螨虫、蚜虫、线虫和许多其他昆虫，对农民的农药喷施都丝毫没有反应。

化学工业或许很不情愿面对抗药性这个令人不快的现实，这一点自是人之常情。1959 年，尽管已有 100 余种重要昆虫物种被确认具有抗药性，农业化学领域的一家重要期刊却执迷于探讨昆虫抗药性"是真实还是臆测"的问题。然而，即使化学工业领域企图闭目塞听，问题并不会消失，而且还带来了经济方面的损失。其中一项损失就是化学药物杀虫成本持续增长。提前大批量囤积化学药品的做法已不再现实，今天也许是最佳杀虫剂，到了明天就可能完全不起作用。用于支持和推广杀虫剂的巨额投资，很可能会付诸东流，因为昆虫已经再一次证明，暴力绝非对付自然的有效手段。不管杀虫剂的研发和使用方法的更新速度有多快，人们总会发现昆虫又领先了一步。

就连达尔文本人恐怕都找不到比抗药性机制更能证明自然选择作用的例子，即便来自同一种群，每只昆虫的身体结构、行为和生理机能等方面也各不相同，只有"强大"的昆虫才能够在化学攻击中幸存下来。喷药杀死的是弱者。只有那些先天具备避开危险能力的昆虫才能存活。这些昆虫繁殖的后代，通过简单遗传就具备了先辈们的"强大"品质。大规模强力化学喷施，反倒使原本想要解决的问题变得更糟糕，这样的结果已经无可避免。经过若干代的发展演变，原本强者和弱者混生的种群，会被一个全部具有抗药性的"强大"种群所替代。

昆虫抵抗化学药剂的方法很可能千差万别。人类很难做到去全面彻底地了解。一种观点认为，有些昆虫借助结构优势对抗化学药剂，但此说法缺乏实际证据。然而，从布雷约博士的一些观察中，我们能够发现，有些昆虫确实具备免疫性。布雷约博士观察过丹麦斯普林福比害虫防治研究所的苍蝇后，在报告中写道："它们在滴滴涕的环境中嬉戏，好像从前的魔术师在烧红的炭火上舞动。"

世界其他地区也传来类似报告。在马来半岛西南部的吉隆坡，蚊子对滴滴涕的最初反应是逃离喷药地区，但随着它们逐渐产生抗药性，打着手电筒的人们发现，这些蚊子能够直接停留在滴滴涕的沉积物上。台湾地区南部一所军营里，一些具有抗药性的臭虫身上直接沾染着滴滴涕粉末。人们做过一次实验，把这些臭虫裹到一块浸满滴滴涕的布里面，结果，它们在里面存活了一个月，而且还产了卵，孵出的后代无比壮硕。

不过，抗药性并不一定依赖于身体构造。对滴滴涕有抗药性的苍蝇体内有一种酶，帮助它们把滴滴涕转化成毒性较弱的。只有携带抵抗滴滴涕的遗传因子的苍蝇体内才有这种酶。而这一性能当然也是源自遗传。至于苍蝇和其他昆虫如何化解有机磷酸酯类化合物毒性的问题，我们目前尚不清楚。

昆虫的某些行为习惯，也使其能够避开化学药品。许多工人注意到，有抗药性的苍蝇更倾向于停留在未喷药的水平面上，很少会出现在喷过药的墙上。有抗药性的家蝇也喜欢停留在固定的未喷药区域，因此大大减少了接触毒药残留的频率。一些疟蚊的习性，使其能够避免接触滴滴涕，也就等于具备了免疫力。受到喷药刺激后，这些疟蚊会飞离房屋到户外生存。

通常昆虫产生抗药性需要两到三年时间，不过有时只需要一个季度，甚至更短的时间。也有些极端情况，可能需要六年时间才能形成抗药性。一种昆虫一年内繁衍后代的次数很重要，这一点随物种和气候状况而不同。例如加拿大的苍蝇比美国南部的苍蝇产生抗药性速度慢，因为美国南部夏季时间长，有利于苍蝇快速繁殖。

人们有时会满怀希望地问："如果昆虫能产生抗药性，人类是否也可以？"理论上说可以，但这个过程可能需要几百甚至几千年时间，恐怕不会给目前活着的人们带来什么安慰。抗药性并非在单独个体上产生的东西。如果他生来比其他人不易受毒素影响，就有可能存活下来并繁衍后代。因此，抗药性需要一个族群历经数代才能够形成。人类的繁衍速度大约为每个世纪三代人，而昆虫几天或几个星期就会繁衍一代。

布雷约博士在担任荷兰植物保护局负责人时曾经建议："在某些情况下，明确的做法是选择承担少量的损失，而非保全眼前利益，却最终因为失去对抗力而付出长久的代价。明智的建议应该是'尽可能少喷药'而不是'竭尽所能喷药'……应当尽可能减少加之于害虫种群的压力。"

不幸的是，美国农业部门并不认同这样的看法。农业部 1952 年的年鉴从头到尾都在探讨昆虫问题，承认昆虫产生抗药性的事实，却认为"为了确保控制昆虫，需要加大杀虫剂使用剂量"。如果世上仅仅剩下的、尚未使用的杀虫剂，不仅能够消灭昆虫，还能杀死地球上所有的生命，那么后果会怎样？农业部对此不曾表态，但该建议发布近七年后（1959年），《农业与食品化学杂志》谈到该建议产生的后果时，援引了康涅狄格州一位昆虫学家的数据，认为对至少一两种昆虫来说，最后可用的新型防治药品已经投入使用。

布雷约博士说：

"很显然，我们正走在一条危险的路上。……我们必须积极研究其他控制手段，积极研究生物手段而非化学手段。我们的目标是尽可能小心谨慎地将自然引上正轨，而非使用暴力……

"我们需要更富远见的思维方式和更加深邃的洞察能力，但许多研究人员都不具备这些素质。生命是一个无法理解的奇迹，即使我们不得不与之抗争，也应该保有敬意……借助杀虫剂这样的武器来实行控制，只能证明我们知识匮乏，能力不足，不能引导自然发展，而要诉诸暴力，科学需要谦卑谨慎，容不得一丝一毫的自负自大。"

第十七章

另一条路

罗伯特·弗罗斯特（1874—1963）是 20 世纪最受欢迎的美国诗人之一。曾赢得 4 次普利策奖和许多其他的奖励及荣誉，被称之为"美国文学中的桂冠诗人"。

现在，我们正站在两条路的交叉口。却与罗伯特·弗罗斯特著名诗歌《未选择的路》中的路不同。

他选择了荒芜的路，经历痛苦、磨难，旅途中不断回想起那条未选择的路。"要是我走那条未选择的路，也许我就不会这般痛苦？"诗人写出了漫长人生路中的种种迷惘、惆怅。全诗最后并没有指出诗人选择哪条路，只是说："而我却选择了较少有人走过的一条，从此决定了我一生的道路。"

供我们选择的两条道路并非同样的美好，我们长期以来行走的这条路，会让人误以为是一条平坦、舒适、任由我们驱骋的高速车道，但路的尽头等着我们的却是灾难。另外一条"较少有人走过"的路，却能够顺利到达终点，并且还能保护好地球，它是人类最后也是唯一的机会。

说到底该走哪条路，需要我们自己进行抉择。如果在承受那么多灾祸之后，我们终于开始维护自己的"知情权"；如果在充分了解之后，我们终于知道自己在冒着可怕而毫无意义的风险；我们就不该继续听信那些鼓动我们继续向世界施毒的说辞。我们应该进行调查研究，探寻是否还有其他的路可走。

除了化学药剂，确实还有大量控制昆虫的方法可供选择，有些方法已经付诸使用，并取得了辉煌成就，有些处于实验测试阶段。还有一些暂时存在于科学家的构想中，等待时机进行测试。所有这些方法都有一个共同点：它们属于生物学方法，基于对生物机体及其所属生命系统的充分了解。昆虫学、病理学、遗传学、生理学、生物化学和生态学等生物学科各分支领域的专家，正凭借各自的知识和创造力，积极推动形成新的生物防治科学。

　　约翰·霍普金斯大学的生物学家卡尔·P.斯旺森教授说过："每一门科学都仿佛是一条河流，它的源头模糊不清，不引人注目，水流时而平稳，时而湍急，有枯水期，也有丰水期。随着研究人员的勤勉努力，加之众多思想源流的汇入，河流水势日益迅猛，新的概念和理论日渐形成，河流会愈发宽广、深邃。"

　　现代意义上的生物防治科学正是如此。

　　在美国，生物防治科学的起源比较模糊，大致可以追溯到100多年前，那是人们第一次尝试引入自然天敌对付农作物害虫。这门科学有时发展缓慢，甚至完全没有进展，但在成功案例的刺激下，有时也会出现迅猛发展的势头。它曾遭遇过"枯水期"：20世纪40年代，在新型杀虫剂的炫目光芒下，应用昆虫学研究人员纷纷摒弃生物控制方法，奔向化学防治的"快速车道"。然而，"没有昆虫的世界"成了渐行渐远的目标，事实最终证明，不加节制地滥用化学药剂，对人类造成的伤害远比对昆虫大，生物防治科学这条河流在新的思想源流的滋养下，终于迎来了"丰水期"。

　　用植物去杀灭害虫，也算是一种创造。

　　鱼藤是一种野生的豆科植物。鱼藤的根含有毒素，中国古时候的人们就已经懂得把它的根捣烂进行捕鱼，所以又叫它为毒鱼藤或鱼藤。

　　鱼藤根为什么能杀虫呢？其奥秘就在于鱼藤根中含有鱼藤酮。纯净的鱼藤酮是白色晶体，是一类复杂的环状酮类化合物。它难以溶于水，易溶于苯、丙酮、乙醚等有机溶剂。一般鱼藤根中含有6%~7%的鱼藤酮。

　　鱼藤酮杀虫力非常强，它具有胃杀和触杀两种作用。一旦昆虫把它摄入体内，会因内脏和呼吸器官中毒而死亡。据实验表明，鱼藤酮还是一种内吸杀虫剂。有人曾在植物的几片叶子上喷施了鱼藤酮，结果发现，蚜虫吸了喷过鱼藤酮的叶子也中毒死亡了。

鱼藤酮可以用来防治 800 多种害虫，它对蚜虫的杀伤力很强，对家蝇的毒力比除虫菊大 6 倍。

我们可以思考这样一个问题，远在生物还没有发展出眼睛和耳朵，还不能听到或者看到物体发出的声音和光之时，生物靠什么来相互联系呢？科学家早就指出，是靠体内分泌的一种微量化学物质，即被称为"信息素"的特有气味来进行联系的，这是世界最古老的无声语言——"气味语言"。生物发展到今天，有些昆虫仍然是靠这种特有的"语言"来建立联系的，如蛾类，雌蛾发出的性信息素，哪怕是远在 800 米的雄蛾，也可以借助触角的嗅觉器官接收到这种希望交尾的信号，前来"求婚"。

科学家经过研究发现，在动物群中，性信息素具有专一性，同种雌性分泌的性信息素只对同种雄性有作用。人们掌握了这一特性，就可利用"性引诱法"来消灭害虫。通过艰苦的探索和反复实验，科学工作者终于从昆虫体内提取或用人工合成法制取了性信息素。德国化学家布特南特于 1961 年用从日本送去的 55 万只没有交尾的雌蛾，提取了 12 毫克纯性信息素，并定名为家蚕醇。中国的科学工作者，自 1972 年以来，已经人工合成了棉红铃虫、梨小食心虫、麦蛾、二化螟等多种农业害虫的性引诱剂。

近年来，科学工作者根据性信息素具有强大引诱力的特点，把信息素和粘胶、灯光、水盆、杀虫剂和不育剂等结合使用，取得了大量消灭害虫的成果。

我们还可以再进一步推想，除了植物治虫、气味治虫，还有没有别的避开杀虫剂治虫的方法呢？有的。那就是利用声音杀灭害虫。

昆虫会发出声音，并对不同声音产生不同的反应，利用这个特性就出现了声音治虫新方法。

有人做过实验，在田里放置两盏黑光灯，其中一盏装有发音器，能发出类似蝙蝠的超声波。结果许多虫蛾趋光而来，但一临近便急急转身逃离。这种黑光灯捕蛾的种类与数量不及另一种的一半，因为有鼓膜的蛾，对蝙蝠发出的超声波有避忌现象。

利用诱因则可以诱杀某些雄性昆虫，降低第二代的繁殖力。热带斑蚊雌蚊的语音约为 466 赫兹，人们用发音器发出相同的频率，周围的雄性热带斑蚊便趋之若鹜，诱杀效果极佳。人工发出某种干扰音，还能引起害虫体内新陈代谢紊乱，缩短寿命。例如人们让果蝇暴露在 3 000 赫兹的干扰声中一段时间，雌果蝇的产卵数便从正常的 66~67 个，减少到 45~52 个，寿命也缩短了 5 天左右。

前面提到过的几乎危害全球的森林害虫舞毒蛾，它的防治也是世界性病虫害防治难题之一。中国内蒙古大兴安岭林区的非化学药物防治实例，也给我们开辟了另一条路。

一种被称作"人工采集卵块法"的方法就很有效。在舞毒蛾大暴发的年份，舞毒蛾的卵一般大量集中在石崖下、树干、草丛等处，卵期长达 9 个月，所以容易人工采集并集中销毁。1995—1997 年间，在根河、图里河及得耳布尔三个林业局共采集舞毒蛾卵块约 10 万千克，防治面积达到 1.4 万公顷，基本上控制了该虫的危害，且成本较低。

还有一种方法称为"人工采集幼虫法"。这种方法对于小面积严重发生地实施效果较好。内蒙古大兴安岭林区每年的 5—6 月为防火戒严期，一般的烟剂防治容易引起森林火灾，利用这种方法也可以控制舞毒蛾危害的大爆发。因此，就必须动员一切可以动员的力量集中采集卵块和幼虫，并及时销毁，以减少虫口密度。这种防治方法可以作为采卵块方法的延伸和补充。

为巩固防治效果，防止虫口反弹，注意保护好环境，特别是保护好舞毒蛾天敌的生存环境就很重要了。舞毒蛾的暴发与环境条件有密切的关系，前面已经提到。因此改善林分结构，提高环境质量，合理密植是防治该虫的有效途径之一，也是从根本上控制舞毒蛾大暴发的综合治理措施。

据研究报道，中国舞毒蛾天敌共计 6 目 19 科 91 种。其中寄生性昆虫 57 种，姬蜂科 30 种，寄生蝇 27 种，半翅目 19 种，步甲科 10 种。其卵期寄生天敌主要是大蛾卵跳小蜂，幼虫期天敌主要是绒茧蜂，寄蝇；

蛹期天敌主要有黑瘤姬蜂、寄蝇等。内蒙古大兴安岭林区现在已知的舞毒蛾天敌昆虫约有30多种。另外还有捕食性天敌鸟类、蜘蛛、细菌、病毒等。保护好目前林区舞毒蛾天敌资源，减少化学杀虫剂的使用频率和范围，使舞毒蛾种群数量变动受到天敌的有效制约，则可以实现有虫不成灾的目的，保护好现有的森林资源。

还有些新方法无比神奇，试图利用昆虫自身的力量（即利用昆虫的生命力）去摧毁其所属族群。其中最令人惊叹的，莫过于美国农业部昆虫学研究分部主任爱德华·尼普林博士及其同事提出的"雄性绝育法"。

大约25年前，尼普林博士提出了一个令同行震惊的独特的昆虫防治法。尼普林博士推论，如果能对大量昆虫实施绝育并投放出去，在一定条件下让绝育雄昆虫与普通野生雄昆虫竞争后胜出。反复投放绝育昆虫后，昆虫只能产下无法孵化的虫卵，整个种群将会逐渐消亡。

虽然遭遇到官方的漠视和科学家的质疑，尼普林博士却不曾放弃自己的设想。要想付诸实践，首先要找到可行的昆虫绝育方法。昆虫学家G.A.朗纳曾报告过X射线造成烟草甲虫绝育的现象，因此从理论上来说，早在1916年，人们就已经知道X射线能够使昆虫绝育。20世纪20年代末，H.J.穆勒关于X射线能造成基因突变的开创性成果，拓展出广阔的思想界域。到20世纪中期，众多研究人员报告过，用X射线或伽马射线对至少12种昆虫进行绝育操作的情况。

依据这样的宏伟设想，有过一篇题为《苍蝇疗养院》的科学童话：

生物科学院爆出一条新闻：司马教授要开办一所苍蝇疗养院。他请年轻能干的小灰鼠帮忙招收苍蝇。

"什么？"小灰鼠一百个不乐意，"让那些肮脏的坏蛋住疗养院，您安的什么心？"

司马教授乐呵呵地说："别急嘛……"他在小灰鼠耳边说了几句话，小灰鼠"哦"了一声，脸色开朗起来。

小灰鼠满世界转了一圈，专跑一些最脏最臭的角落，招来一大批苍蝇。司马教授热情款待他们，用香甜的食品喂养，然后请他们排好队，挨个儿到一台机器前"检查身体"。经过体检的苍蝇们，被送回原来生活的地方。

5 年过去了，苍蝇越来越少，小灰鼠眼看就要失业了，却越来越高兴。小灰鼠的好朋友金丝鼠再三追问，终于得到了答案。

原来，司马教授研究的课题是灭蝇。他发明的那台机器是原子能辐射器，被它那看不见的射线照射过的苍蝇，永远不能繁殖下一代了。

这就是司马教授开办苍蝇疗养院的目的。

但这些都只是实验，离实际应用还有很漫长的路要走。1950 年前后，尼普林博士正式尝试用昆虫绝育方法灭除美国南部主要的牲畜害虫螺旋蝇。

螺旋蝇又称食人蝇、螺旋锥蝇，是一种黑色带蓝绿色、有橘红色眼睛的害虫，它比家蝇稍大一点，它像绿头蝇那样把卵产在坏死的肉上，但它也侵入活的生物体。它的雌蝇将卵产在小得像虫咬后留下的伤口上，或产在动物的眼睛、鼻子等入口处，卵孵化成为幼虫取食活动物深层组织的肉。除非立即进行治疗，否则被寄生的动物往往会生病直至死亡。

螺旋蝇的雌蝇会将卵产在恒温动物裸露的伤口上，孵化后的幼虫在宿主身上寄生，取食宿主血肉。成年肉用公牛严重感染后，10 天内会毙命。据估计，美国为此遭受的畜牧业损失每年高达 4000 万美元。野生动物损失情况比较难测算，但肯定非常严重。螺旋蝇导致得克萨斯州多地鹿群数量急剧减少。螺旋蝇是一种热带或亚热带昆虫，主要分布在中美洲各国、南美地区和墨西哥，在美国通常仅局限于西南地区，1933 年前后，被意外引入佛罗里达州。该州冬天气候温暖，螺旋蝇顺利过冬，并开始大量繁殖，继而蔓延到亚拉巴马州南部和佐治亚州。不久之后，东南各州畜牧业每年为此遭受 2 000 万美元的损失。

过去这些年，得克萨斯州农业部的科学家收集了大量关于螺旋蝇的生物学知识。1954 年，在佛罗里达若干岛屿上开展过初步试验后，尼普林博士准备全面检验自己的理论，经过同荷兰政府协商与安排，尼普林博士前往距离大陆 80 千米外的加勒比海库拉索岛。

1954 年 8 月，佛罗里达州农业部实验室养殖的绝育螺旋蝇被运送到库拉索岛，空中投放频率为每周每平方千米 1000 只。实验山羊身上的螺旋蝇卵块数量几乎立刻减少，卵的能育性也开始下降。第一次投放后仅 7 个星期，所有螺旋蝇卵都无法孵化。很快，不管能孵化还是不能孵化的，岛上再也找不出一个卵块。库拉索岛上的螺旋蝇被消灭殆尽。

库拉索岛实验取得的巨大成功，引起佛罗里达州牲畜饲养者的极大兴趣，他们也想用同样的办法消灭螺旋蝇灾害。尽管困难明显大得多（佛罗里达州面积为库索拉岛的 300 倍），1957 年，美国农业部和佛罗里达州联合资助螺旋蝇灭除计划。该计划包括：建成专门的"苍蝇工厂"，每周生产大约 5 000 万只螺旋蝇，20 架轻型飞机按照预定航线，每天飞行 5~6 个小时，每架飞机装载 1 000 个纸箱，每个纸箱中装有 200~400 只经辐射绝育处理的螺旋蝇。

1957 年至 1958 年的冬天格外寒冷，佛罗里达州北部温度接近零度，为计划实施创造了一个意想不到的好机会。螺旋蝇不仅数量减少，且集中在一个小区域内。17 个月后，项目基本结束，共 35 亿只人工培育的绝育螺旋蝇被投放到佛罗里达州以及佐治亚州和亚拉巴马州的部分地区。最近一次因螺旋蝇造成的动物伤口感染出现在 1959 年 2 月。接下来几个星期，有几只成年螺旋蝇被诱捕，此后再也没有发现过螺旋蝇的踪迹。螺旋蝇在美国东南部彻底绝迹，此举彰显了科学创新的价值，基础研究的缜密精细，科学家的持之以恒与矢志不移。

现在，密西西比州设立了隔离屏障，防止螺旋蝇从其扎根的西南部地区反扑。西南部地区螺旋蝇根除难度非常大，不仅因为面积广阔，同时也存在从墨西哥再度入境的可能。然而，考虑到螺旋蝇可能造成的损失，农业部似乎希望能够尽快在得克萨斯州和西南部其他灾害地区推进项目，至少将螺旋蝇数量控制在尽可能低的水平。

螺旋蝇防治项目取得的辉煌战绩，引起了人们极大的兴趣，想用同样的办法来控制其他昆虫。当然，该方法并非适用于所有昆虫，这一技术很大程度上取决于物种的生活习性、总体密度以及对辐射的反应。

英国已经开始尝试用该方法对付津巴布韦的采采蝇。采采蝇危害非洲约 1/3 的面积，给人类健康造成巨大威胁。大约 1165 万平方千米林木繁茂的草地遭受采采蝇危害，无法进行畜牧饲养，采采蝇的生活习性与螺旋蝇迥然不同，尽管也能够进行辐射绝育，但是用该方法前仍存在需要攻克的技术难题。

英国早已对大量昆虫进行了辐射敏感度测试。美国科学家在夏威夷和偏远的罗塔岛，对瓜蝇、东方果蝇和地中海果蝇分别开展实验室测试与野外测试，也取得令人振奋的初步成果。针对玉米螟和甘蔗螟的实验也在进行中。医学昆虫很可能都可以通过雄性绝育法进行控制。一位智利科学家指出，杀虫剂对该国疟蚊根本不起作用，释放绝育雄蚊才有可能彻底将其灭除。

由于辐射绝育存在明显困难，人们开始寻找更简单的替代性方法，从而激发了研究化学不育系的热潮。

佛罗里达州奥兰多的农业部实验室里，科学家将化学药剂掺进家蝇爱吃的食物，对家蝇开展实验室和野外绝育尝试。1961年，在佛罗里达礁岛群一个小岛上进行的一项测试中，仅用不到五个星期的时间，就几乎消灭了岛上的全部苍蝇。当然，附近岛屿飞来的苍蝇造成再度繁殖。但作为一个试点，该项目无疑非常成功。因此不难理解，农业部对该方法的前景所表现出的欣喜。首先，我们已知杀虫剂对家蝇已经完全失效，寻找全新的控制方法势在必行。而辐射绝育法的问题在于，绝育雄性昆虫不仅需要人工培育，其投放数量还要超过现有的野生雄性，这种方法对螺旋蝇具有可操作性，因为螺旋蝇实际数量并不大。但对于家蝇来说，即便只是暂时性数量增加，投放两倍以上的绝育雄蝇的举措也必定会遭到强烈地反对。然而，化学绝育剂可以掺进饵料食物投放入苍蝇的自然环境，苍蝇吃了这种食物就会绝育。一段时间之后，绝育苍蝇就能够在数量上占优势，进而导致整个族群逐渐消亡。

化学绝育剂的测试比有毒化学药剂的测试更难操作。尽管可以同步展开多项测试，但是一种化学药剂的评估期往往需要30天。1958年4月到1961年12月，科学家在奥兰多实验室筛查了数百种化学药剂的绝育效果。尽管只筛查出为数不多的几种化学药剂，农业部似乎已经非常满意。

农业部的其他实验室也纷纷开始进行化学药剂测试，测试对象包括螯蝇、蚊子、象鼻虫和各种果蝇。这些工作虽然仍处于实验阶段，不过相对于其开始的时间，发展已经相当迅速。从理论上来说，化学绝育剂具有很多吸引人的特性。尼普林博士指出，昆虫化学绝育剂的效果"很容易超过那些最好的杀虫剂"。假设有一种昆虫数量为 100 万只，每繁衍一代就会扩张到原来的 5 倍。假设有一种杀虫剂，能够杀灭每代昆虫的 90%，那么第三代后仍有 12.5 万只。相比之下，如果使用的昆虫绝育化学药剂使 90%的昆虫绝育，三代后就只剩下 125 只了。

当然，我们也需要解决问题的另一方面：其中有些绝育剂是烈性化学药剂。幸运的是，至少从研究伊始，大多数研究者似乎都有应该寻找安全化学药剂和安全使用方法的意识。然而，还不时有人建议，从空中喷施这些化学绝育剂，比如洒向遭舞毒蛾幼虫啃食的植物叶子。但是，我们必须谨记，任何不预先开展全面危害分析就贸然采取行动的做法，都极度不负责任。如果不时刻将化学绝育剂的潜在危险谨记于心，我们很容易就会陷入比滥用杀虫剂更可怕的境地。

目前测试的绝育剂通常分为两类，其发挥作用的方式都非常有意思。

第一种绝育剂与细胞的生命进程或新陈代谢密切相关。也就是说，绝育剂与细胞或组织需要的某种物质非常相似，生物体"误以为"它们是真正的代谢物，纳入正常生长过程。但到某一具体环节就会出问题，导致生命进程终止，这种化学药剂被称为抗代谢药。

第二种绝育剂的作用对象是染色体，很可能通过对基因的化学物质产生影响，导致染色体破裂。这类化学绝育剂是烷化剂，具有极强的化学活性，能够严重破坏细胞，损伤染色体并造成突变。伦敦市切斯特·比蒂研究所的彼得·亚历山大博士认为："任何能造成昆虫绝育的烷化剂，一定会是强效诱变剂和致癌物。"亚历山大博士认为，任何将此类化合物用于昆虫防治的企图，都将"遭到最严厉的反对"。因此，我们希望，目前的实验不是为了直接使用这些化学物质，而是为了经由这些化学物质找到安全而针对性强的其他物质。

当前研究中最值得关注的方面，是利用昆虫自身习性，研究对付它们的武器。昆虫会释放各种毒液、引诱剂和驱避剂。这些分泌物的化学性质如何？我们是否可能将其用作选择性杀虫剂？康奈尔大学和各地的科学家正在研究昆虫应对捕食者攻击的防御机能，分析昆虫分泌物的化学结构，尝试寻找上述问题的答案。还有一些科学家正在研究防止昆虫在发育到某一阶段时发生异变的强效物质，即所谓的"保幼激素"。

保幼激素，又称返幼激素，是一类保持昆虫幼虫性状和促进成虫卵巢发育的激素。它来源于咽侧体，已经从鳞翅目昆虫中分离出 4 种保幼激素，分别命名为保幼激素 0、保幼激素 1、保幼激素 2、保幼激素 3。

在对昆虫分泌物的探索中，最有用的发现或许是引诱剂的发明。大自然再一次为我们指明了方向。

舞毒蛾是个特别有意义的例子。雌性舞毒蛾身体笨重飞不起来，只能在地面或近地面的地方生活，在低矮植被间穿梭或者在树干上爬行。相反，雄性舞毒蛾飞行能力很强。它们被雌蛾特殊腺体释放的气味吸引，能够从很远的地方飞过来。多年来，昆虫学家一直利用舞毒蛾的这一习性，努力从雌蛾体内提取性引诱剂。随后，人们将提取的引诱剂在昆虫分布地带边缘引诱雄蛾，以便进行数量统计。然而，这种做法耗资巨大。尽管东北部各州都宣称遭遇舞毒蛾灾害，其数量仍不足以提取所需要的引诱剂。人们不得不从欧洲进口手工采集的雌蛾蛹，有时一只雌蛾蛹价格可达 0.5 美元。农业部的化学家经过多年努力，最近成功分离出引诱剂，堪称一项巨大的突破。继此之后，科学家又成功地从蓖麻油中提取成分，这是一种效果近似的合成物质。该物质不仅可以引诱雄蛾，而且具有与雌蛾分泌物完全等同的引诱效果。只需在捕虫器中放入一微克合成物质，就能够产生引诱效果。

这一切的价值远超学术范畴，因为这种新的、经济的"舞毒蛾引诱剂"不仅可以用于昆虫数量统计调查，还能够用于昆虫防治。现在，人们对它的几种更具吸引力的潜在用途进行测试。在一项称作心理战的试验中，人们将引诱剂掺进一种颗粒材料后进行空中投放。此举的目的在于迷惑雄蛾并干扰其正常行为，使其无法在药剂气味的干扰中识别并准确找到雌蛾。旨在引用雄蛾与假雌蛾交配的实验中，也用到了这一方法。在实验室中，只要浸过适量引诱剂，不管是木片、蛭石或者其他物品，雄蛾都会企图与之交配。改变雄性舞毒蛾交配本能，是否可以遏制其孕育，从而减少族群数量，尚有待实验证明。不过，这将会提供一种有趣的可能性。

舞毒蛾引诱剂是第一种人工合成的性引诱剂，其他引诱剂或许很快也会出现。人们正在研究大量农业昆虫，以探索制造同效果引诱剂。针对小麦瘿蚊和烟草天蛾的研究，已取得令人振奋的成果。

人们正尝试将引诱剂和毒药混合在一起，用于进行多种昆虫的控制。政府部门的科学家研制出一种名叫"甲基丁香酚"的引诱剂，雄性东方果蝇和瓜蝇对该药剂完全没有抵抗能力。在日本以南724千米的小笠原群岛上，人们将甲基丁香酚与一种毒药混合进行试验，将浸满这两种化合物的纤维板碎片空投向整个岛链，吸引并杀死雄性苍蝇。该"雄蝇灭杀"计划始于1960年，一年后，据农业部估算，超过99%的苍蝇被灭杀。这一做法比传统的大范围农药喷施具有明显的优越性。它所用的有机磷毒素仅黏附在纤维片上，不太可能被野生动物吞食，而且，有机磷毒素残留能够迅速挥发，不会对土壤和水源造成污染。

然而，并非所有昆虫都是通过相互吸引或排斥的气味实现交流。声音也可能成为警告或吸引的手段。有些飞蛾能够听到蝙蝠飞行中发出的持续超声波，使其能够避开蝙蝠捕捉。一些锯蝇幼虫听到寄生蝇振翅飞近的声音会聚拢在一起互相保护。另一方面，某些蛀木类害虫发出的声音，能够令寄生虫循声找到它们。对雄蚊来说，雌蚊振翅的声音极具诱惑力。

我们能够利用昆虫对声音的探测和反应做些什么？虽然目前仍在实验阶段，但非常有趣的是通过反复播放雌蚊振翅声吸引雄蚊的试验，已取得初步成功。受到诱惑的雄蚊会飞到电网上被电死。加拿大正在测试超声波对玉米螟和糖蛾的驱避效用。夏威夷大学动物声音研究权威休伯特·弗林斯和梅布尔·弗林斯教授认为，只要能够正确运用现有的关于昆虫声音产生与接收的知识，就一定能够找到通过声音干扰动物行为的野外控制方法。声音的驱避作用比引诱作用的应用前景更大。两位教授经研究发现，椋鸟听到同伴痛苦尖叫声的录音后，会受到惊吓四散逃开。两位教授的发现在业界非常有名，该发现也可能适用于昆虫。对实干的工业人士而言，可能性就意味着可操作性，至少有一家大型电子公司，已经准备建立实验室开展测试。

科学家已经开始研究，直接用声音灭杀昆虫。超声波能够杀死实验水箱内的所有蚊子幼虫，然而也会杀死其他水生生物。在其他实验中，空气中的超声波数秒内就能够消灭绿头苍蝇、粉虱和黄热病蚊。所有这类实验只是迈向昆虫防治新理念的第一步。有朝一日，神奇的电子科技会将这一切变为现实。

新的生物防控方法并非一味依赖电子科技、伽马射线和其他人类发明。有些方法源远流长，其原理是昆虫像人类一样也会得病。细菌感染可以像从前的瘟疫一样横扫昆虫族群，在病毒的侵袭下，大批昆虫感染、死亡。早在亚里士多德之前，人们就知道昆虫会生病。中世纪的诗文中有过关于桑蚕疾病的记录。而巴斯德也是通过研究桑蚕疾病，率先提出了传染病原理。

昆虫不仅会受到病毒和细菌的侵扰，还会受到真菌、原生动物、微小蠕虫以及人类肉眼无法看到的其他微生物的影响。这些微生物基本可算作人类的盟友。微生物并非仅指病原体，还包括那些能够分解废物、肥沃土壤，以及参与发酵、硝化等生物过程的微生物。我们为什么不利用它们帮助我们进行昆虫防治？

19世纪的动物学家埃利·梅契尼科夫是最早想到微生物防治的人。从19世纪最后10年到20世纪上半叶这段时间，微生物防治理念日臻成形。20世纪30年代末，利用病原菌芽孢引起的乳白病（乳样病）成功控制了日本金龟子，首次确证可以通过向昆虫引入疾病对其进行控制。诚如本书第七章所言，这一细菌防治典范在美国东部有着悠久的历史。

现在，人们对另一种细菌，即苏云金杆菌寄予厚望。1911年，德国中部图林根省发现，该细菌会导致螟蛾幼虫患染致命的败血症。事实上，该细菌的致命之处不在于引发疾病，而在于其所具有的毒性。该细菌芽杆内产生的芽孢和伴孢蛋白质晶体，对某些昆虫尤其鳞翅目昆虫幼虫有剧毒，只要食用喷施过这一毒素的植被，幼虫立刻就会被麻痹，停止进食，进而很快死亡。从实用角度考虑，该病菌一经投用能立刻终止昆虫进食，无疑是个巨大的优势，也就是说只要投放该病原菌，就能够立刻终止农作物损害。现在，美国好几家企业都在生产不同品牌的苏云金杆菌孢子化合物。不少国家都在开展野外测试：法国、德国对菜粉蝶幼虫开展试验，南斯拉夫对美国白蛾开展试验，苏联对天幕毛虫开展实验。巴拿马的相关测试始于 1961 年，该细菌杀虫剂有望解决蕉农正在遭遇的若干种严重虫害，根蛀虫对香蕉造成的危害非常大，根部遭其啃食的香蕉树很容易被风刮倒。狄氏剂曾是唯一有效的根蛀虫杀虫剂，却引发了一系列灾难。根蛀虫也开始产生抗药性，狄氏剂还同时杀死了其他一些重要的捕食性昆虫，导致香蕉弄蝶数量增加。香蕉弄蝶短小、体硕，幼虫卷结叶片、食害蕉叶。人们自然期待有一种新型活体微生物杀虫剂，能够一举灭除根蛀虫和香蕉弄蝶，而又不破坏自然平衡。

在加拿大和美国东部林区，细菌杀虫剂也许是对付云杉食心虫和舞毒蛾等森林害虫的重要手段。1960 年，这两个国家开始进行苏云金杆菌商业试剂的野外测试。初期试验结果鼓舞人心。例如，佛蒙特州的细菌防治效果堪比滴滴涕。其中涉及的主要技术问题是找到一种能够作为载体的溶液，将细菌孢子黏附到常青树针叶上。农作物甚至可以用粉尘作载体，因此不存在这一难题。人们已经开始在各种蔬菜上尝试使用细菌杀虫剂，尤其是在加利福尼亚州。

还有一个不那么引人注目的工作是与病毒有关的。通过探索，我们又开辟了一条新路——病毒也能造福于人类。

一提起病毒，人们自然会想到这个瘟神给农业生产带来的种种灾难。这个农业生产的一大敌害，它可以使所有的畜禽和农作物患上各种病害，给农业生产带来巨大的损失。

病毒的危害对象十分广泛，几乎所有的畜禽产品和农作物都难以逃脱它的毒掌。新城疫鸡瘟可以使鸡群全军覆没，口蹄疫猪瘟、马传染性贫血，更是大牲畜的克星；在水中王国，自由自在生活的鱼类、蚌类也难以逃脱鲤鱼痘疮、传染性肿瘤的进攻；小小的蚕和蜜蜂也会丧生在脓疱病毒和慢性病毒之手。水稻的矮化病、小麦黄矮病、棉花红叶病、马铃薯皱缩花叶病、菊花矮化病、杨树花叶病，都是各种病毒毒害的结果。病毒常生于动植物躯体的分子之中，是一种隐藏得很深的敌人，十分难以搜寻使之就范。目前还缺乏具有高度选择性的药品。病毒已经是一种令人棘手的农业生产中的敌害。

事物就是这样有趣，病毒一方面是农业生产的敌人，另一方面，当科学家掌握病毒的各种规律，摸清它们的脾气，仍然可以使它们成为人类的朋友。

郁金香是荷兰的国花，在世界上久享盛名，其中有一种像炭一样的纯黑，没有一点掺杂的黑郁金香，堪称郁金香之佳品。但是培育黑郁金香却和病毒有紧密的联系。1672年，荷兰哈雷姆的郁金香爱好者协会宣布，谁要能培育出黑色郁金香，就可以得到10万盾的奖金。一位叫旺·拜尔乐的植物学家以他辛勤的劳动，以及一段不同凡响的经历，用山慈姑和郁金香相互杂交，终于开出了像炭一样黑的郁金香花朵。以后，荷兰的其他郁金香爱好者，相继培育出了一些奇异的郁金香。只是，他们谁也没有料到，这些珍奇的郁金香竟然是病毒的杰作。

这个故事告诉人们，病毒是瘟神，掌握了它的脾气，我们就能够把它们变成天使，仍然可以造福于人类。

澳大利亚这个称为羊背上的国家，有着无垠而丰美的草原，然而这丰美的草原，曾经一度被侨居在这里不久的兔子所危害。这些新的居住者毫不留情地把大片大片的草场啃个干净，严重地破坏了草原资源，大大影响了澳大利亚的牧业生产。对付这些兔子，人们采用了各种捕杀的方法，由于兔子的高繁殖力，打死一只又生一双，使之难以根除。科学家想到了病毒，他们使兔子染上黏液瘤病毒，大量野兔难以逃脱病毒的魔掌，成批成批地死了，从而保护了草场。这是人类成功利用病毒平衡大自然的一个例子。

化学药剂在农作物病虫害的防治当中，有其一定的功绩。但是，由于长期使用化学药剂，带来了环境污染、生态平衡紊乱以及害虫的抗药性增强等不利影响。为此，有些科学家又把目光投向病毒。人们巧妙地使之感染上各种病毒，让害虫一命呜呼，目前已知用于农林害虫试验的昆虫病毒已有50多种之多。例如棉铃虫核多角体病毒、松柏锯叶蜂核多角体病毒、冷杉毒蛾核多角体病毒、舞青蛾核多角体病毒和苹果小卷叶核蛾多角体病毒等。这些病毒还具有很高的选择性，如杆状病毒只侵染无脊柱动物，因此它是一种比较理想的生物防治方法。

病毒有着比化学药品更为奇特的作用，用噬菌体防治动物的痢疾杆菌、耐药性绿脓杆菌和金黄色葡萄球菌感染，比药品的效果更好。在对付污染水面的藻类，它更是手到擒来，适用 LPP-1 病毒，只需 7 天就使藻类裂解死亡，使水又开始变得澄清。

有人说没有病毒，遗传工程就很难进行，这话一点也不过分。病毒在分子生物学和生物工程学中扮演着一个重要角色，它犹如一位卓越的魔术师。有些病毒能诱导两个不同的脊椎动物细胞融合成一个新的细胞，它是理想的转移基因载体，运载着外来基因，把它们插入动植物或者微生物细胞中，创造着许许多多自然力所不及的新品种。许多打开和链接基因的钥匙又非病毒不可。

加利福尼亚州不少地方在苜蓿苗田中喷施一种含有某种病毒的溶液，这种溶液对苜蓿粉蝶而言，毒性与杀虫剂不相上下。该病毒是从死于这种剧毒疾病的苜蓿粉蝶体内提取的。加拿大的一些林区已经证实，一种能够有效影响松叶蜂的病毒在控制效果方面超过了杀虫剂。

捷克斯洛伐克的科学家正在尝试用原生动物防治结网毛虫和其他害虫。

原生动物，为最原始、最简单、最低等的动物。它们的主要特征是身体由单个细胞构成的，因此也称为单细胞动物。原生动物门种类约有30 000 种。

在美国，人们用原生动物寄生虫来遏制玉米螟的产卵能力。

有些人一听到微生物杀虫剂，脑海里可能立刻会浮现出危害其他生命的细菌战场景。事实并非如此，与化学药剂不一样，昆虫病原菌对目标昆虫有害，对其他一切都无害。昆虫病理学权威爱德华·斯泰因豪斯博士强调说："无论是在实验室还是在野外，从来没有过一例昆虫病原菌导致脊椎动物患上传染病的确切记录。"昆虫病原菌靶向性非常强，只会感染少数几种昆虫，有时能够仅针对一种昆虫有效。从生物学上讲，它们不属于能够导致高等动物或植物患病的生物体。斯泰因豪斯博士同时指出，从本质上说，昆虫疾病暴发只会在昆虫中传播，既不会影响宿主植物，也不会影响以其为食的动物。

昆虫的自然天敌有很多种，既有多种微生物，也有其他昆虫。伊拉斯谟斯·达尔文在 1800 年前后就提出了通过培养昆虫的天敌进行昆虫防治的构想，因此被普遍认为是天敌昆虫害防治法的最早倡议人。或许因为该生物控制法提出的时间最早，人们已经普遍接受了用一种昆虫控制另一种昆虫的理念，就误以为这是化学药剂的唯一替代方法。

在美国，真正意义上的传统生物防治法可追溯到 1888 年。当时，昆虫学家纷纷前往澳大利亚寻找天敌昆虫，以灭杀严重危害加利福尼亚州柑橘业的吹绵蚧。

吹绵蚧，即吹绵蚧壳虫，同翅目的一种害虫。世界性分布，常见于多种植物（金合欢、柳、橘）上，对枸橼科植物为害甚烈，一度对南加利福尼亚的柑橘业造成威胁，后引进澳大利亚的瓢虫，短期内即控制害虫。

艾伯特·科贝利是浩浩荡荡昆虫学家探险队的第一人。本书第十五章提到过，该计划取得了举世瞩目的成就。在接下来的一个世纪里，人们遍收自然天敌，用来扼杀加利福尼亚州海岸的不速之客吹绵蚧，先后引进大约 100 种捕食性昆虫和寄生性昆虫。除科贝利引进的澳洲瓢虫外，其他进口昆虫项目也都非常成功。一种从日本引入的黄蜂能够彻底控制危害东部苹果园的一种昆虫，人们盛赞说，斑点紫花苜蓿蚜虫（一种不慎从中东引入的昆虫）的几种天敌昆虫，拯救了加利福尼亚州的苜蓿产业。寄生性和捕食性昆虫防治舞毒蛾效果良好。春臀钩土蜂控制日本金龟子效果也很好。据估计，介壳虫与粉蚧的生物防治，每年可以为加利福尼亚州挽回数百万美元的损失。事实上，该州著名的昆虫学家保罗·德巴赫曾估计，一项投入 400 万美元的生物防治，能够为加利福尼亚州赢得 1 亿美元的回报。

世界上大约 40 个国家都曾有过引进天敌，进行害虫防治的成功先例。与化学药物相比，此类控制办法优势非常明显：成本较低廉，能够实现永久防控，不会造成毒素残留。然而，生物防治手段却长期缺乏政策支持。事实上，加利福尼亚州是美国唯一正式启动生物防治项目的州，许多州连一个全心投入该项目的昆虫学家都没有。或许由于缺乏政策支持，一些通过昆虫天敌进行生物防治的项目在实施时缺乏最基本的科学严密性，不仅缺乏生物防治对害虫种群数量影响方面的精确研究，也没有天敌准确投放量相关的研究，而后者往往决定着防控效果的成功与否。

捕食昆虫的和被捕食昆虫不会孤立存在，它们都是巨大的生命网络的一部分，网络中的一切因素都需要考虑在内。传统生物防治方法可能对森林害虫防治更有效。现代农业中，农田高度人工化，迥异于过去的自然状态，森林则更接近于自然环境。人类只需要尽可能减少干预，必要时加些微帮助，大自然就能够自行建立起一个美妙而复杂的控制与平衡系统，保护森林免遭昆虫过度之害。

美国林业人员似乎只想得到引入捕食性昆虫、寄生性昆虫这样的生物防治方法。加拿大人的视野要开阔许多，一些欧洲人则更了不起，他们发展了令人惊讶的"森林卫生"科学。在欧洲林业人员看来，鸟类、蚂蚁、森林蜘蛛、土壤细菌和树木一样，都是森林的重要组成部分。他们会在新林区统筹考虑这些保护性因素。首先采取措施吸引鸟类。在现代集约化培育林业的时代，从前的空心树消失了，啄木鸟和其他在树上营巢的鸟类，因此失去了栖身之所，鸟巢箱能够弥补这一缺憾，吸引鸟类重返森林。

我们来看看森林卫士猫头鹰吧。

猫头鹰眼周的羽毛呈辐射状，细羽的排列形成脸盘，面形似猫，因此得名为猫头鹰。它周身羽毛大多为褐色，散缀细斑，稠密而松软，飞行时无声。猫头鹰的雌鸟体形一般较雄鸟大。头大而宽，嘴短，侧扁而强壮，先端钩曲，嘴基没有蜡膜，而且多被硬羽所掩盖。与很多肉食动物一样，猫头鹰的眼睛位于面部的正前方，这让它们在捕猎过程中拥有出色的深度感知能力，尤其是在光线暗淡的环境下。有意思的是，大大的眼睛被固定在猫头鹰的眼窝里，根本无法转动，所以猫头鹰要不停地转动它的脑袋。它们还有一个转动灵活的脖子，使脸能转向后方，由于特殊的颈椎结构，头的活动范围为270°。左右耳不对称，左耳道明显比右耳道宽阔，且左耳有发达的耳鼓。大部分还生有一簇耳羽，形成像人一样的耳廓。听觉神经很发达。一个体重只有300克的仓鸮（猴头鹰）约9.5万个听觉神经细胞，而体重600克左右的乌鸦却只有2.7万个。

再看看蝙蝠吧。

小蝙蝠亚目即通常所说的蝙蝠，我国有6科，26属，110种。蝙蝠大多数为食虫性及肉食性，主要利用超声波回声定位信号搜寻食物，探测距离，确定目标，回避障碍和逃避敌害等。蝙蝠是真正会飞的兽类，这种进化上的优势使它们利用了兽类中一个全新的未被利用的生态位。

蝙蝠的翼是在进化过程中由前肢演化而来，是由其修长的爪子之间相连的皮肤（翼膜）构成；蝙蝠的吻部像啮齿类或狐狸。外耳向前突出，很大，而且活动非常灵活。蝙蝠的颈短，胸及肩部宽大，胸肉发达，而髋及腿部细长。除翼膜外，蝙蝠全身覆盖着毛，背部呈浓淡不同的灰色、棕黄色、褐色或黑色，而腹侧颜色较浅。蝙蝠中的多数还具有敏锐的听觉定向（或回声定位）系统，可以通过喉咙发出超声波然后再依据超声波回应来辨别方向、探测目标。

有一些种类的面部进化出特殊的声呐接收结构，如鼻叶、脸上多褶皱和复杂的大耳朵。人类通过这一特点发明了雷达。除了狐蝠和果蝠完全食素外，大多数蝙蝠以昆虫为食，在昆虫繁殖的平衡中起重要作用，甚至可能有助于控制害虫。某些蝙蝠亦食果实、花粉、花蜜；热带美洲的吸血蝙蝠以哺乳动物及大型鸟类甚至人的血液为食。蝙蝠呈世界性分布。在热带地区，蝙蝠的数量极为庞大，它们会在人们的房屋和公共建筑物内集成大群。

还有一些专门为猫头鹰和蝙蝠设计的巢箱，便于它们在夜间接替各类小鸟的日间工作，继续捕捉昆虫。但这仅仅是个开始，欧洲森林一些最吸引人的生物防治工作，是将森林红蚁作为一种攻击性强的捕食性昆虫。不幸的是，北美地区没有该红蚁品种。大约25年前，德国维尔茨堡大学的卡尔·格斯瓦尔德教授研究出培育森林红蚁、发展蚁群的方法。在他的指导下，人们在德国境内约90个实验区培育出10 000多个森林红蚁群。意大利和其他一些国家纷纷采用格斯瓦尔德教授的方法，建成蚂蚁农场，培育红蚁群用于森林投放。在亚平宁山区，人们已经培育了数百个红蚁群，用来保护再造林。

德国莫尔恩市的林业官员海因兹·鲁伯特霍芬博士说："只要森林

中同时具有鸟类和蚂蚁的保护，再加上一些蝙蝠和猫头鹰，就基本能改善生态平衡。"鲁伯特霍芬博士认为，引入单一类型的捕食者或寄生虫进行防治，效果比不上各种森林伙伴的大联动。

人们在莫尔恩森林拉起了铁丝网，保护新投放的红蚁群，避免被啄木鸟啄死，导致数量的损失。推行这一保护措施的试验区，10 年中啄木鸟数量增加了 4 倍，不仅未造成红蚁群数量大幅下降，反而由于啄木鸟啄食树木蛀虫，取得出人意料的好结果。照料蚁群和鸟巢箱的大部分工作，由当地学校 10~14 岁的孩子组成的青年团承担。这样的做法成本低廉，却能够实现对森林的永久保护。

鲁伯特霍芬博士研究工作的另一个有趣特点是对蜘蛛的利用，可谓开风气之先。现存关于蜘蛛分类及其自然历史的大量文献，分散而零碎，完全没有对蜘蛛在生物控制方面的价值的相关论述。目前已知的 22 000 种蜘蛛中，760 种原生德国（约 2 000 种原生美国）。德国森林中栖居着 29 种蜘蛛。

在林业人员看来，蜘蛛最重要的特点在于其所编制的网。其中圆网蛛最为重要，因为有些圆网蛛的网眼非常细密，能够捕捉所有飞虫。十字金蛛织成的大网（直径可达 40 厘米）上有约 12 万个黏性网结。一只蜘蛛在其 18 个月的生命中，平均可以消灭 2 000 只昆虫。一个生态健康的森林，每平方米应该有 50~150 只蜘蛛。如果低于这个数值，可以通过收集和投放卵囊进行弥补。鲁伯特霍芬博士说："三只横纹金蛛（美国也有此类蜘蛛）卵囊，可以孵出 1 000 只蜘蛛，能够捕捉 20 万只飞虫。"春天孵出的小圆网蛛格外重要，鲁伯特霍芬博士说："因为它们会在树梢上集体结出一个伞状的保护网，保护树梢新芽免遭飞虫侵害。"随着小蜘蛛蜕皮长大，蜘蛛网也越来越大。

尽管北美森林多属天然林而非人造林，能够维系森林健康的物种也与德国有所不同，加拿大生物学家依照德国的研究框架，开展了调查研究，研究焦点放在小型哺乳动物上。它们对某些昆虫，特别是林间排水透气性能较好的土壤中生活着的昆虫，有着十分惊人的防治效果。

其中一种昆虫叫作锯蜂，它之所以得此名，是因为雌蜂的产卵器很像锯子，用以切开常青树的针叶，并将卵产入其中。其幼虫孵化后会掉到地面，在落叶松、云杉和松树的腐叶层形成蜂茧。

　　锯蜂属昆虫纲，分布于全欧洲，主要栖息在松树中，在新房子中也并不少见。这种蜂的尺寸及它后部那可怕的刺会让人立刻警觉起来。其实，那刺并没有害处，它是用来插入树干产卵用的。蛴蟖主要以木料为食，生活2~3年。雄性要更小一点，且腹部有黑色条纹，这种蜂也被称为树蜂。

　　然而，森林地底下是个蜂巢一般的世界，纵横交错着白足鼠、田鼠和各种鼩鼱（qiú jīng）等小型哺乳动物挖掘的通道。在这些小掘穴动物中，贪吃的鼩鼱消耗的锯蜂蛹茧数量最多，它们会用前脚压住蛹茧，咬开末端食吃。这些鼩鼱具有奇特的本领，能够识别哪些蛹茧是空的，哪些是实的。鼩鼱胃口很大，无可匹敌。一只田鼠一天能吃掉大约200个锯蜂蛹茧，而有的鼩鼱一天可以吞食掉800个蛹茧。实验室研究显示，鼩鼱能够消灭掉75%~98%的锯蜂蛹茧。

　　鼩鼱属于食虫目鼩鼱科，靠吃蚯蚓、昆虫等为生，虽然长得极像老鼠，但其实两者没有任何关系。

　　它是最早的有胎盘类动物，产生于中生代白垩纪，是世界上最小的哺乳动物（体长仅4~6厘米，尾长4~5厘米，体重1~5克）。眼细小，视觉差，听觉、嗅觉发达，外耳壳不明显。嗜食虫，是一种小巧可爱的有益动物。鼩鼱的脚有五只有爪的脚趾，吻部尖长，眼小、耳短、四肢细、足爪细小，尾长大于体长的一半。

　　鼩鼱约20属200余种，除极地、大洋洲和一些大洋岛屿外，各大陆均有分布，但南美洲只见于北部。中国境内有10属24种。绝大部分栖于湿润地带。

　　鼩鼱等食虫类似乎都是一些"不起眼"的小动物，但在哺乳动物的进化史上却起着非常重要的作用。它们在中生代上白垩纪地层中就已出现，是有胎盘类哺乳动物中最原始和最古老的一支，是大多数比较高级的哺乳动物类群的祖先，特别是包括人类在内的灵长目动物、世界上种类和数量最多的啮齿目动物和能在空中飞行的蝙蝠等翼手目动物等，都是先后从早期的食虫类直接分化出来的。

难怪纽芬兰岛上的人们如此喜欢这些能干的小哺乳动物。岛上饱受锯蜂侵害，由于没有原生鼩鼱，1958 年，人们尝试引入最强劲的锯蜂捕食天敌：中鼩鼱。1962 年，加拿大官方报告说此举大获成功。中鼩鼱不断繁殖，向岛上各处扩散，有些做过标记的中鼩鼱甚至出现在距离投放点 16 千米远的地方。

对于希望能够永久地保护森林、加强自然平衡的林业人员而言，可选用的武器非常丰富。利用化学药剂防治森林害虫，往好里说是一个无法真正解决问题的权宜之计，往坏里说这一做法会毒死森林小溪中的鱼群，导致各种虫害，破坏自然控制，毁掉我们试图开展的各种防治工作。鲁伯特霍芬博士说过，这些暴力手段"导致森林生态关系彻底失衡，寄生性虫灾日益频繁……因此，我们必须终止使用非自然的手段去操控对我们而言最重要也几乎是仅存的自然生存空间"。

为了解决人类与其他生物共享地球家园的问题，我们提出了各种富有想象力和创造性的新方法，其中贯穿着一个永恒的主题：我们应当意识到自己面对的是生命，是活生生的生物种群。它们面对压力时会产生抗压力，会繁荣也会衰减。只有充分考虑到这些生命力量，小心谨慎地引导它们朝着有利于人类的方向发展，才有可能实现人类与昆虫的和谐共处。

滥用化学毒药的做法，完全没有考虑到这些最根本的问题。肆意洒向生命机体的化学毒药，像山顶洞人挥舞的棍棒一样原始粗暴。一方面，这些生命机体纤弱，易被毁灭；另一方面，它们又具有奇迹般的韧性和复原能力，能够用出乎意料的方式反击。滥用化学防治的人，缺乏"高尚的目标"，缺乏面对万物的敬畏之心，忽视了生命机体的卓越能力。

"控制自然"是人类傲慢自大的想法，是生物学与哲学低级阶段的产物。在过去，人们认为自然应当服务于人类。应用昆虫学的观念和做法也多半源自科学的启蒙时代。可怕的是如此原始的科学，竟然与最可怕的现代武器联手，人类利用它们来毁灭昆虫，也会毁灭整个地球。

后　记

　　从 9 月 25 日起到今天，近两个月的时间里，我在给学生上课余下的时间里，几乎天天都在与蕾切尔·卡逊说着贴己的话。我在序言里思念着她，用改写的方式完成书稿后，我更思念她。卡逊不厌其烦的忠告，十七个章节的诉说劝导，终于让全球人类达成保护地球环境、挽救人类自己的共识。

　　我们曾经是那么无知，肆意拉拽着全球的生态系统朝着自我毁灭的悬崖边上疾行。我们在认知地球生态环境的进程里走过好多弯路。记得我读小学的时候，那是 20 世纪 50 年代，"消灭四害"的大标语在中国的城镇和乡村举目皆是，其中就把麻雀作为一害列入"人人喊打"的黑名单里，我就是在那个年代里认识弹弓的用法的。

　　随着社会的进步，科学技术的发展，特别是在众多科技领域，环境科学不失时机地伴随着全球政治、经济、文化的发展迅速被人类纳入思索中了。尽管当下全球生态平衡的许多现状还十分令人担忧，春天"寂静"的阈值仍旧亮着红牌，但是，觉醒的人们已经用社会践行，改正着曾经因幼稚犯下的过错了。幸甚至哉。

　　刚开始动笔改写的时候，为了利于中国孩子们培养相应的阅读兴趣，打算避开原著里一些生涩的科技术语，用我自己的书写习惯，加大改写后作品的文学性，让孩子们如同阅读科学童话、科学故事，能够在比较沉重的课内学习过后，轻松地读这本惊世杰作。不久，当我改写完第一章后发现，蕾切尔·卡逊的原作本来就极富文学色彩。这部作品除了让我们看到作者千辛万苦得来的社会真实例证外，更多的是她用饱含深情、感人至深、深入肌肤般的述说所展现的意境，展现的一幕幕精美绝伦的环保歌舞剧。

想起来，正如我在序言里介绍的那样，卡逊在为渔业管理局电台专有频道广播撰写科技文章时，就是以她美妙的文笔得到主管的赏识，从而走向科普创作之路的。《寂静的春天》原作本来就是一部文学色彩浓厚的作品。于是，我把改写的重点放在了原作丰富的环境保护科学的相关基础科学常识的介绍上，放在相关理念的延伸和扩宽上，以利于中国的孩子们获得更多的科普思考。我用方仿字体对相关科技内容和概念做解说，对原作涉及的较大篇幅的关联科学及常识做了适当扩展，使几个方面的阅读内容尽量协调起来。

希望我的改写，能够在忠于原作的基础上，达到较好的普及效果，更希望广大读者不吝对本书的不足之处提出宝贵意见。

张赶生

2018 年 11 月 25 日

春天不应寂静无声

乍看书名，你是否浮想联翩：满眼不堪三月暮，举头已觉千山绿？的确，春阴垂野，柳烟成阵，幽花摇漾，芬芳馥郁，春天总易唤醒深埋心底的诗情画意。

然而，走近一瞧，竟是匪夷所思的满目疮痍：草木焦黄，牲畜萎靡，百禽怏怏，死寂森然，世界末日降临般诡谲惊心！

是什么让生命尽情欢唱的春天弥漫着死亡的气息而阴森寂静？是末日的寓言，是巫术的效果，还是敌人的毁灭？

哦，不！这是因为妄自尊大的人类，迷失于科技与经济飞速发展的隆隆喧嚣之中，不断挑战自然底线，一点一点为自己勾勒未来"蓝图"。卡逊以不屈不挠、务实严谨的科学精神，剖析了生态将如何逐步失衡；以敏锐的洞察力，预言了无知的人类将要遭遇的尴尬和不幸。这些幻想中的悲剧极有可能都会变成严峻的现实。

《寂静的春天》是万籁寂寥间最振聋发聩的一声呐喊——它以深切的感受、全面的研究、雄辩的论点吹响了人类生态保卫战的号角。

春天不应寂静无声，人类更应心怀谦恭！

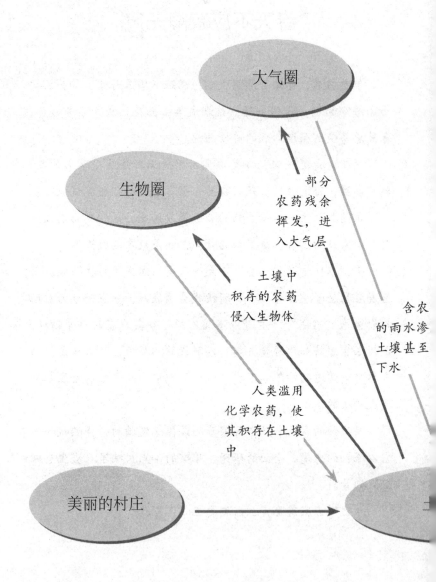

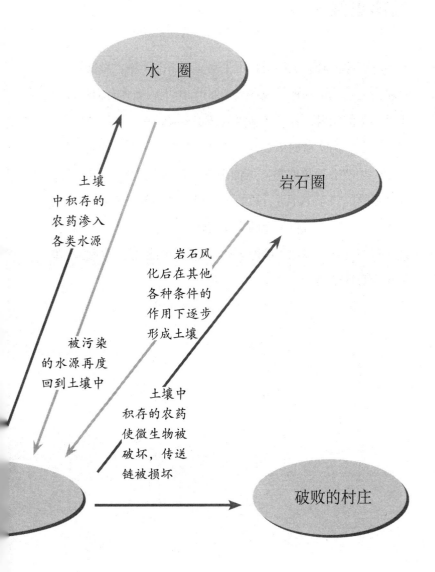

水　圈

岩石圈

土壤中积存的农药渗入各类水源

岩石风化后在其他各种条件的作用下逐步形成土壤

被污染的水源再度回到土壤中

土壤中积存的农药使微生物被破坏，传送链被损坏

破败的村庄

3

阅读点拨 ● *Yuedudianbo*

　　《寂静的春天》中卡逊用生动而严肃的笔触,将化学污染对生态的影响清晰地展现在人们面前,给予人类强有力的警示。生动形象的语言,科学严谨的数据和事实,将一部论述死亡的书变成了一阕生命的颂歌,让绿色的呐喊于寂静的春天中呼啸而出,如"春日里的第一声惊雷",惊醒了沉醉于征服自然、改造自然的快乐中不可自拔的人。它既贯穿着严谨求实的科学精神,又充满着敬畏生命的人文情怀!究竟是什么导致春天寂静无声?翻开书卷吧!静静地读一读,你可能会感到惊心动魄,但更会心怀敬畏!

◎章节索引

滥用化学制剂，
破坏大自然

滥用化学制剂，
逐堕死亡之境

滥用化学制剂，
人类遭殃

昆虫抵抗化学
制剂

新的生物防治科学

科学与文学结合的魅力

这是一部科学与文学完美结合的著作。称其为科普作品，因其基于科学调查、数据分析，按照科学研究的假设、证明的程序构思行文；称其为文学作品，因其更像饶有趣味的叙事史诗，采用文学化的语言描绘科学现象，巧妙说理，趣味盎然。

专业化与严谨性

卡逊以"立真去伪"的严谨的科学态度著述此作，用大量翔实、专业的数据和不可辩驳的实例，陈述了以滴滴涕为首的杀虫剂等化学制剂对环境和生物链造成的无法挽回的破坏。

生动的散文话语

卡逊用生动形象的散文话语描绘生态景观，传达生态忧患。作品中对比鲜明且富有诗意的语言屡见不鲜，行文如散文般灵动自如，趣味横生。

巧妙说理的智慧

卡逊关心人类命运，热爱自然，希望人类重新审视与自然的关系，却又不是一味地严肃说教。她擅长引用神话传说、童话故事等说明事理，文章逻辑严密，兼有理趣和情趣，闪烁着狡黠的智慧。

◎阅读策略

读《寂静的春天》，你会发现，原来科学探索并不枯燥，科学世界是那么迷人多彩。从中你可以获取生物学、化学、环境学、遗传学等方面的科学知识，你也可以感受作者将神话传说、童话故事信手拈来和将对比、比喻、反问等修辞方式熟稔运用的斐然文采。阅读《寂静的春天》，建议采用以下几种方式：

一、借助序言速览

《寂静的春天》的《序》中有卡逊的生平简介，有她关于环境保护的奋斗历程，有创作此书的缘起，更有她面对因此书带来的谩骂非议却毫不动摇进行科学调查的心酸。细读之，你可以大致了解本书内容、特点；然后速览全文，获得初步印象；再根据兴趣决定后面如何读、哪些重点读等。

二、查阅资料以深入

阅读科普作品时，常会遇到一些专业性强的概念术语。《寂静的春天》中关于杀虫剂等化学制剂的论述专业性较强，读到相关内容时，如不影响对整体内容的把握，则可以浅尝辄止；如果需要深化认识，可以借助字典、张一宾和张怿编著的《世界农药新进展》等相关书籍资料，结合已掌握的化学和生物学知识，将阅读引向更深层次。

三、发挥想象去品味

《寂静的春天》既有精准的科学实录，也有纯粹的诗情画意。阅读时要发挥想象，进入作者描绘的世界，体会文字之美，这样既可获得真知，也可汲取文学养料。

四、联系实际反思

《寂静的春天》出版已过半个世纪，滴滴涕虽被禁止，但各种农药和化学制剂依然在使用，卡逊具有前瞻性的呐喊犹在耳边。阅读时联系现实中的生态困境，你会更加理解作者的执着，也将反思眼下。让我们按照下面的阅读计划表进行阅读吧！

阅读计划表

阶　段	阅读内容
＿＿月＿＿日 至 ＿＿月＿＿日 建议一天	【仔细默读序言部分】 　　读完这部分用了多少时间？收获了哪些关于创作《寂静的春天》的信息？ ＿＿＿＿＿＿＿＿＿＿
＿＿月＿＿日 至 ＿＿月＿＿日 建议一天	【速览正文部分】 　　读完这部分用了多少时间？知道化学制剂对自然、人类造成了哪些危害？ ＿＿＿＿＿＿＿＿＿＿
＿＿月＿＿日 至 ＿＿月＿＿日 建议一天	【有选择地重点读】 　　你对哪些内容感兴趣？阅读时想象到了什么？借助了哪些工具书或资料去阅读其中专业性内容？ ＿＿＿＿＿＿＿＿＿＿ 　　你关注了现实中的哪些问题？反思收获了什么？ ＿＿＿＿＿＿＿＿＿＿

精华品赏 • *Jinghuapinshang*

《寂静的春天》经久不衰，被人传颂，不仅因为它阐释的人与自然整体依存的前瞻性思想对人类当下的生态困境依然有指导意义，也因为它精准的数据调查、翔实的科学资料、耐人寻味的语言、巧妙说理的智慧，散发着独特的魅力。

◎活动一：英华撷取

要点概述

卡逊不仅有文人的激情和才华，也具备科学家的严谨和求实情怀。为了创作《寂静的春天》，她深入搜集、整理相关证据和文献，寻求事实；在写作过程中，她力求客观、专业、严谨。文中随处可见的专业性论述和翔实的数据、生活事例，即是她执着探索、求真务实的科学精神的体现。请结合课内外学到的知识，摘录你感兴趣或熟悉的内容，或质疑问难或加深理解。

实例剖析

阅读札记
摘录内容： 　　可是杀虫剂、化学品在污染我们的生命源泉。 　　1953 年，日本熊本县水俣湾附近的渔村中，出现一种不能确诊的中枢神经性疾病。1956 年，这类患者激增到 96 人，其中 18 人死亡。到 1963 年，一些学者从水俣氮肥厂乙酸乙醛反应管排出的汞渣和水俣湾的鱼贝中，分离并提取氯化钾基汞结

9

晶，用此结晶和从水俣湾捕获的鱼、贝喂猫进行实验，获得了典型的水俣病症状。用红外线吸收光谱分析，也发现汞渣和鱼、贝中的氯化钾基汞结晶同纯氯化甲基汞结晶的红外线吸收光谱完全一致。病理学观察，发现死亡病人大脑、小脑细胞的病变改变，也均与氯化钾基汞中毒的脑病理相同。1964年，日本阿贺野川流域也出现此病。1968年9月，日本政府宣布水俣病是人们长期食用受汞和甲基汞废水污染的鱼、贝造成的。

甲基汞在胃酸作用下可产生氯化甲基汞，经肠道几乎全部吸收进入血液，在红细胞内与血红蛋白中的巯基结合，随血流分布到各器官，尤其是肝、肾和脑组织，也可以渗透到胎盘进入胎儿脑中。脑细胞富含类脂质，甲基汞对其具有很高的亲和力，所以很容易蓄积在脑细胞内。

长期摄入每立方米几十到几百微克的浓度，可引起慢性中毒。短时间内摄入达500毫克以上甲基汞，可出现肢端感觉麻木、中心视野缩小、运动失调、语言和听力障碍等典型症状。短时间内摄入1000毫克甲基汞，可出现痉挛、麻痹、意识障碍等急性症状，并很快死亡。动物实验证明，豚鼠以10~16毫克/立方米汞浓度每天持续接触2~4小时，3天后死亡；狗在15~20毫克/立方米汞浓度下，每天接触8小时，1~3天死亡。

——《地表水与地下海洋》

我的感悟/疑惑：

数据精准，案例真实。卡逊专业而详细的论述，使人们了解到杀虫剂、化学物品对水资源进而对人类身体造成的严重危害。

应用拓展

书中提到的各领域的知识还有很多，我们不妨也按照上述形式，将自己感兴趣或熟悉的内容摘录下来，谈谈感想或疑问，做一份阅读札记！

阅读札记

摘录内容：

我的感悟 / 疑惑：

◎活动二：含咀语言

要点概述

卡逊认为文学和自然科学密不可分，在她早期的科普作品中，已呈现出丰富的科学知识与高超的文学才能相结合的特点。《寂静的春天》散文化的语言生动形象，耐人寻味。作者时而用饱含深情的笔触细腻描绘，时而用严肃、尖锐的语调质询、诘问，时而用只言片语辛辣讽刺。让我们走进文本，细细品赏吧！

实例剖析

原文摘录	语言品赏
示例一： 春天，一片片野花铺满绿色的原野，远远望去，犹如绿色的锦缎上绣着图案，又仿佛靓丽的彩云飘浮其间。 ——《明天的寓言》	连用两个比喻，生动形象地描绘出未被破坏生态平衡时的小镇的美丽。"锦缎""靓丽"等词，饱含作者对未被破坏时的自然的赞美。
示例二： 神秘的疫病横扫鸡群，再也听不见雄鸡"喔喔"的报晓声，再也听不见母鸡"咯咯嗒"的报喜声——鸡群成批打蔫、死亡。 可怕的瘟疫吞噬牛羊，再也难见晚归的耕牛的身影，再也听不到羊群此起彼落的"咩咩"声——牛羊接二连三病倒、死亡。 ——《明天的寓言》	与前面描绘的鸟语花香的美丽小镇形成鲜明的对比，突出了被破坏生态后的小镇的衰败、恐怖。

原文摘录	语言品赏
示例三： 　　那时的历史学家回眸历史的时候，会难以置信他们的祖先面对利弊选择时，竟然只有这种扭曲的判断力。他们会嗟叹：我聪明的人类祖先啊，怎么可能为了控制一小撮不受欢迎的昆虫，而选择污染整个环境，甚至给自己招致疾病和死亡的威胁呢？ 　　　　　　——《忍耐的义务》	"聪明"一词，颇具讽刺意味。"一小撮"和"整个"对比，加上一个反问句，尖锐地道出人类滥用杀虫剂的无知。饮鸩止渴般的做法，不是扭曲是什么？

◎活动三：智慧寻踪

要点概述

卡逊高超的文学才能还体现在她博古通今，在说明事理时，将神话传说、童话故事等信手拈来。让我们走进文本，摘录一二，感受作者说明事理的智慧与巧妙！

实例剖析

原文摘录	智慧寻踪
示例一： 但我们已经知道一些有机磷酸酯（对硫磷和马拉硫磷）会增强作为肌肉松弛剂的药物毒性，还有其他一些有机磷酸酯（仍然包括马拉硫磷）会明显延长巴比妥盐酸在体内的潜伏期。 古希腊神话传说中的女魔法师美狄亚，因丈夫伊阿宋移情别恋怒火中烧，在婚礼上送给情敌一件魔法长袍。只要穿上这件长袍，人就会瞬间殒命。 我们眼前不就是欧里庇得斯笔下的古希腊悲剧《美狄亚》中那揪人心肺的场面吗？ ——《死神的特效药》	前文中作者用一些案例说明了杀虫剂对植物、动物乃至人类的危害，这里运用古希腊神话来说明杀虫剂把植物或动物变成有毒的美狄亚的长袍，对人类造成了恶劣影响。
示例二： 然而，联邦政府和各州昆虫防治专家，当然还有杀虫剂生产商，却义正词严地驳回了野生动物学家的报告，声称并没有发现昆虫防控造成野生动物伤亡	用《圣经·路加福音》中见死不救的祭司和利未人，说明联邦政府和所谓昆虫防治专家、杀虫剂生产商们无视野

原文摘录	智慧寻踪
的证据。 　　据《圣经·路加福音》记载，有一个人从耶路撒冷下耶利哥去，落在强盗手中，强盗剥去他的衣裳，把他打得半死丢在路旁。一个祭司经过看见后，径直从另一边走开；又有一个利未人来到这地方，看见遭难的人照样从另一边走开。唯有一个撒玛利亚人经过时，动了慈心，上前用油和酒倒在遭难人的伤处，包扎之后和他骑上自己的牲口，带到店里去照应。法律至上的祭司和利未人所忽视的爱心，反而是被一个"信仰与血统都不纯"的撒玛利亚人做到了。 　　他们像《圣经》故事里的祭司和利未人那样，选择见危不救、视而不见。即使我们可以宽容一些，认为他们的否认是因为专家和有利益冲突的人目光短浅，那也不意味着我们应该将它们视为有资质的证人。 　　　　　　　　——《全无必要的清剿》	生动物伤亡的冷漠。
示例三： 　　有时候，使用化学农药会适得其反，导致本来想要控制的昆虫大肆繁殖。安大略省喷药灭杀黑蝇，喷药后黑蝇数量达到原来的17倍。在英国，施用一种有机磷农药之后，暴发了史无前例的卷心菜蚜虫灾害。 　　也有一些时候，喷药切实有效控制	根据神话，潘多拉打开魔盒，释放出人世间的所有邪恶——贪婪、虚伪、诽谤、嫉妒、痛苦等。这里用潘多拉打开魔盒的神话来形象说明有时使用化学农药会适得其反，带来恐怖的

原文摘录	智慧寻踪
了目标昆虫，却像打开了潘多拉魔盒一般，造成数量原本不足为患的其他害虫泛滥成灾。 　　　　——《大自然的反击》	后果。

重点研习 · *Zhongdianyanxi*

◎践行生态文明　让春天不再寂静

活动一：农药伤害鉴定

《寂静的春天》中翔实的事例、精准的数据、专业的分析，将化学农药对自然和人类造成的不可逆转的伤害铺陈开来。请通读作品，梳理化学农药对土壤、空气、植被、水源、动物、人类等的危害。

农药对水源的伤害鉴定表（示例）

鉴定依据（科学分析或事实依据）	鉴定分析
流经喷施过毒杀芬的农田，亚拉巴马州田纳西河 15 条支流中的鱼全部中毒死亡，其中有两条支流为城市提供公用水。喷施杀虫剂一周以后，河水里仍然含毒，因为河流下游水箱中养殖的金鱼，每天都会死掉很多条。 ——《地表水与地下海洋》	15 条支流中的鱼全部中毒死亡！喷施杀虫剂一周后，河水仍然有毒。骇人的数据，恐怖的事实，化学农药的危害性超乎想象。
唯一可能的污染途径就是地下水！ …… 　在整个水污染问题上，大面积的地下水污染也许才是最令人不安的威胁。只要在任一处水域投入杀虫剂，所有水域的水都会受到威胁。大自然	生物链中的任何一环都不是独立的存在。它们相互依存，相互影响，相互制约。任何一个区域受威胁，其他地域都会受到影响。

鉴定依据（科学分析或事实依据）	鉴定分析
无法在一个个独立的封闭空间中运行，在地球水资源配置上更做不到这一点。落到地面上的雨水穿过土壤和岩石的孔洞与缝隙，一直向下渗透，直至最后抵达岩壁里充满水的黑漆漆的地下海域。 ——《地表水与地下海洋》	
1943年，建在丹佛附近的美国化学特种部队落基山兵工厂开始制造军需品。八年后，兵工厂的设备租赁给一家私人炼油公司生产杀虫剂。杀虫剂还没开始投产，离奇事件接二连三地发生。离工厂几千米的农民申诉说，他们的牲畜因不明原因患病，庄稼大片大片损毁，树叶变黄，植物停止生长，很多农作物都死掉了。…… 　　落基山兵工厂在此处制造军需品的那些年，曾将氯化物、氯酸盐、磷酸盐、氟化物和砷排放到专门的蓄水池。兵工厂和农田的地下水显然应是遭到污染。兵工厂的化学废弃物，经过七八年时间，经由地下，从蓄水池缓慢移动到4.8千米外最近的农场。这种渗流仍在继续，受污染区域一时不会有确切的范围，研究者既不知道如何消除这种污染，也没有办法终止污染继续扩散。 ——《地表水与地下海洋》	蓄水池的化学废弃物也能慢慢渗流，污染4.8千米以外的农场！还未投产的杀虫剂工厂周围，已然一片萧条，化学制剂的杀伤力可见一斑。

鉴定意见：

　　化学农药对水源的污染深及地下，难以消除，其影响也无法终止，应该杜绝使用或尽量降标使用。

农药对＿＿＿＿＿＿的伤害鉴定表

鉴定依据（科学分析或事实依据）	鉴定分析
鉴定意见：	

活动二：农药污染影像录

农药的使用尚未杜绝，化学制剂的危害今天尤甚，走出校园，用相机拍摄，通过影像记录小河、空气、植物、动物等的污染情况。也可在家长、老师等的陪同下实地考察化工企业周边的环境，询问附近居民，了解并记录化学废弃物的危害。

活动三：阅读实践交流会

根据整理的农药危害的影像资料和文字，举行一次阅读实践交流会。利用相关资料制作手抄报、展板等，在班里进行展示。

活动四：撰写生态文明倡议书

摘选手抄报、展板等的精华部分，将文字和图片资料恰当结合，制作客观的数据和图表，科学呈现你所知的化学制剂的危害。根据所学知识，提出你觉得切实可行的解决方案，以倡议书的形式在学校或社区展示你的发现和思考，以引起人们对生态问题的重视！

知识擂台 • *Zhishileitai*

一、单选题。

1.《寂静的春天》的作者是（　　）。

    A. 法布尔　　　　　　　　B. 蕾切尔·卡逊

    C. 康拉德　　　　　　　　D. 张赶生

2. 下面作品中不是卡逊写的是（　　）。

    A.《海风的下面》

    B.《我们周围的海洋》

    C.《寂静的春天》

    D.《所罗门王的指环》

3. 在《死神的特效药》一章中，与氯化萘没有裙带关系的杀虫剂是（　　）。

    A. 狄氏剂　　B. 艾氏剂　　C. 异狄氏剂　　D. 滴滴涕

4. 在《全无必要的清剿》一章中，美国在西部使用（　　）企图杀死日本金龟子。

    A. 对硫磷　　B. 艾氏剂　　C. 七氯　　D. 五氯酚

5. 在《地表水和地下海洋》一章中，作者指明原始的毒素浓缩者是（　　）。

    A. 动物　　B. 人类　　C. 微生植物　　D. 土壤

6. 在《人类的代价》一章中，作者写到在榆树上喷药，第二年春天就听不到知更鸟的歌声，原因是毒素能够通过（　　）的循环一步步转移。

A. 榆树叶—蚯蚓—知更鸟

B. 榆树叶—知更鸟—蚯蚓

C. 知更鸟—蚯蚓—榆树叶

D. 蚯蚓—榆树叶—知更鸟

7. 在《寂静的春天》中，提到的滴滴涕是（　　）化学家首先合成的。

A. 英国　　　　B. 美国　　　　C. 德国　　　　D. 法国

8. 在《寂静的春天》中，作者认为农药喷剂、粉剂等化学药品不应该被称为杀虫剂，而应该被称为（　　）。

A. 伤害剂　　B. 杀生剂　　C. 毒剂　　D. 魔鬼剂

9. 在《另一条路》一章中，提到的"新的生物防治科学"不包括（　　）。

A. 声音治虫　　B. 植物治虫　　C. 气味治虫　　D. 杀虫剂治虫

10.《寂静的春天》中指出地球上动植物的自然形态和生物习性，很大程度上是由（　　）塑造而成的。

A. 环境　　　　B. 气候　　　　C. 土壤　　　　D. 河流

二、填空题。

1. 在《寂静的春天》中，作者最着重写了＿＿＿＿＿＿＿（农药名）对自然和人类的破坏。

2. 在《死神的特效药》一章中，指出当今采用的杀虫剂大多数属于两大类化学药物中的一类，它们的统一特点是＿＿＿＿＿＿＿＿＿＿＿＿＿＿＿＿＿＿＿＿＿。

3. 在《寂静的春天》中，指出多种除草剂、杀虫剂的基本成分通常是＿＿＿＿＿＿＿＿。

4. 在《寂静的春天》中，瑞士化学家＿＿＿＿＿＿＿＿因发现滴滴涕的杀虫功效获得诺贝尔医学奖。

真题再现 · *Zhentizaixian*

1. 被誉为"现代环境保护运动肇始之作"的科普作品是_____（作家）的_____，其中大篇幅论述了号称"虫媒传染病的终结者"的化学农药_____的危害。

（2018年夷陵区九年级三月调考）

2. 《寂静的春天》以寓言开头，向我们描绘了一个风景宜人、生机勃勃的村庄像中了魔咒一般陷入一片死寂，由此引出了以_____（农药名）为代表的化学农药对于_____、_____、_____甚至人类的严重危害。

（2018年夷陵区八年级秋季学期期末统测）

3. 《寂静的春天》中指出滴滴涕这种农药的含量在体内为（ ）时就会造成肝细胞坏死或衰变。

（2018年秋季夷陵区教育共同体调研试题）

   A. 百万分之三　　　　　B. 百万分之五

   C. 百万分之七　　　　　D. 百万分之十

理解运用 · *lijieyunyong*

　　①过去25年来，人类改变自然的能力，不仅发展到令人担忧的程度，其性质也发生了根本变化。

　　②人类向空气、土地、河流与海洋中排放了大量危险的、甚至剧毒的污染物，对环境造成了巨大的伤害。这种污染在很大程度上无法挽回，其在生物界乃至生命组织中引发的恶性连锁反应也在很大程度上不可逆转。

23

③在当今全球性的环境污染下，化学药品的危害可以比得上辐射，改变着自然界，也改变着自然界生物的本质，而这一点却鲜为人知。

④锶-90通过核爆炸释放到空气中后，会随着雨水或放射尘落在地球表面，渗入土壤，被草、玉米、小麦等吸收，最终侵入人体骨骼，直至生命体死亡。

⑤同样，喷施在农田、森林或花园中的化学农药，也会长期积存在土壤中，侵入生物机体，在生物链中迁移，进而引发一系列中毒和死亡。即使这些化学农药随着地下水神出鬼没地转移渗出地面，在空气和阳光的共同作用下，又能够合成新的物质对动植物造成危害。同时，也对饮用地下水的人造成难以察觉的危害。正如德国哲学家阿尔贝特·施韦泽所说："人类最难辨认的是自己创造出来的恶魔。"

⑥经过亿万年的演变，才有了如今地球上的生物，在无垠的时间长河中，生命体不断发展、进化和演变，终于达到与环境相适应的平衡状态。

⑦环境中有利与有害因素是一并存在的，严格塑造并影响着生存其间的生命体。岩石会释放危险射线；就连万物汲取能量的太阳光中，也含有危害性短波辐射。地球上的生物体进行自然调节，以达到平衡状态，这个过程并非一蹴而就，需要千万年的光景才能达到。

⑧时间是最关键的要素。然而，在现代社会，急躁的人类却等不及了。

⑨急剧出现的变化和诸多新情况，折射出人类的鲁莽与